FASHION

100

学习时装画100个怎么办?

许 可 许恩源 编著

东南大学出版社

图书在版编目（CIP）数据

学习时装画100个怎么办／许可，许恩源编著．--南京：东南大学出版社，2004.9（2013.4 重印）

ISBN 978-7-81089-677-1

Ⅰ．①学… Ⅱ．①许… ②许… Ⅲ．服装—绘画—技法（美术）—高等学校—教学参考资料 Ⅳ．TS941.28

中国版本图书馆CIP数据核字（2004）第078550号

东南大学出版社出版发行

（南京四牌楼 2 号　邮编210096）

出版人：江建中

责任编辑：顾晓阳

江苏省新华书店经销　　江苏省南通印刷总厂有限公司印刷

开本：787mm × 1092 mm　1/16　印张：23　字数：552千字

2004年9月第1版　2013年4月第6次修订印刷

印数：13501-16500册　　定价：75.00元

ISBN 978-7-81089-677-1

前　言

《学习时装画 100 个为什么》自 2005 年面世以来，受到了广大服装界朋友的普遍关爱，作为编者的父亲和我心中洋溢了喜悦和幸福，能够通过自己的努力换来大家成才之路上的一些帮助，实在是完成了一件很有意义的事情。今年因东南大学出版社之邀将对书稿进行局部的调整，增添一些时代性的新作品，重新整组以感谢大家对此书的厚爱。

时装画技法是服装设计专业的一门专业基础课程，是服装设计的表达语言，也是服装设计构想的记录和表现。它必须准确地体现出各种款式的服装在人体上穿着后的效果，表达出设计师对款式、色彩和面料的诠释。纵观我们学生的艺术成长经历，在基础训练方面往往侧重于静物与头像的练习，而人体写生却因为各方面条件的限制几近空白，这就使得初学者在入门时装画学习时增加了难度，为此，大家必须在以往绘画学习的基础上加强理解，对人体的比例、结构、动态以及五官、四肢，还有服装的线条和色彩表现等各方面都要有新的理解和体会，使基础课程的教学内容在时装画学习中得以又一次的深化。

新书的整理工作在与出版社顾晓阳老师的面谈后，便紧锣密鼓地开始了。父亲由于退休后又远赴成都执教的缘故，大部分的工作就由我来承担了。感谢我任教的金陵科技学院历届同学们留下的优秀作业，在挑选整理之余，眼前又浮现出了他们一张张熟悉的面容……他们创作的大批优秀且具有时代性的效果图作品，为本书增添了许多鲜活的素材，也衷心希望他们通过效果图的学习，更加坚定成为一名服装设计师的信念。

特别致谢庄文元、吴亚军、李雨婷、李军婷、陈婷、郭珺、曹宇、薛瑶、徐蕊菡、陆毅婷、顾丽红、严加平、伏晶晶、陈姣、庄敏、严珊珊、徐淋晴、沈瑛珺、李斌、王晖、汪静娴、池瑷同学为新素材整理所做的辅助工作。

最后，祝福我们所有的人在新的一年收获平安和幸福！

许　可　许恩源

2013 年 4 月 8 日

学习时装画

100个怎么办?

目 录

目　录

目　录

第一章
时装画表现人体应注意的问题

画人体是学习时装画的首要任务，服装是“量体裁衣”而来，理想的人体是时装的“衣架子”。人体是展现时装魅力的关键。

初学者练习人体画不必畏难、更不可性急。开始可理性而谨慎地按照比例，依据方法，一步一个脚印地用“道理与方法”慢慢画。所画人体不必求多，最多只画1~2个不同的姿态，但一定要画精、画准、画美。通过“少而精”的、反复多次的练习去理解人体的比例结构，并掌握一定的方法，在“知其然”的基础上，才能记得牢、默画得出，为下一步在人体上套穿服装打下牢固的基础。

1. 女性形体不标准的几种类型

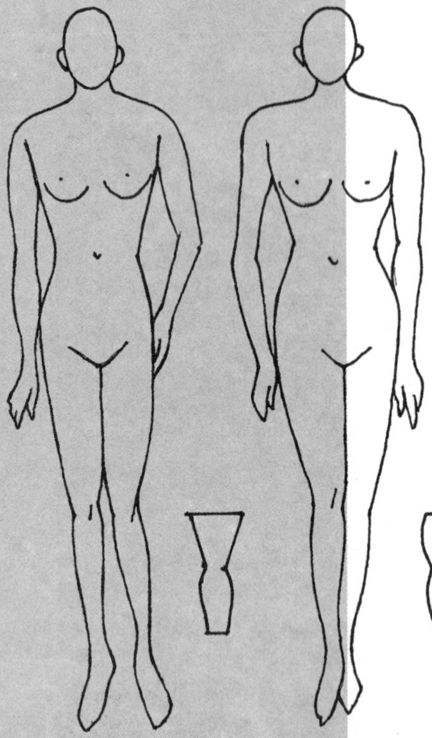

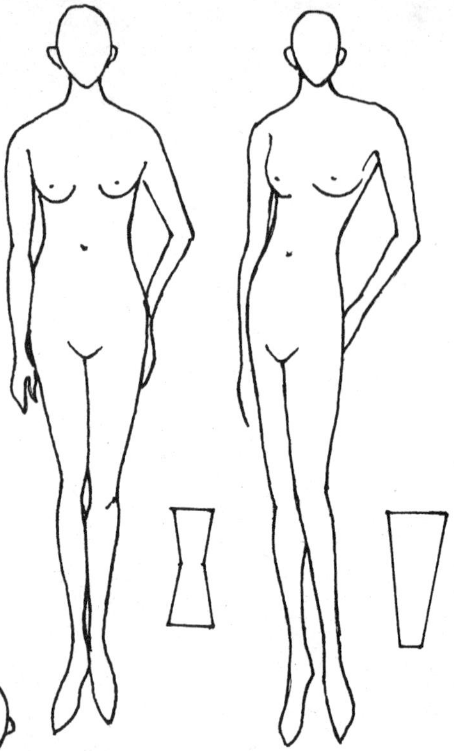

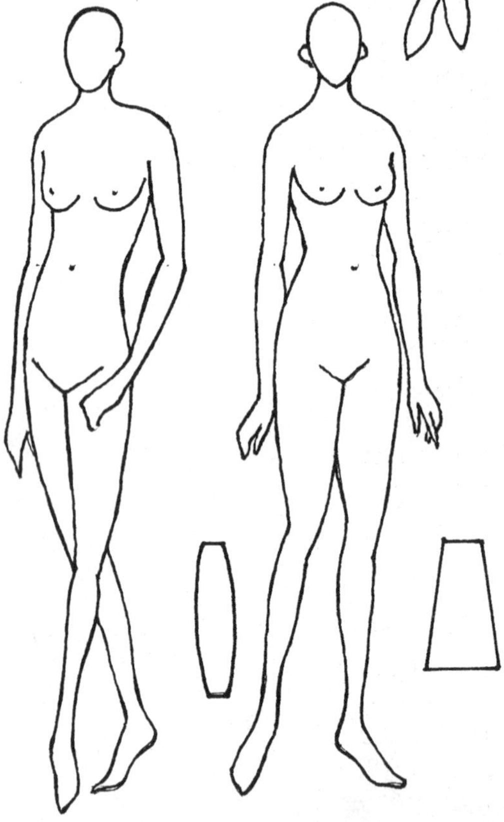

现实生活中的女性有较多不理想的体形，区别认识它们有助于提高我们的审美能力。本页所列举的女性人体都是不太理想的体型，初学者首先应予鉴别。

2. 忽视比例而形体丑陋的分析

右图中两个人体，从上至下(即长度)的比例均是一致的，但是为什么二者一个匀称秀美而另一个却粗壮肥胖呢？这是初学者常见的通病，许多人只重视长度(自上至下)的身体比例，而忽视了人体宽度的比例。时装画理想的人体比例，其长度与宽度的比例关系必须是缺一不可而相互制约的。

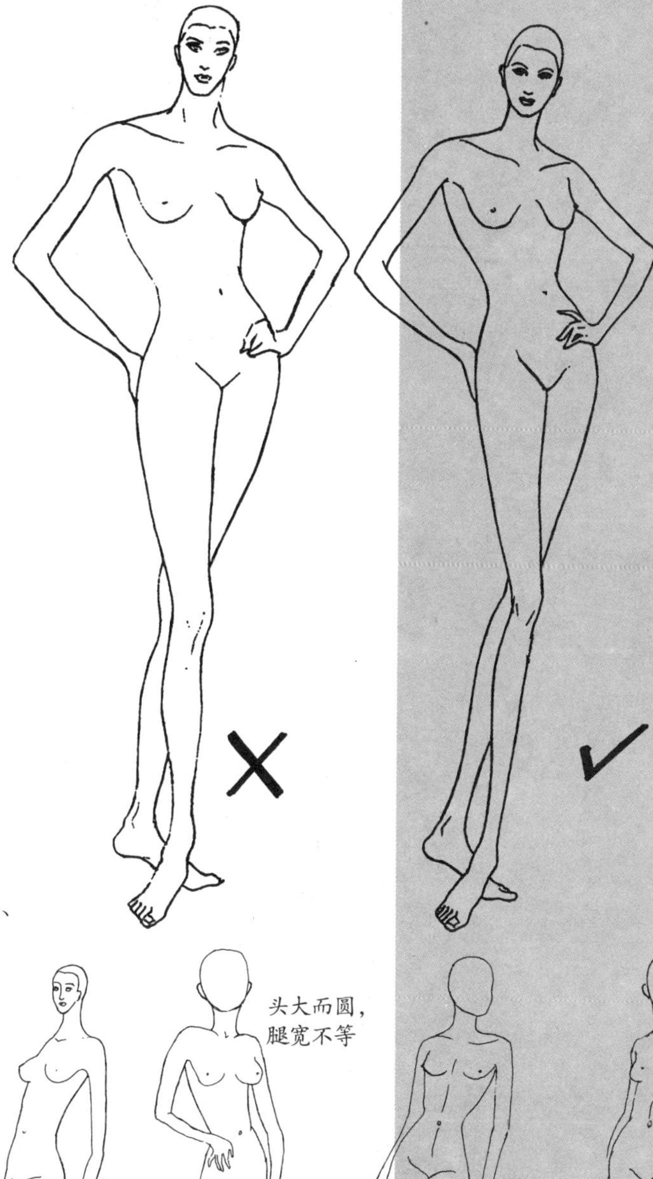

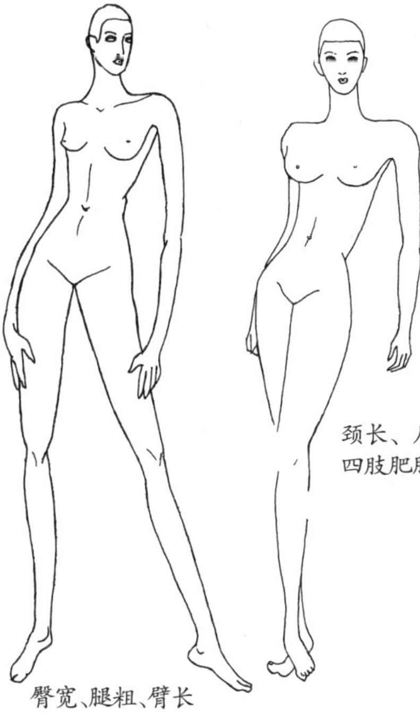

颈长、肩宽、四肢肥胖

臀宽、腿粗、臂长

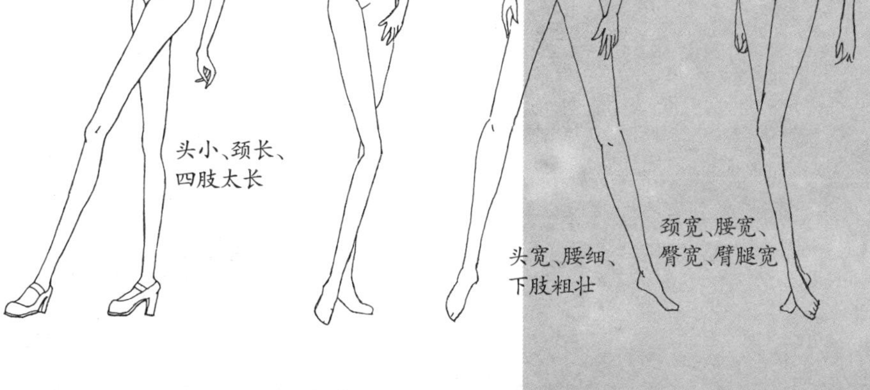

头大而圆，腿宽不等

头小、颈长、四肢太长

颈宽、腰宽、臀宽、臂腿宽

头宽、腰细、下肢粗壮

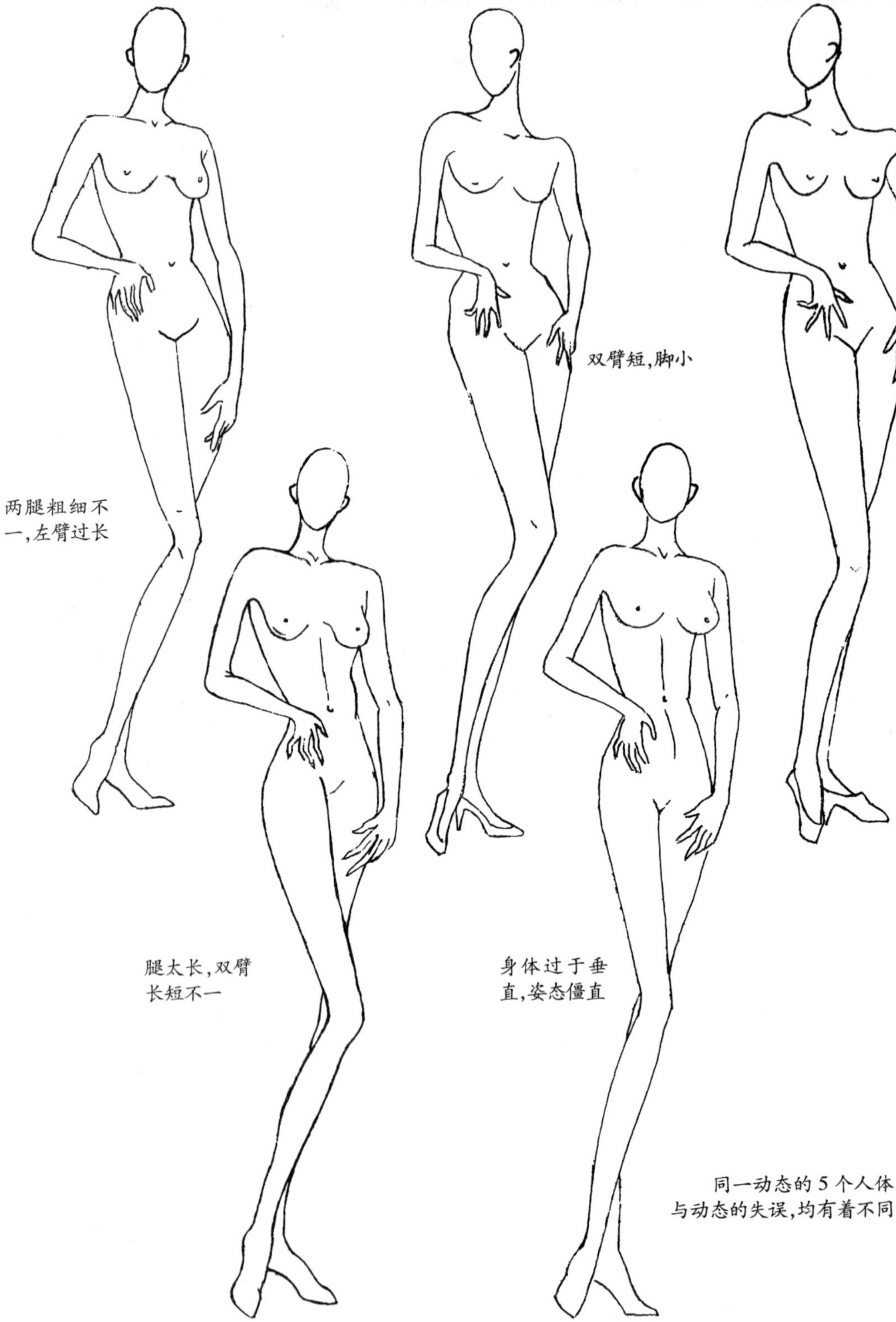

同一动态的5个人体，因各自比例与动态的失误，均有着不同的缺点。

3. 时装画理想的人体比例

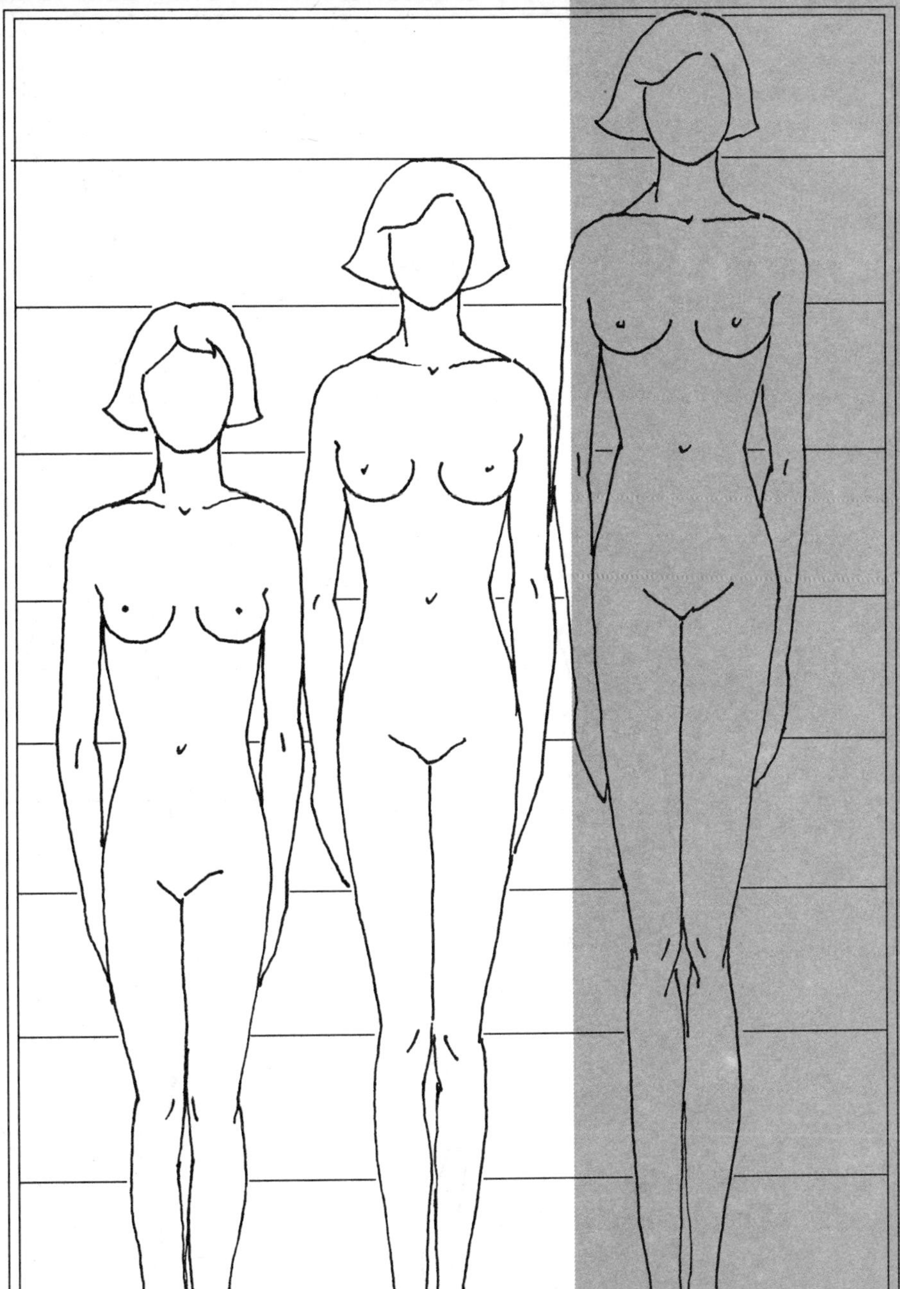

时装画理想的人体比例(以头长为一等份)：从上至下的比例为：1 至下巴，2 至乳点，3 至腰部(肚脐)，4 至躯干末端，6.5 至膝盖，9 至踝骨，9.5 至脚(正视角度)，双手下垂，中指至大腿$\frac{1}{2}$处。

时装画理想人体宽度的比例为(以头的长度为一等份):脸宽 0.6,肩宽 1.4,腰宽 0.8,臀宽 1.4。
脸宽>颈宽>上臂宽>前臂宽　　　　腰宽>大腿宽>小腿宽

时装画理想的人体比例(9.5头长)

时装画理想的人体比例(9.5 头长)

4. 表现人体动态的几个诀窍

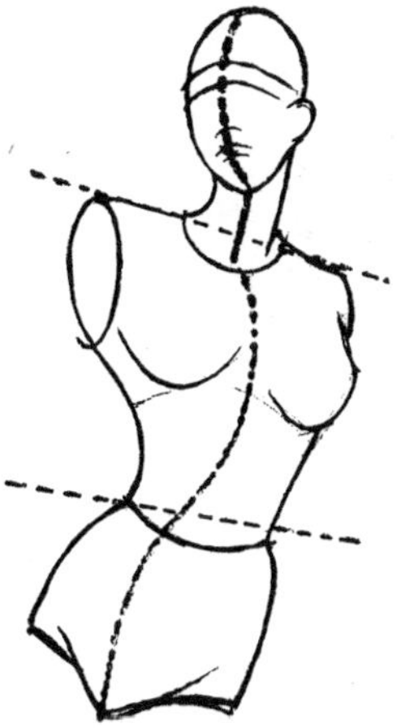

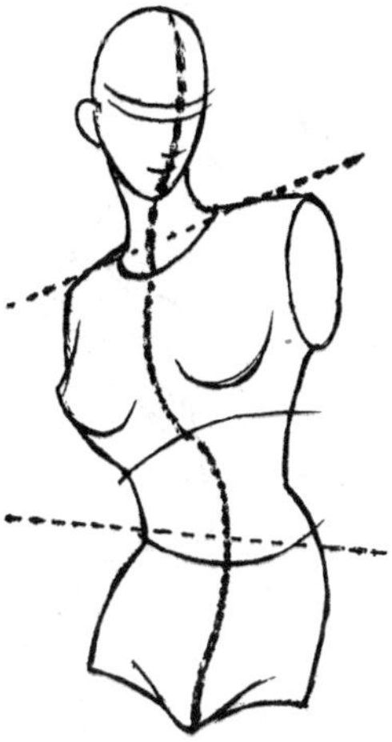

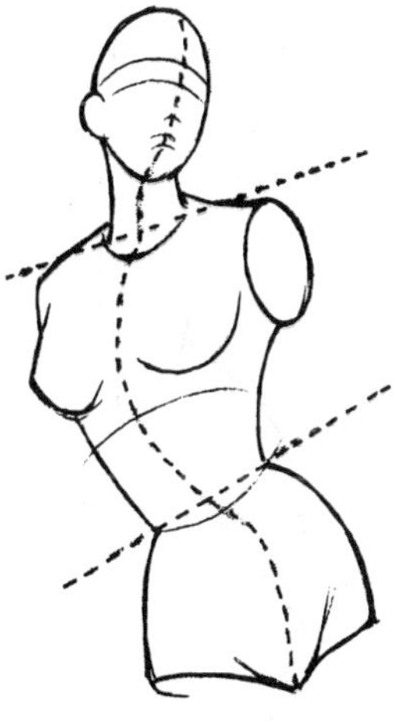

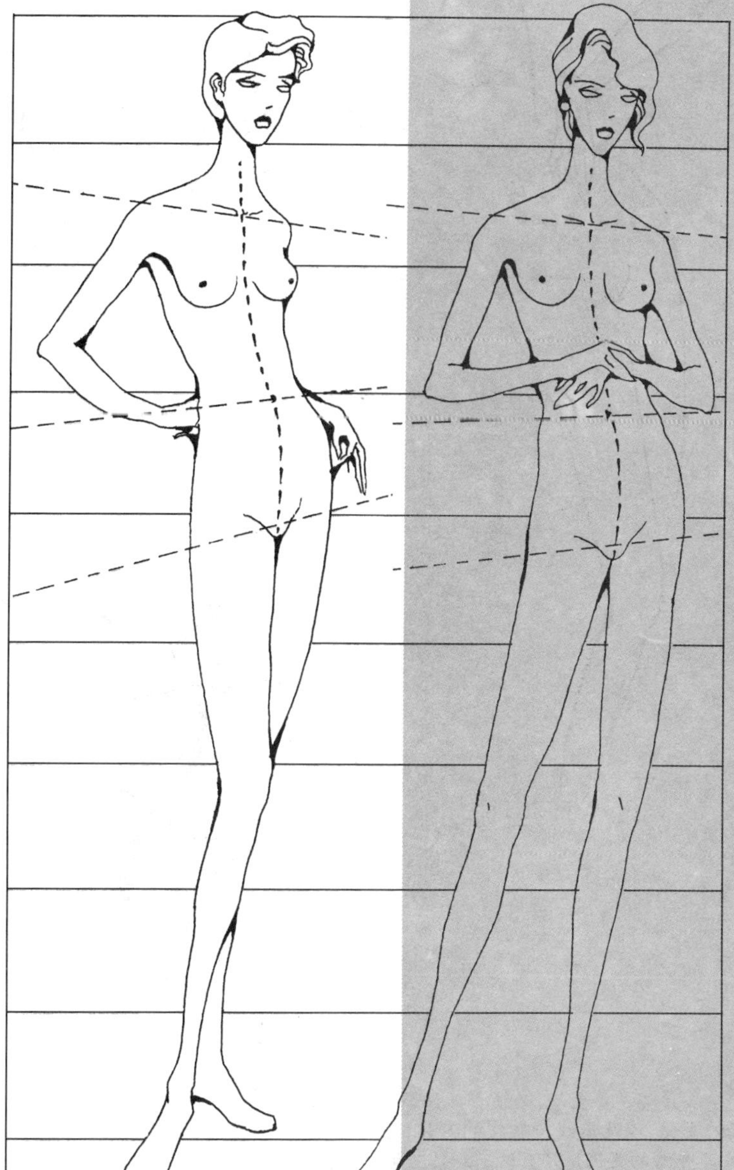

人体姿态要生动，必须重视强调人体中心线的变化，以及肩线与腰线的变化（亦称一直线、二平线的变化）。只有这三条线生动变化了，人体才会有优美灵活的姿态。

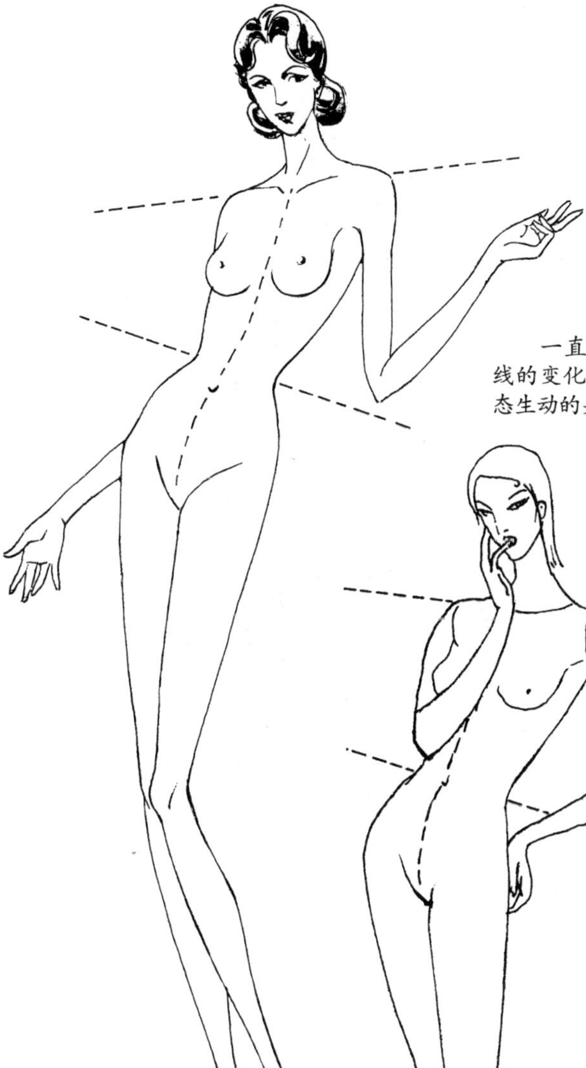

一直线、二平线的变化是人体姿态生动的关键

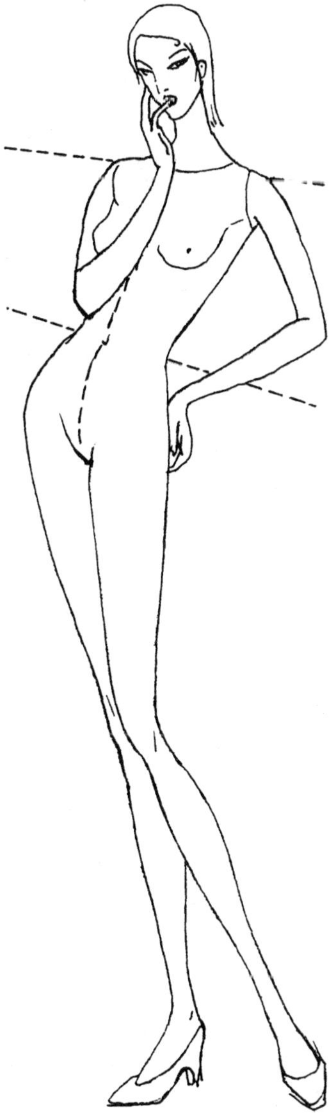

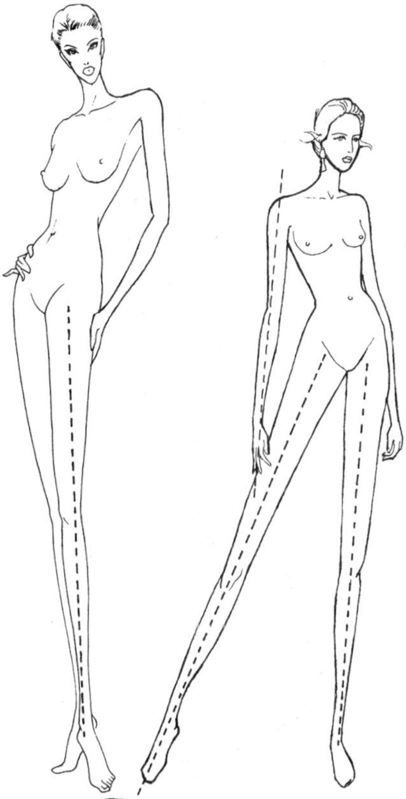

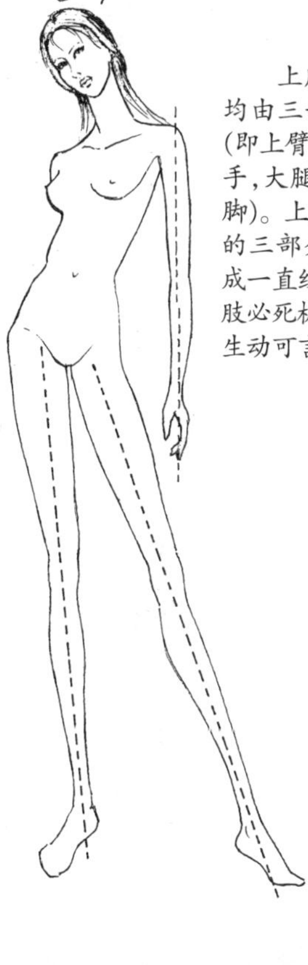

上肢与下肢均由三部分构成(即上臂、前臂与手,大腿、小腿与脚)。上肢与下肢的三部分切不可成一直线,否则四肢必死板僵直,无生动可言。

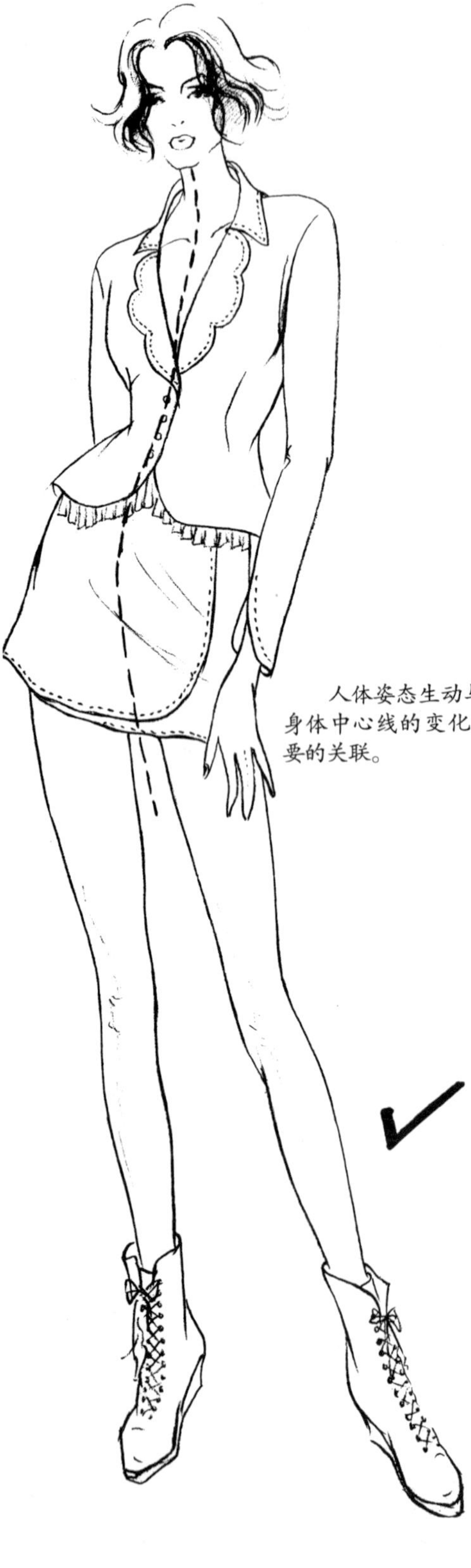

人体姿态生动与否，与身体中心线的变化有极重要的关联。

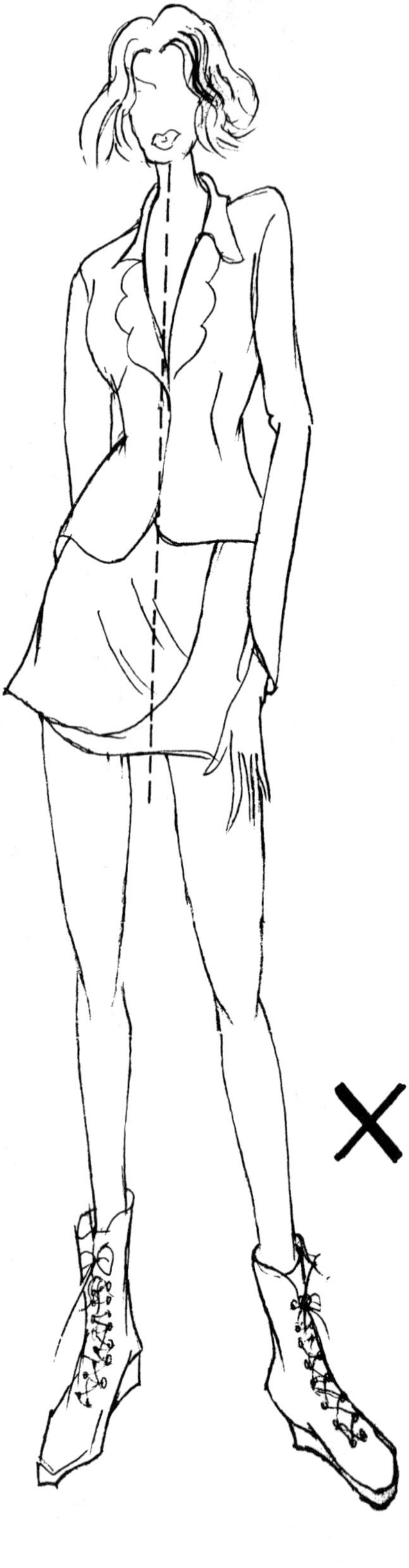

5. 人体缺乏动态的分析

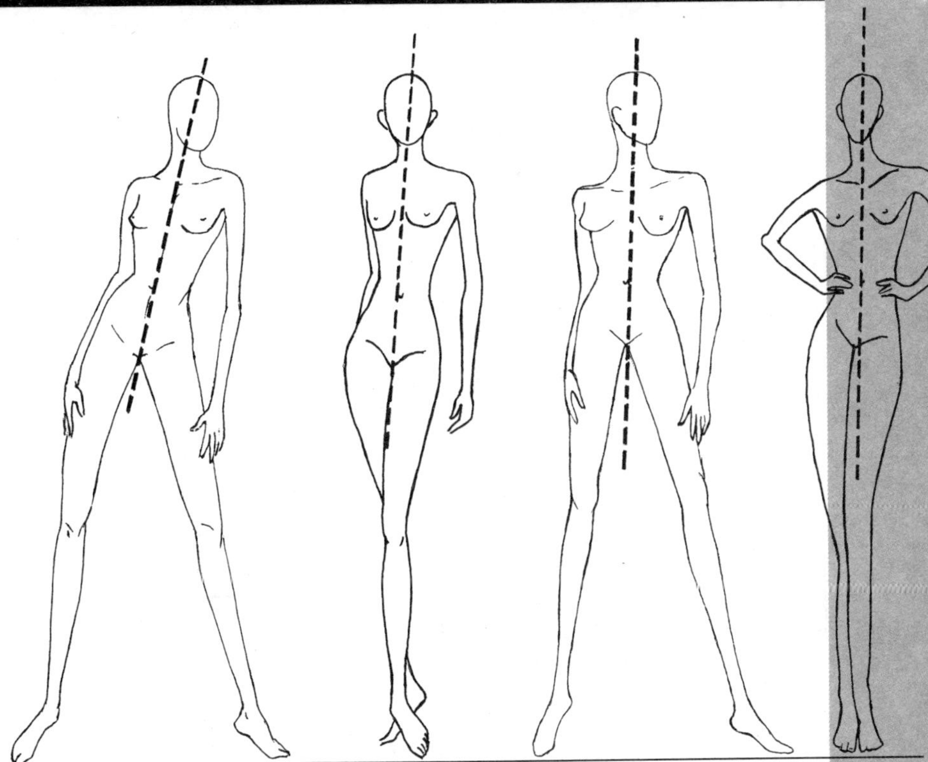

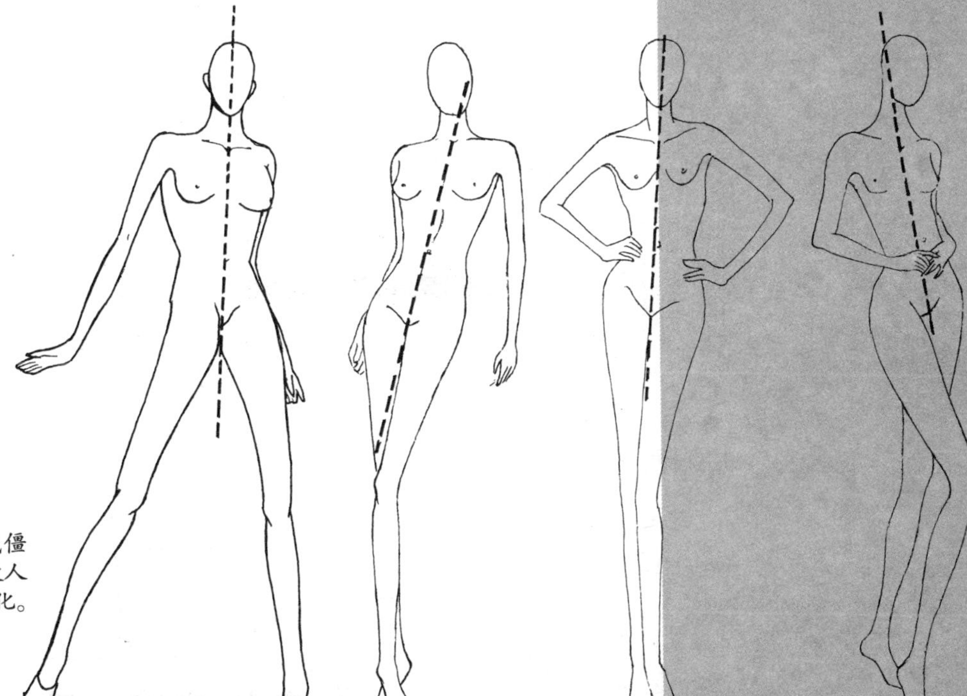

人体中心线僵直、死板、生硬,故人体缺乏生动与变化。

6. 人体动态中的重心问题

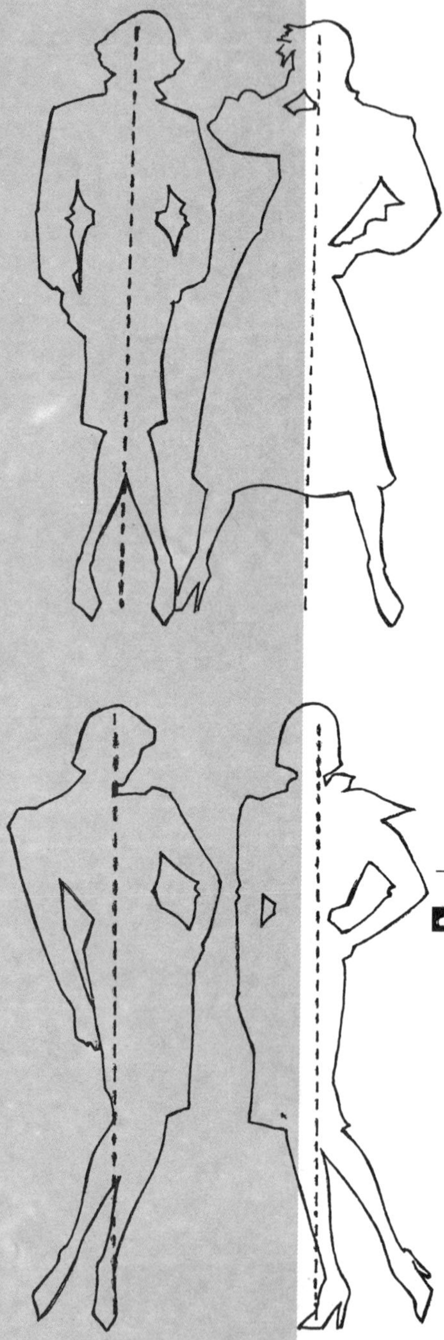

重心较好的图例赏析

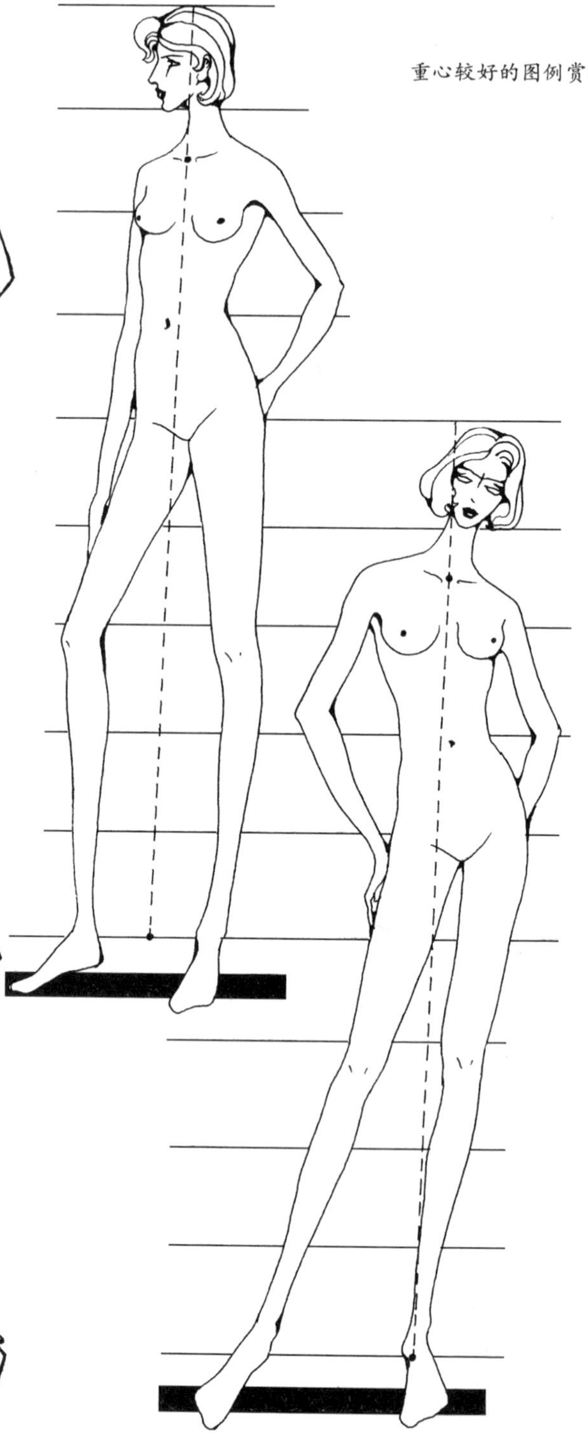

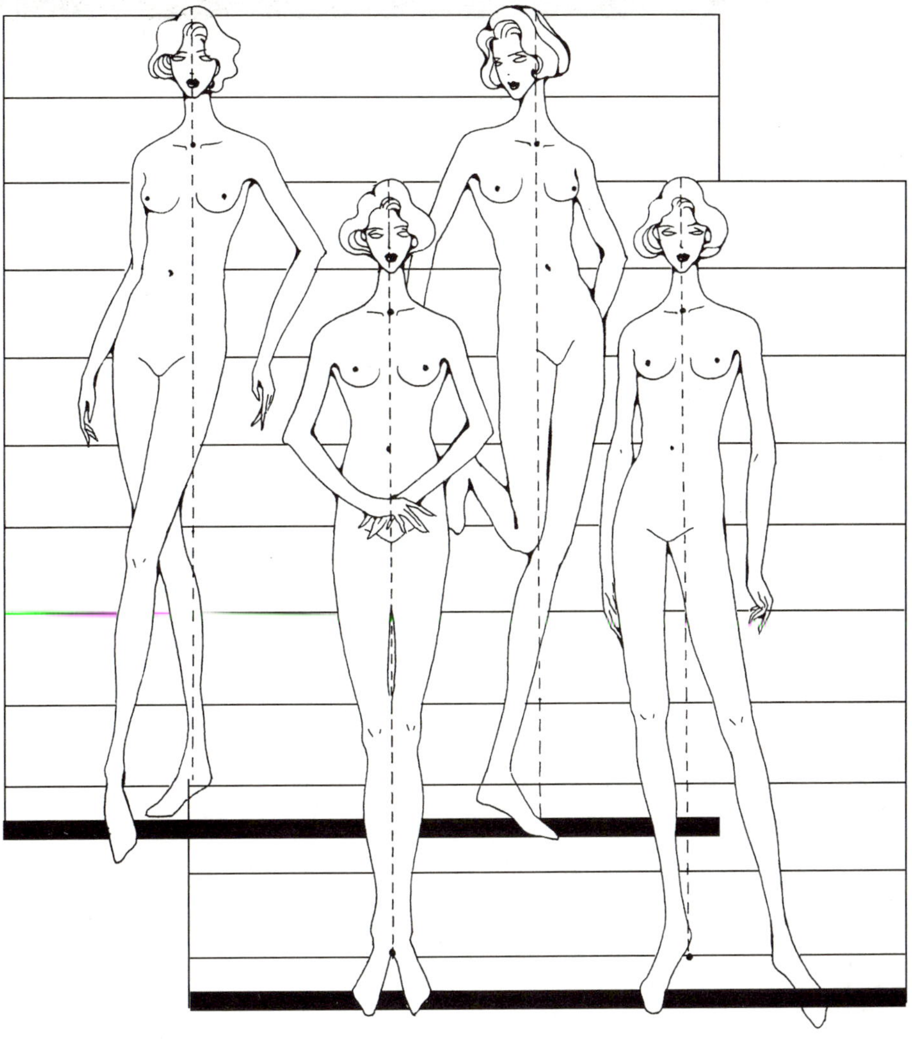

承受体重的脚不在重心线上，则人体失去重心，有不稳要倒的感觉。

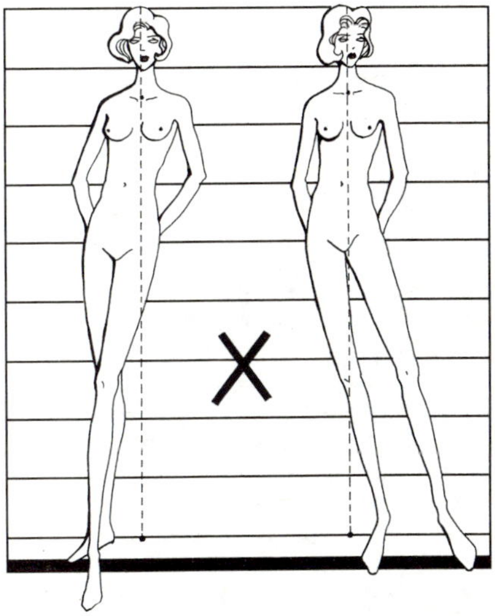

7. 适合表现服装的人体动态

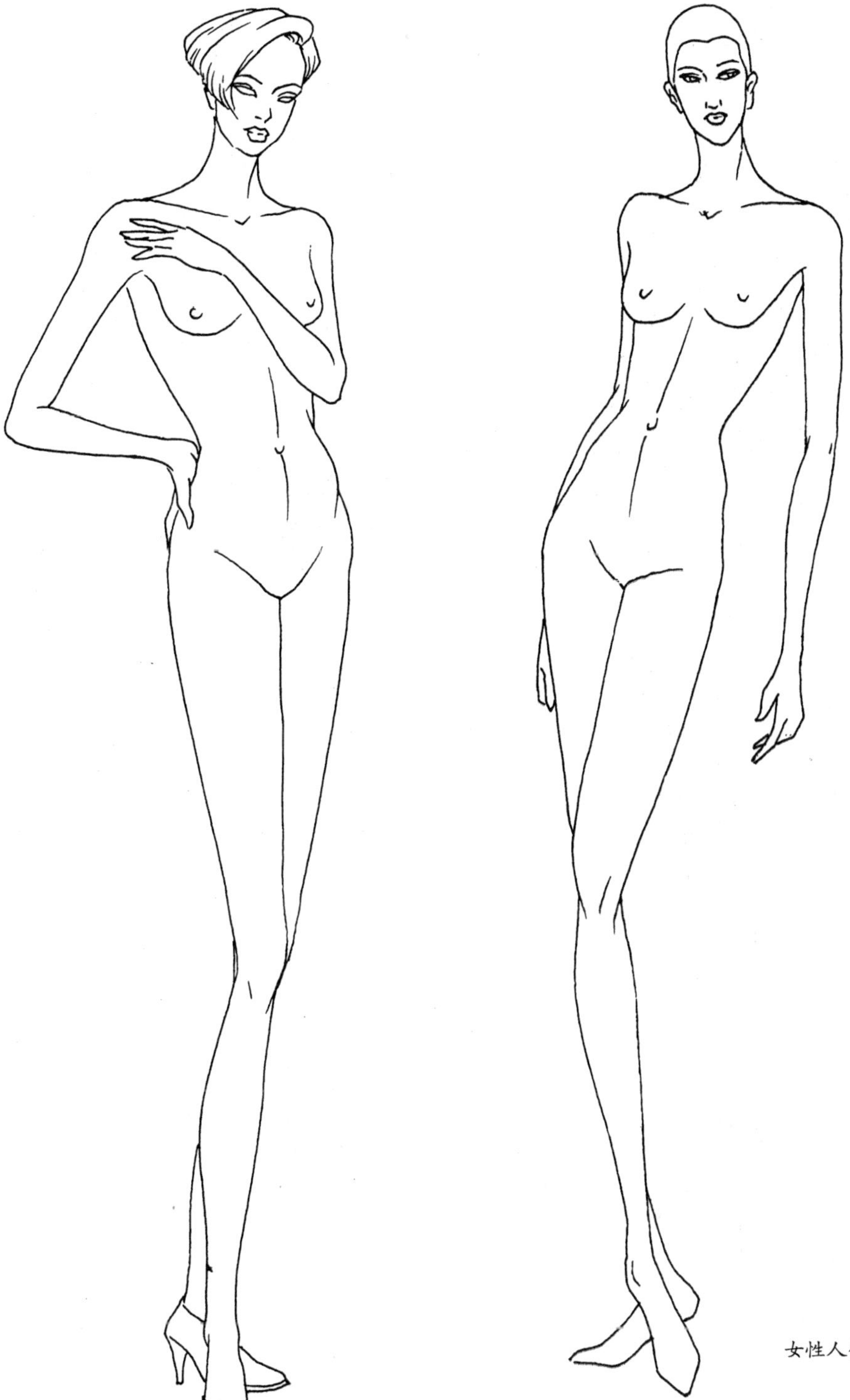

女性人体姿态参考

女性人体姿态参考

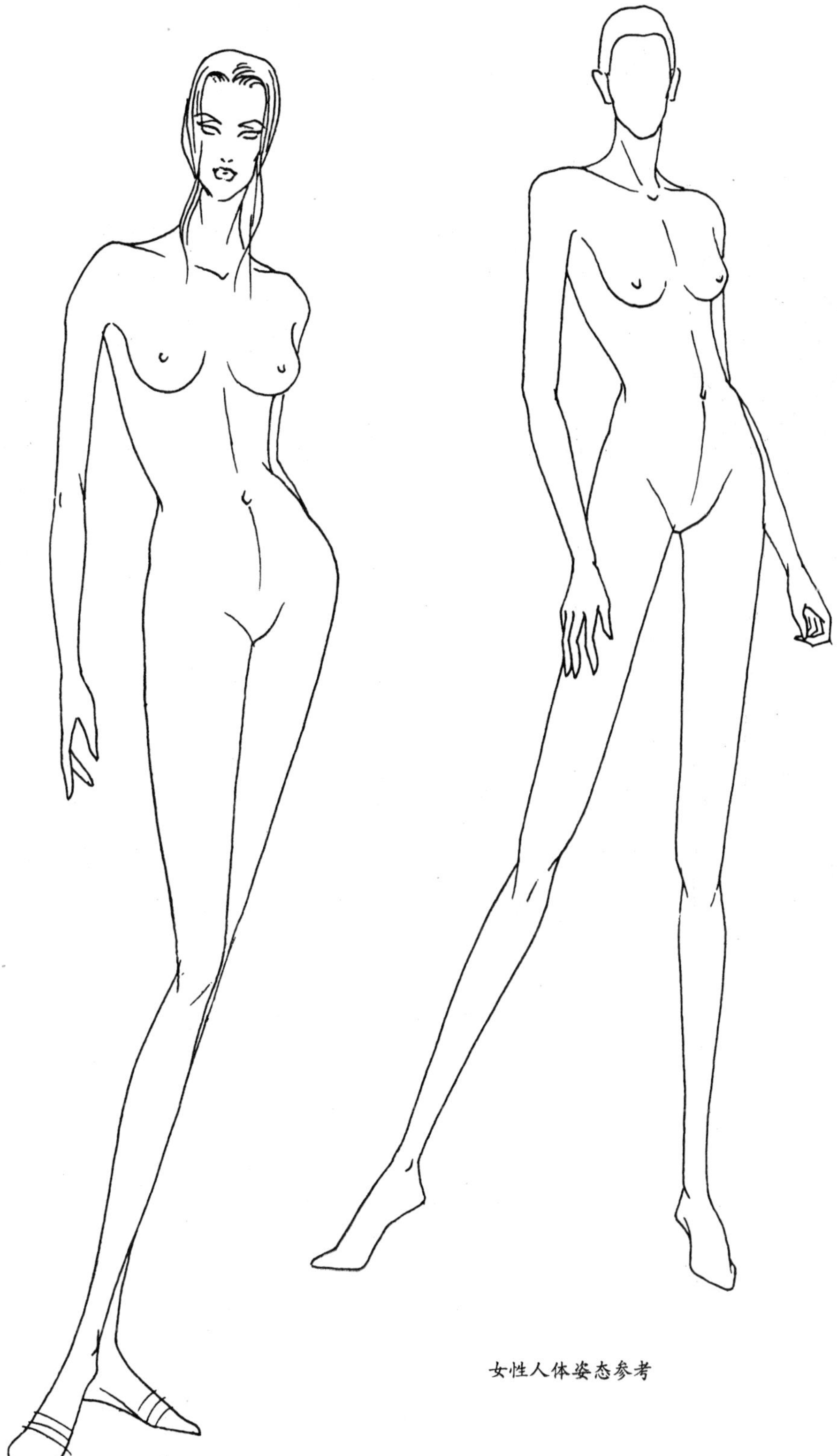

女性人体姿态参考

女性人体姿态参考

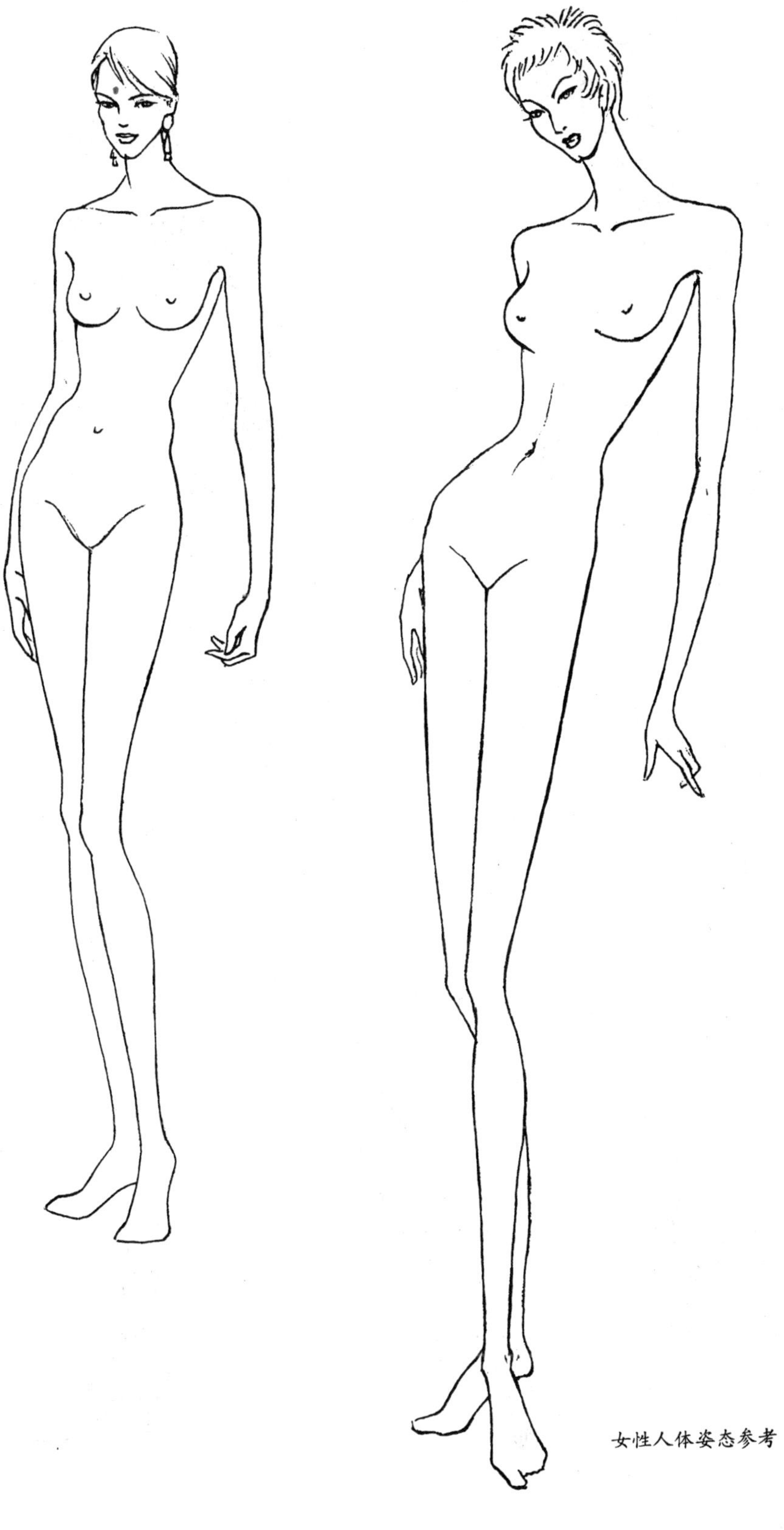

女性人体姿态参考

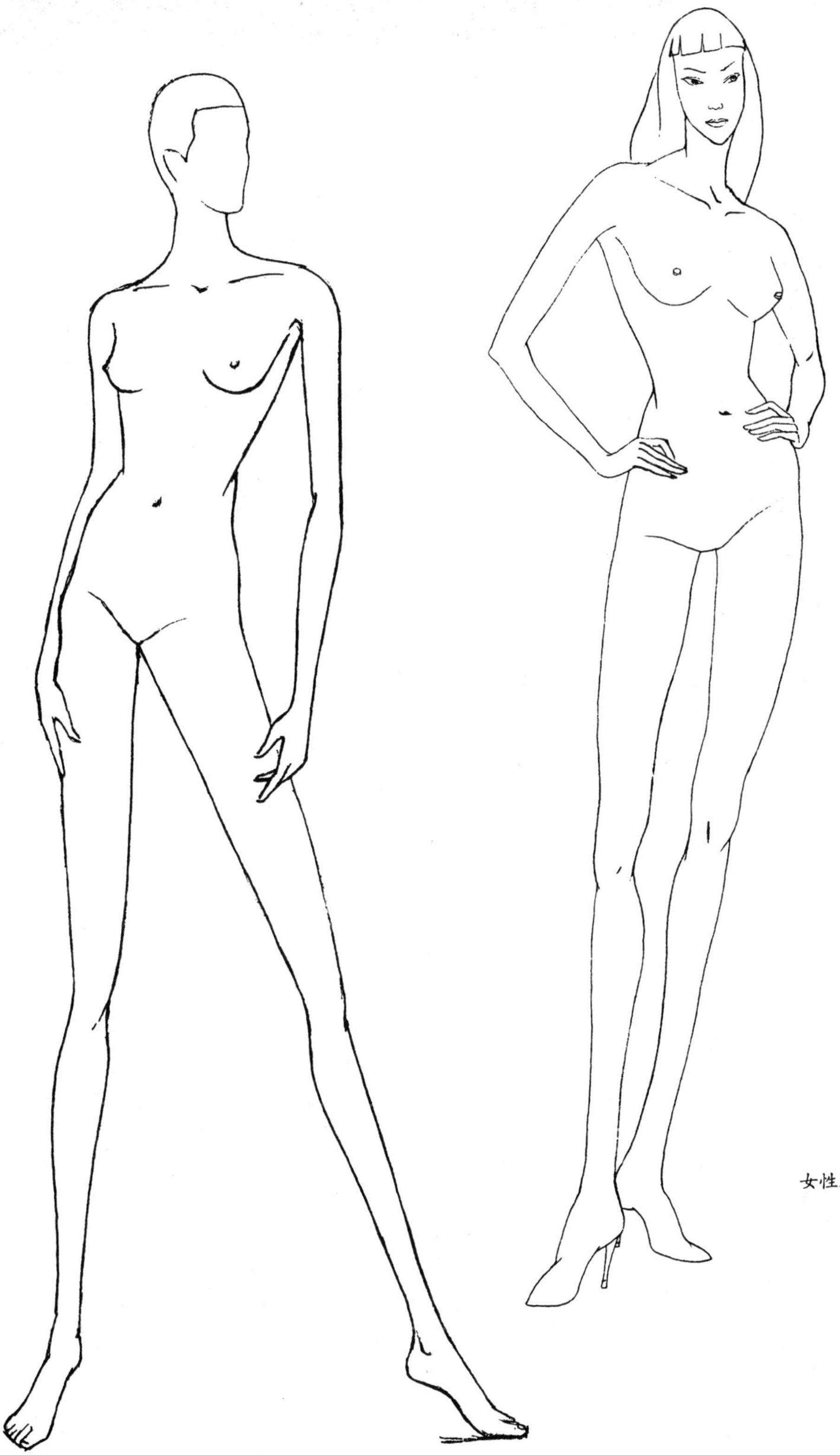

女性人体姿态参考

8. 手臂与手的画法

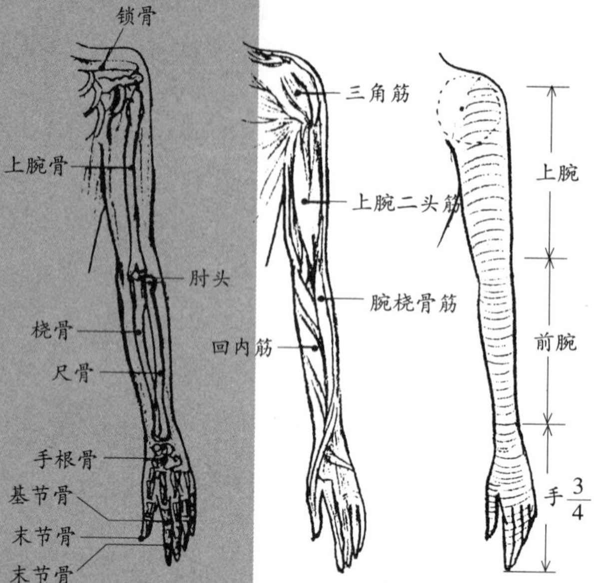

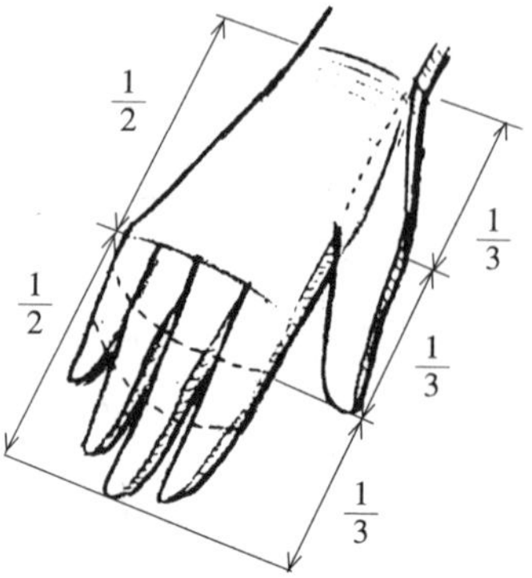

臂与手的比例与结构分析

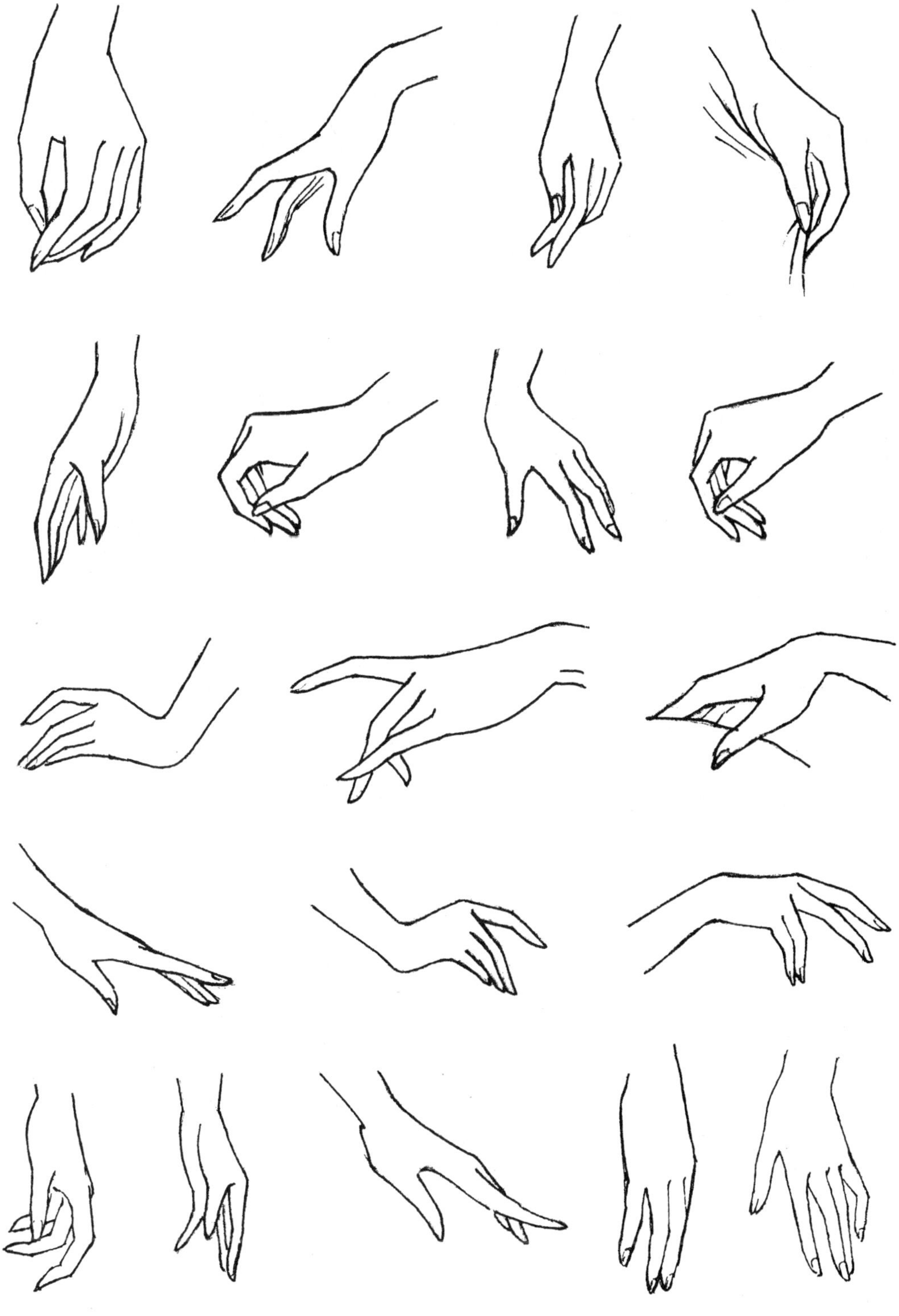

时装画常见常用的手势参考

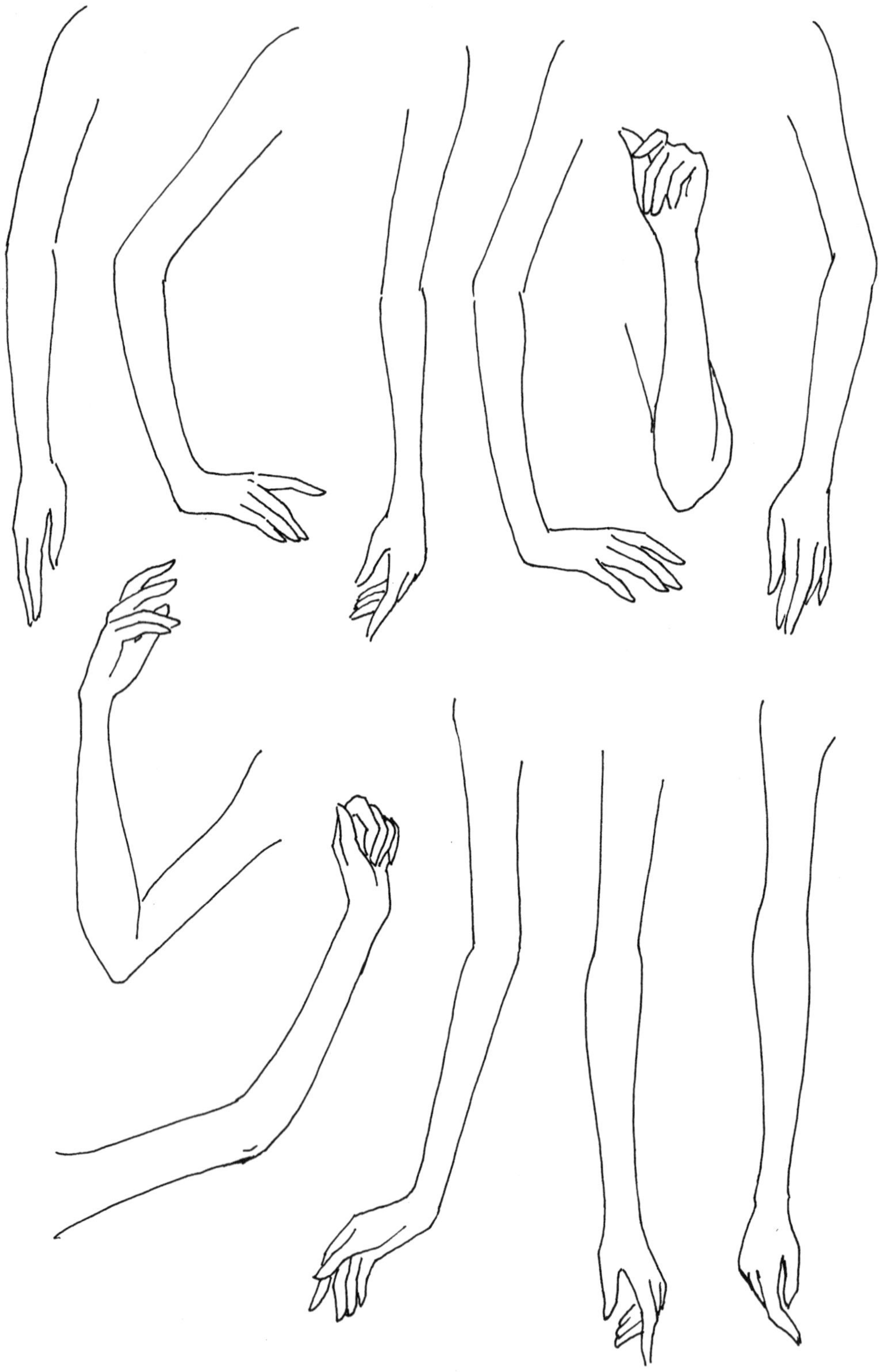

时装画手臂常见常用的姿态参考

时装画手臂常见常用的姿态参考

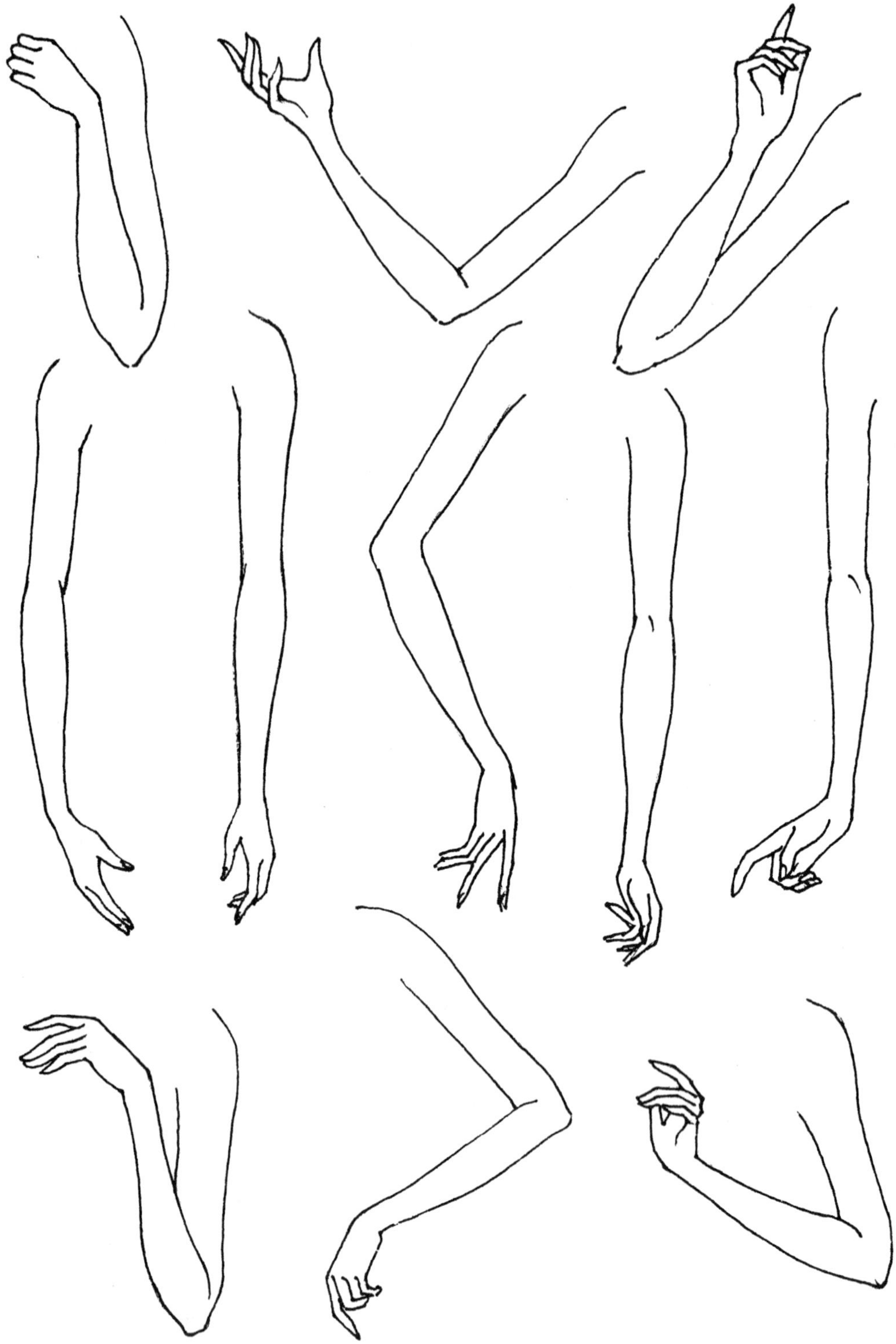

时装画手臂常见常用的姿态参考

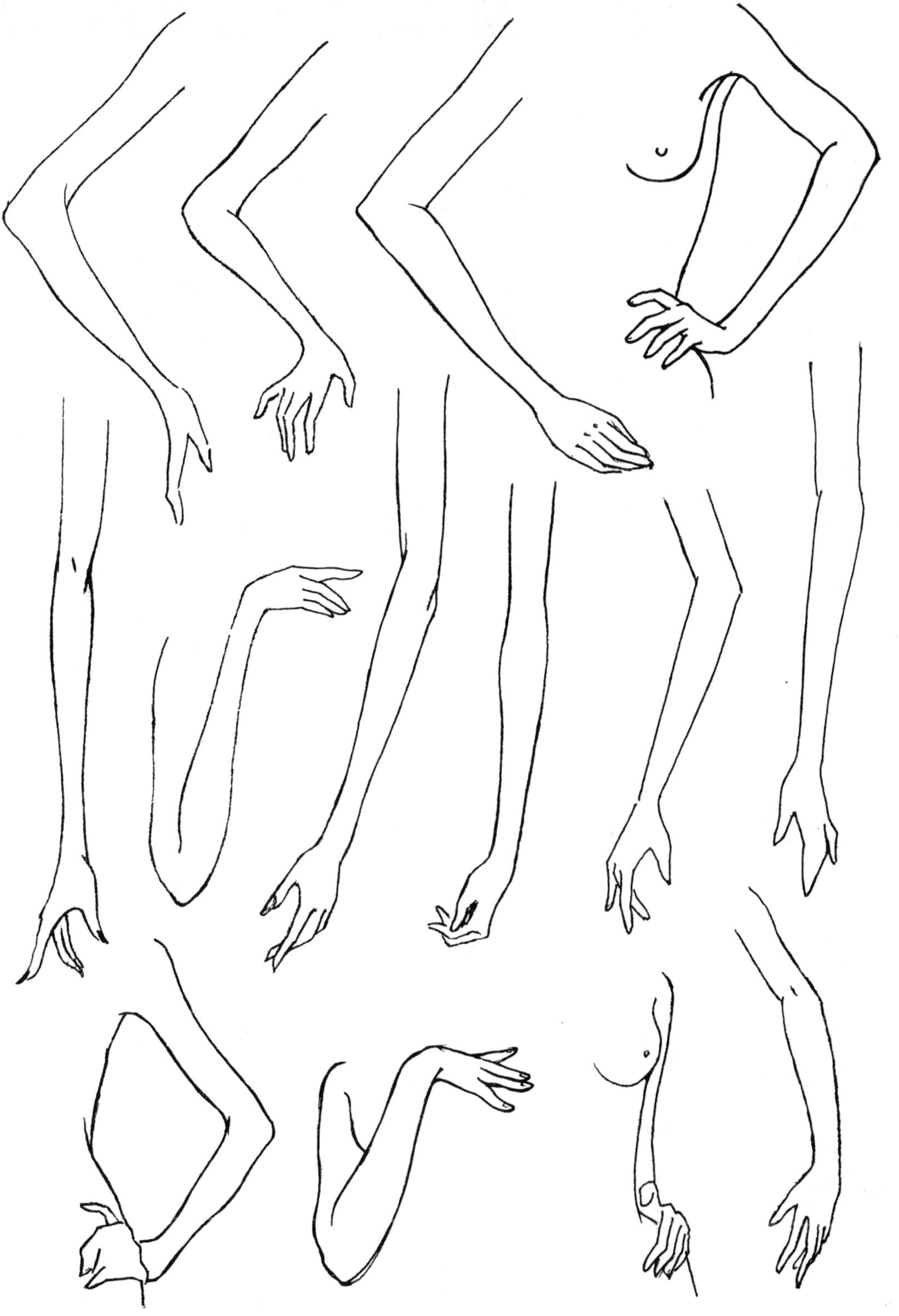

时装画手臂常见常用的姿态参考

9. 腿与脚的画法

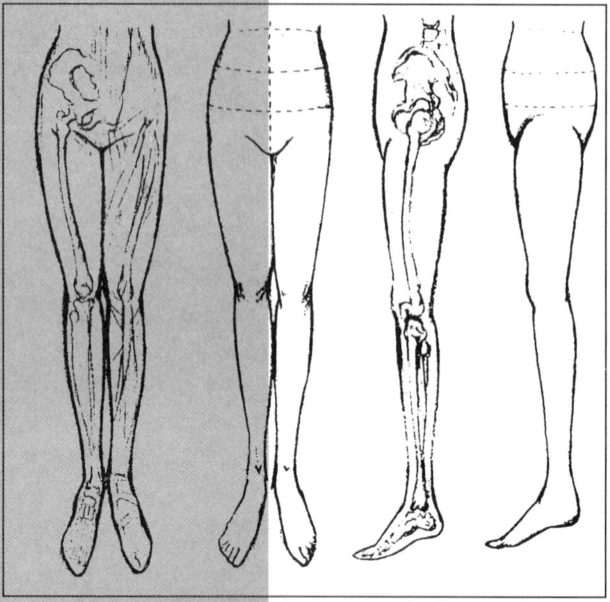

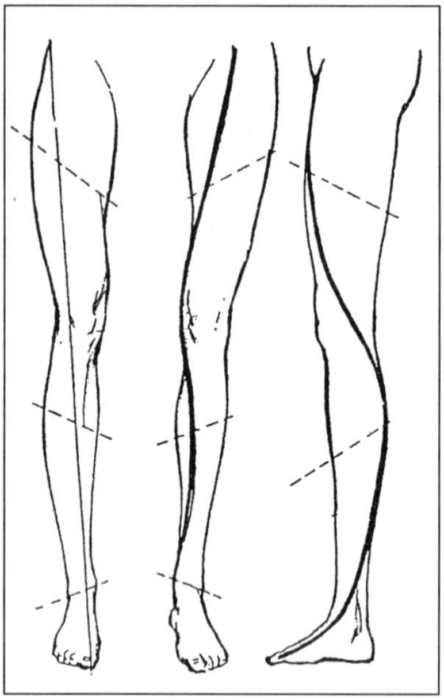

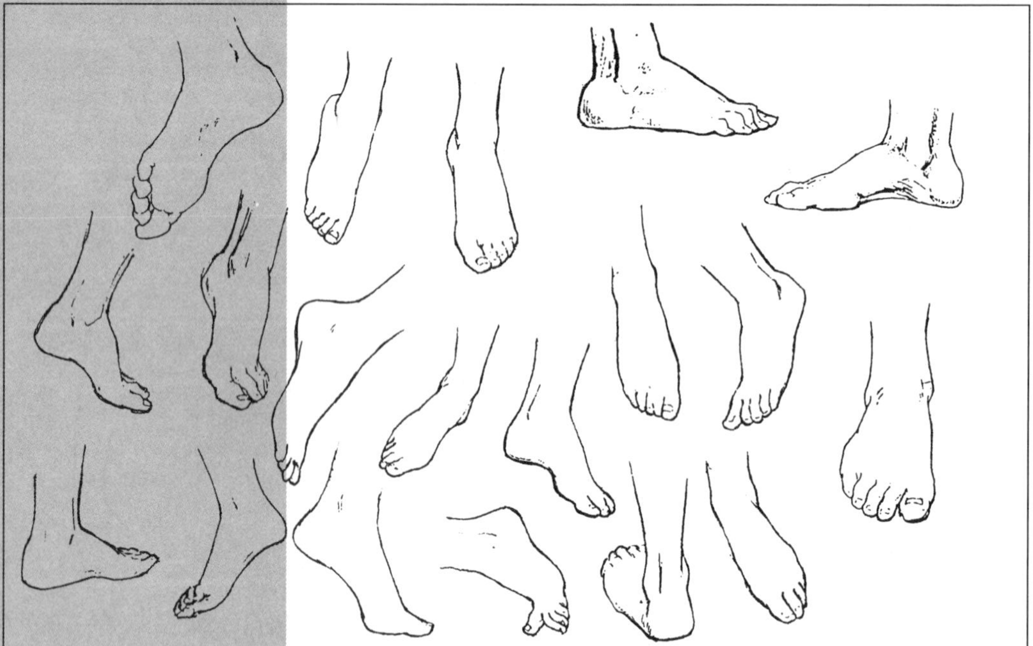

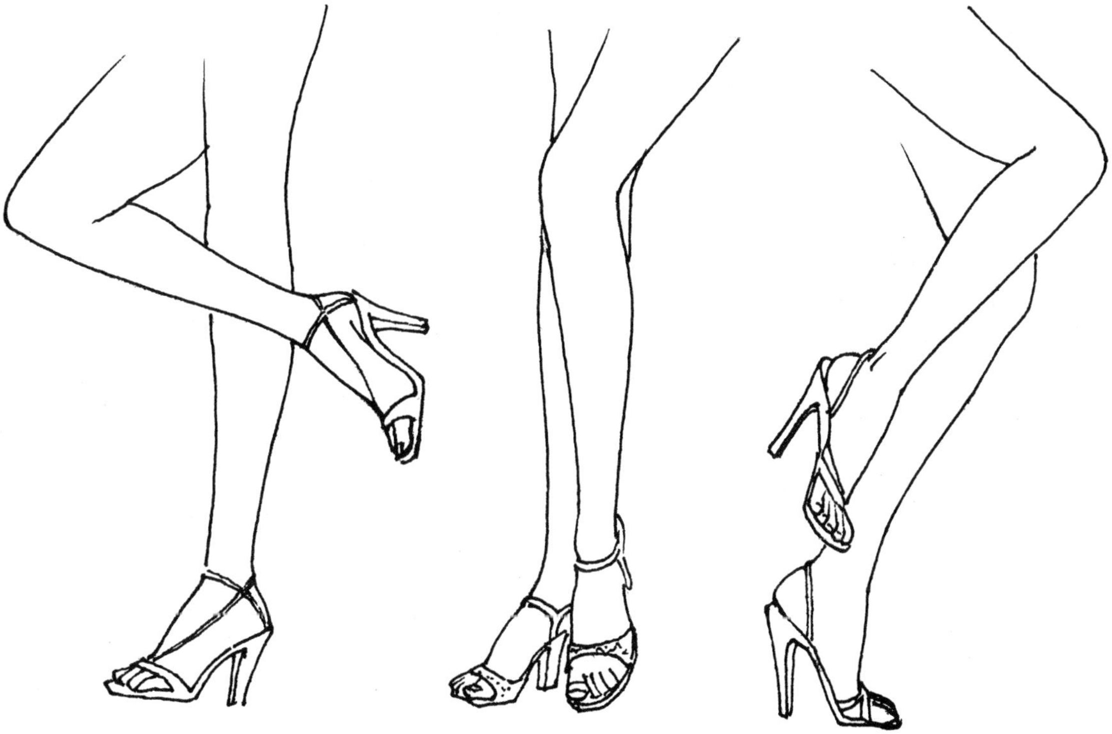

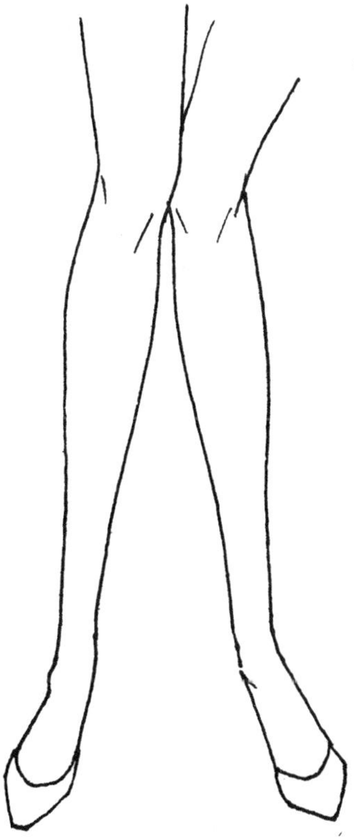

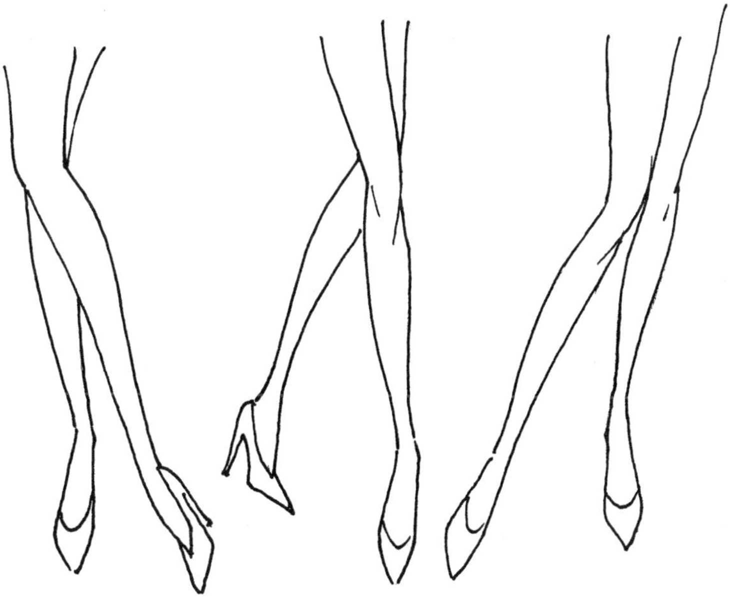

腿与脚的姿态参考

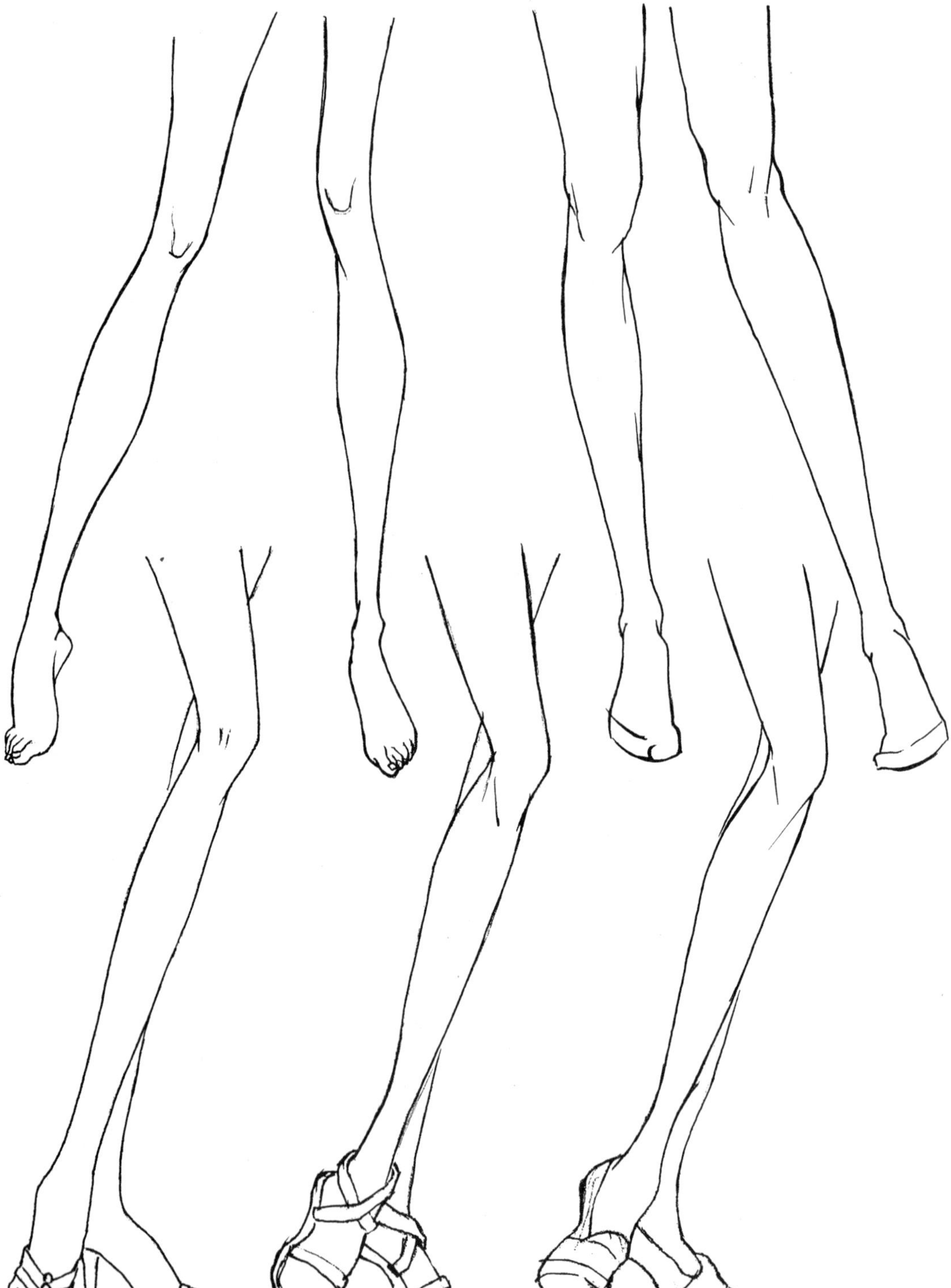

腿与脚的姿态参考

腿与脚的姿态参考

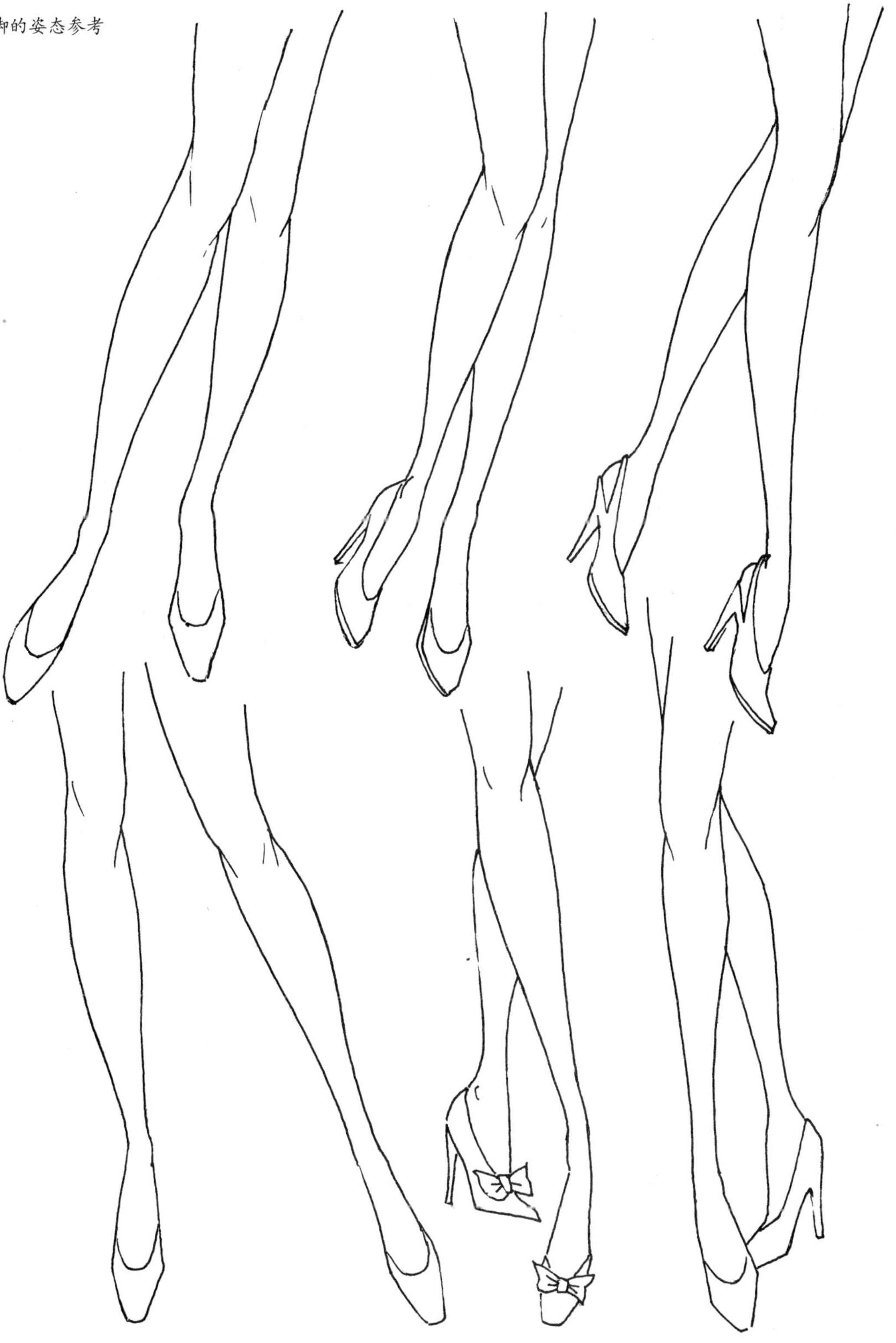

腿与脚的姿态参考

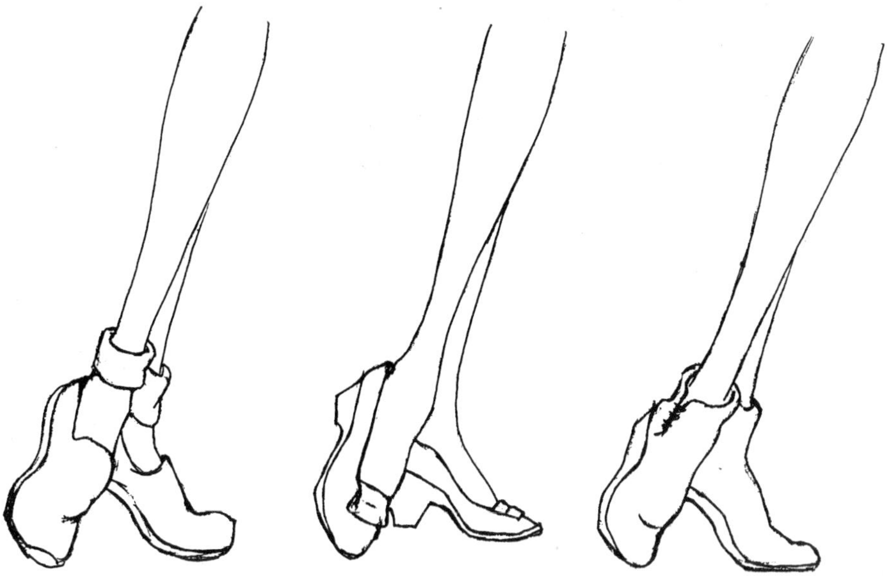

腿与脚的姿态参考

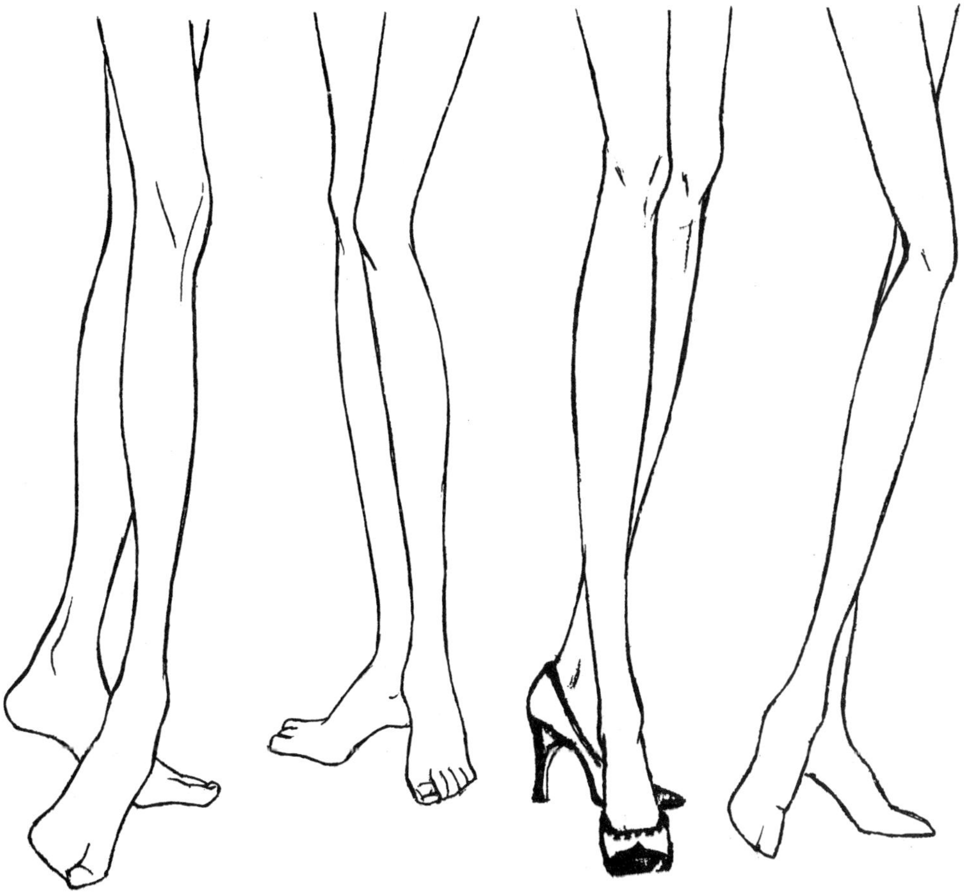

10. 人体其他细部的画法

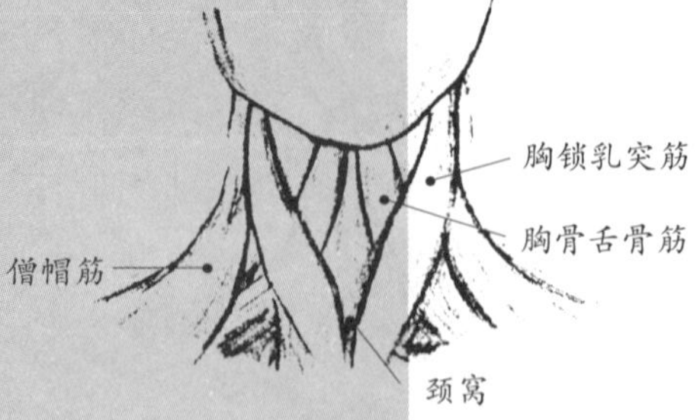

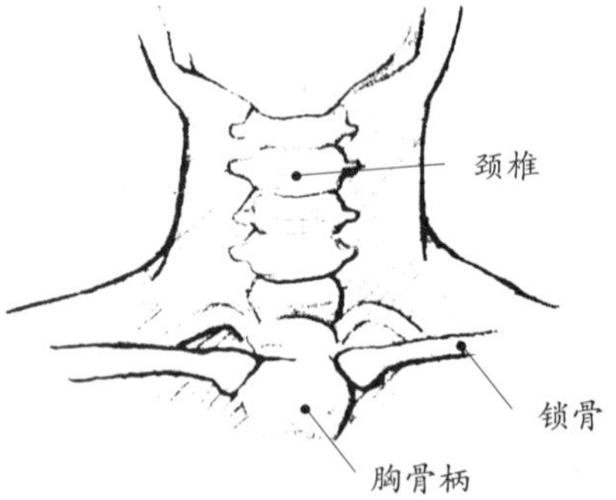

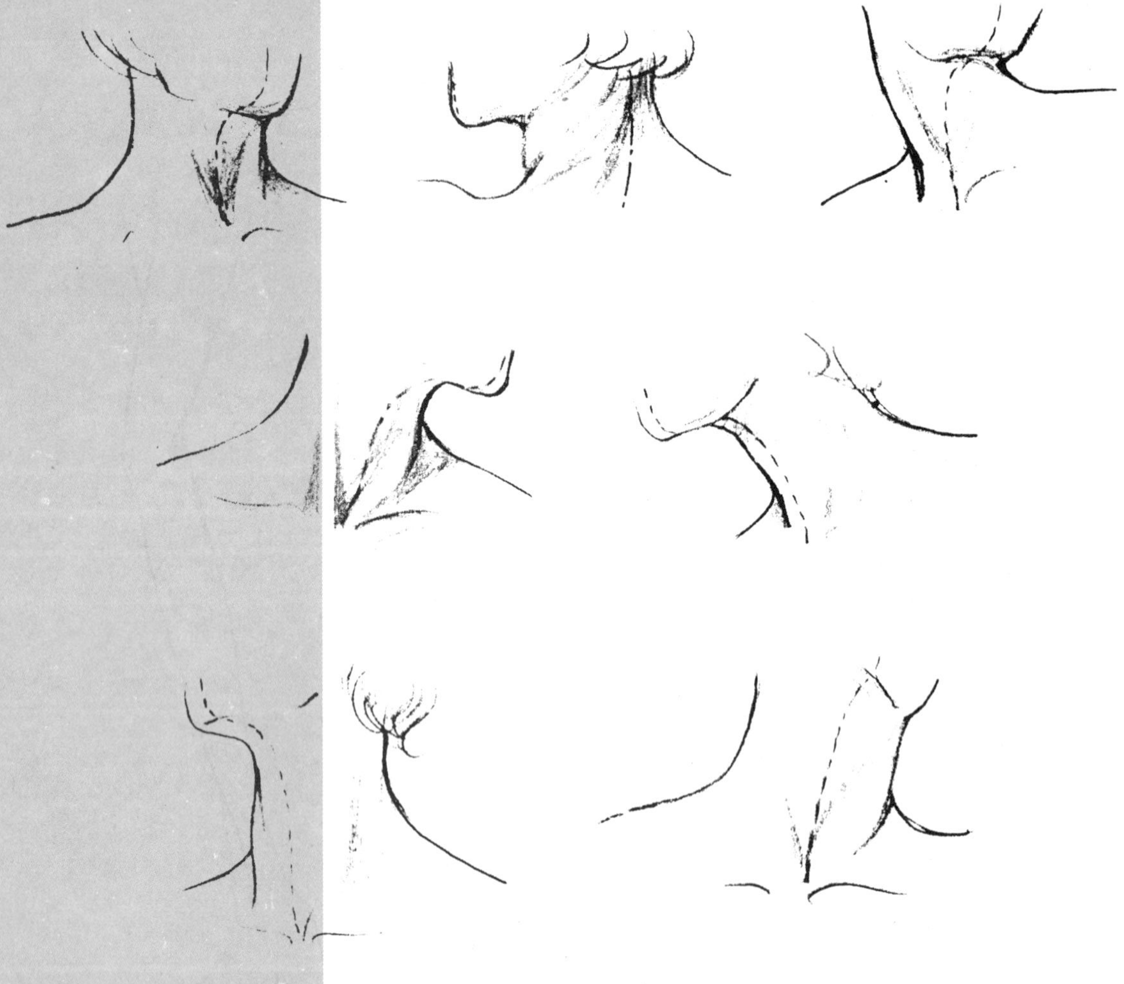

人体颈部与肩部的画法往往被忽视,而时装画却非常重视它的表现。因这个部位有相当丰富的生理结构,平时颈肩部又常被裸露、体现美丽,所以我们必须研究它、分析它,从而去精确地表现它。

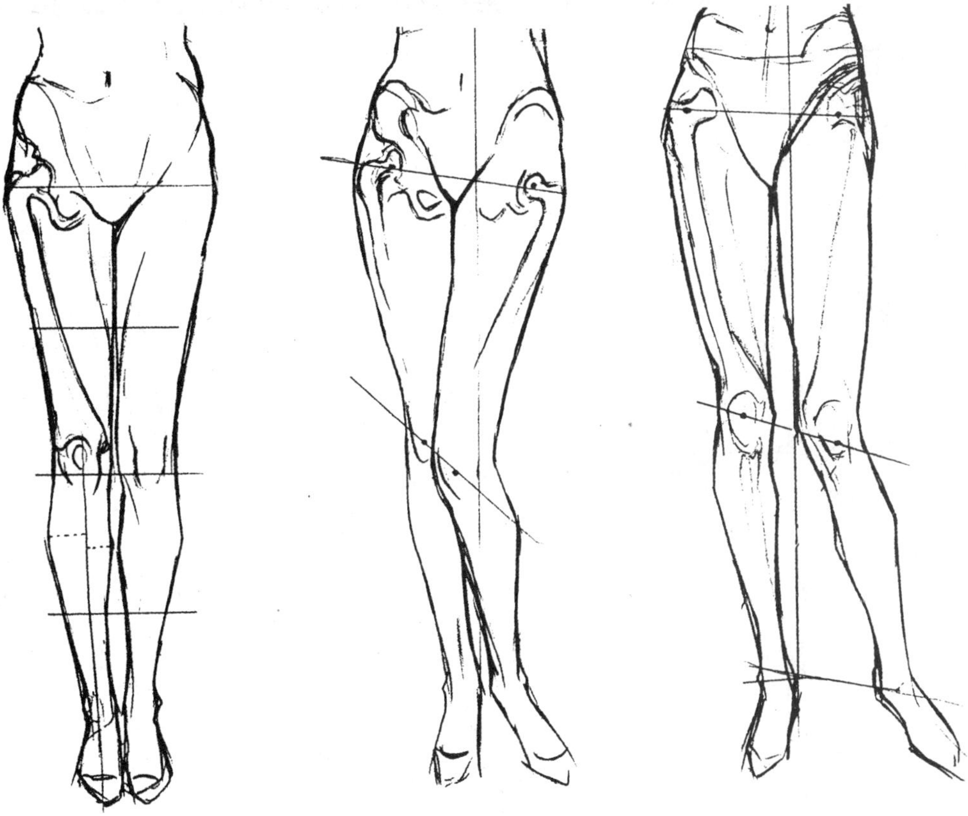

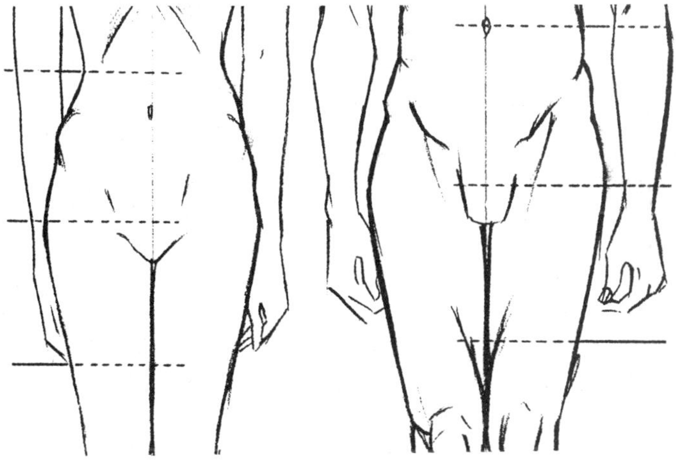

人体腹部、胯部因骨骼肌肉的内在因素，则外观上也体现出生动丰富而优美的变化，画人体时应十分重视这个部位的表现。

11. 男性人体理想的比例

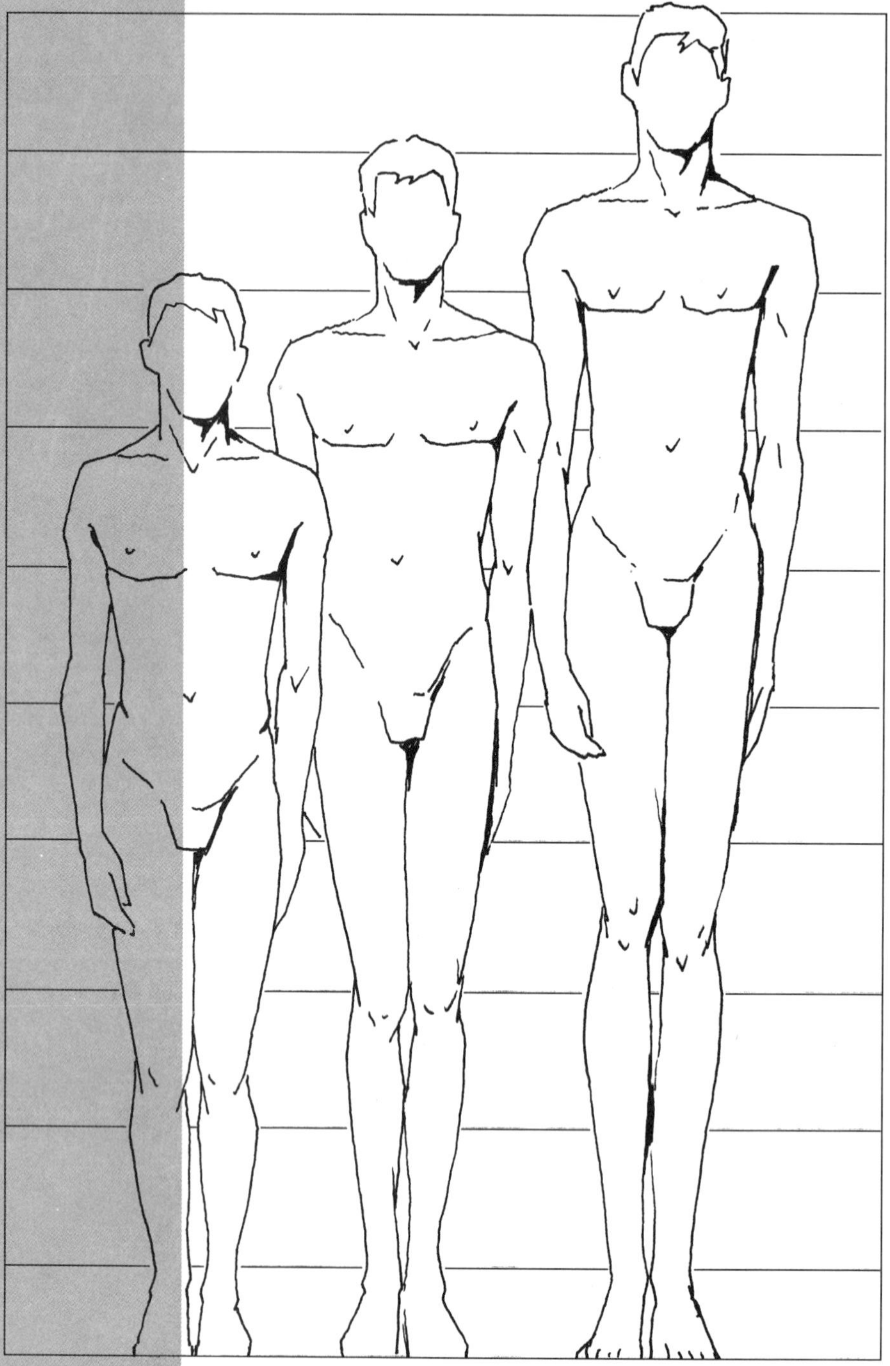

男性人体长度(自上至下)的比例位置与女性完全一致,但宽度的比例却有所不同:以头的长度为1,则肩宽为2,腰宽为1,臀宽为1.2。

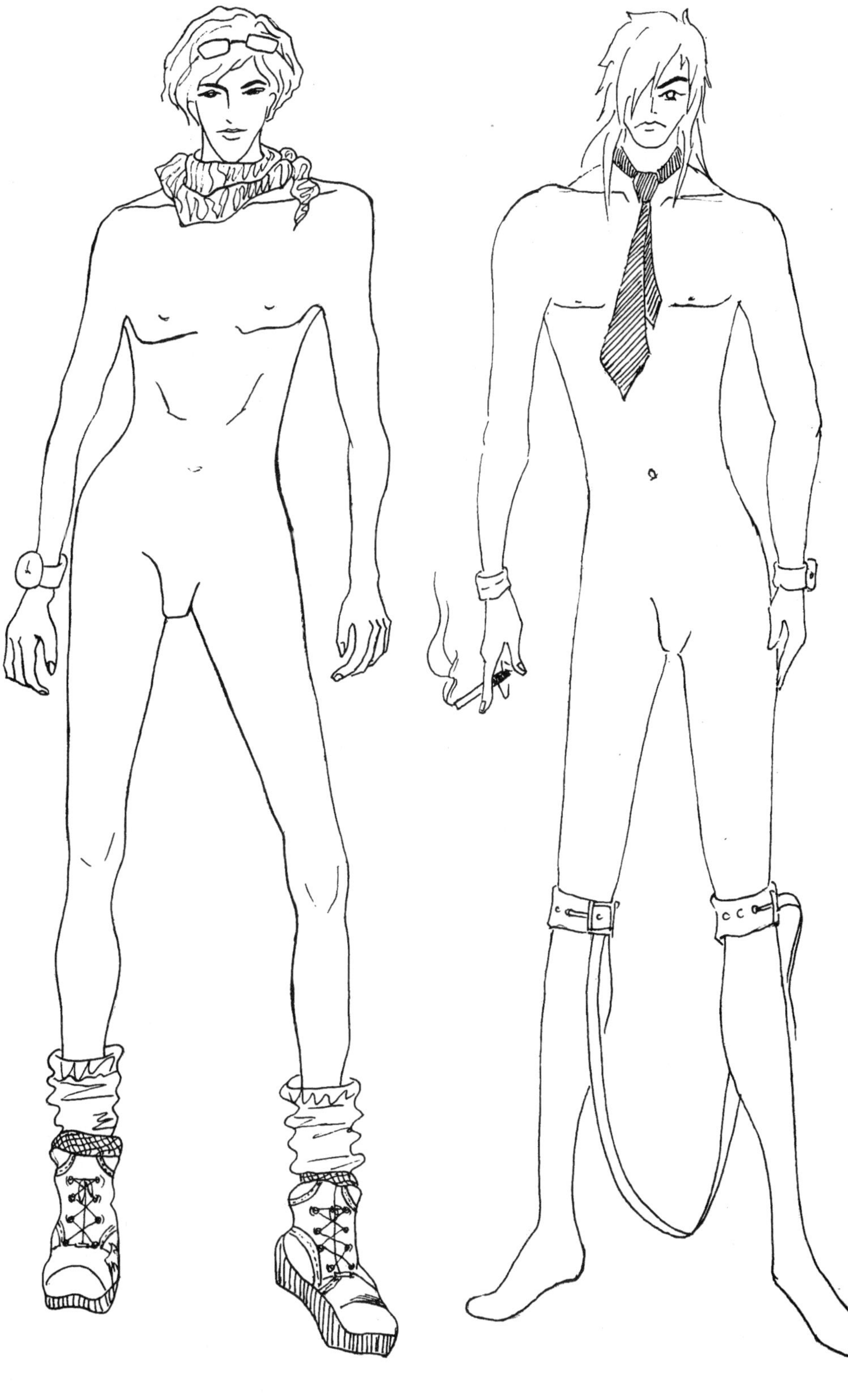

男性人体比例、动态参考

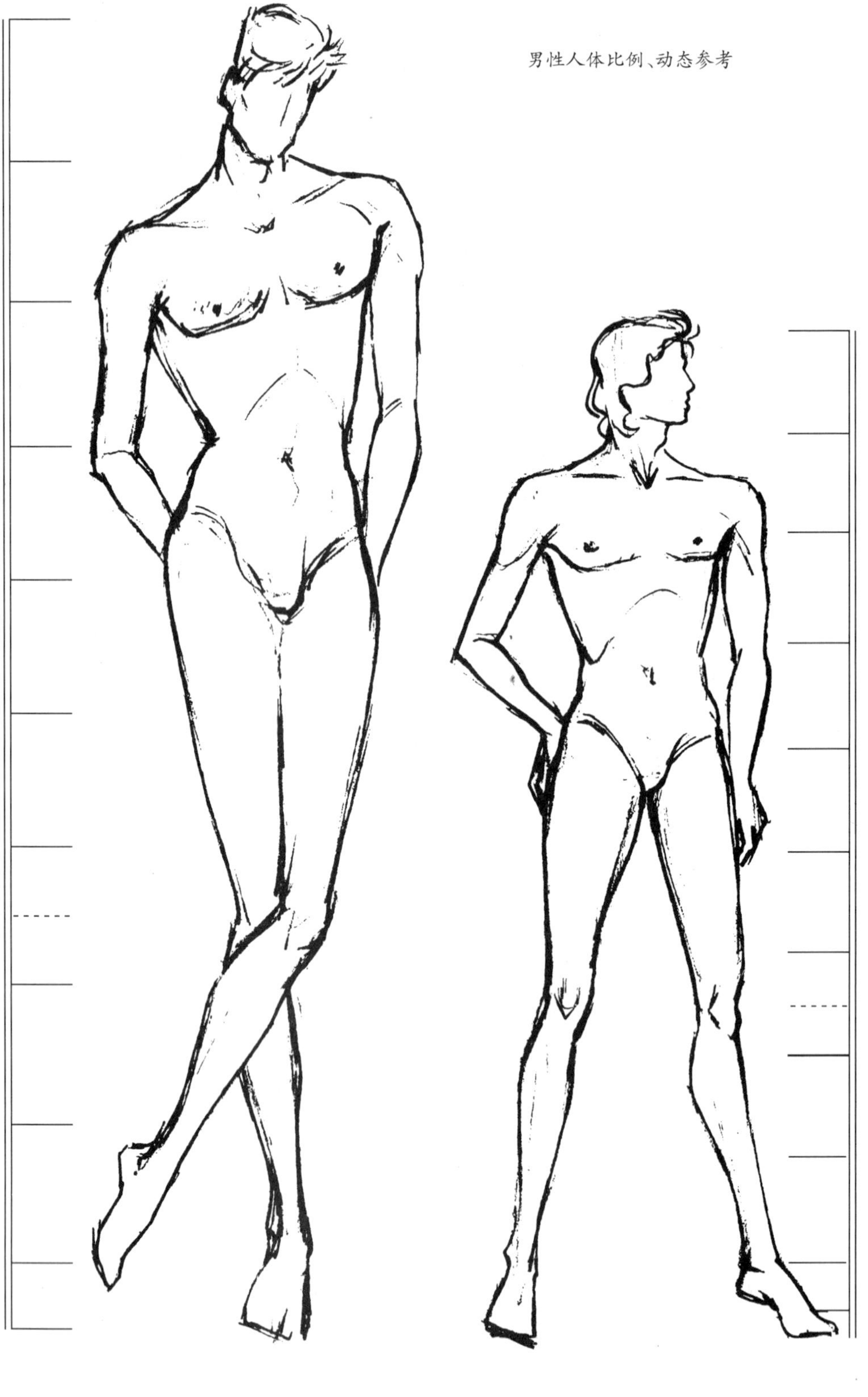

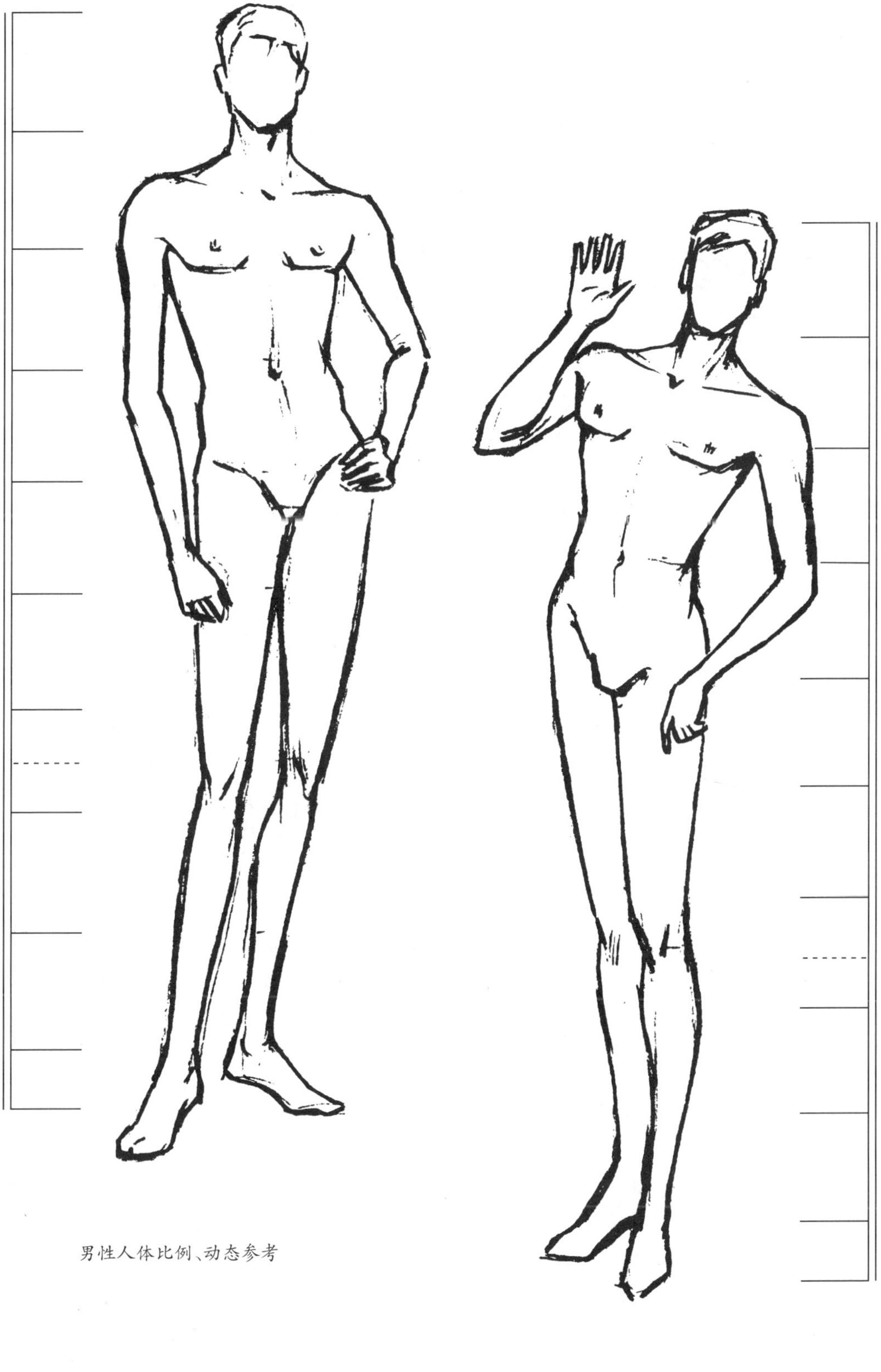

男性人体比例、动态参考

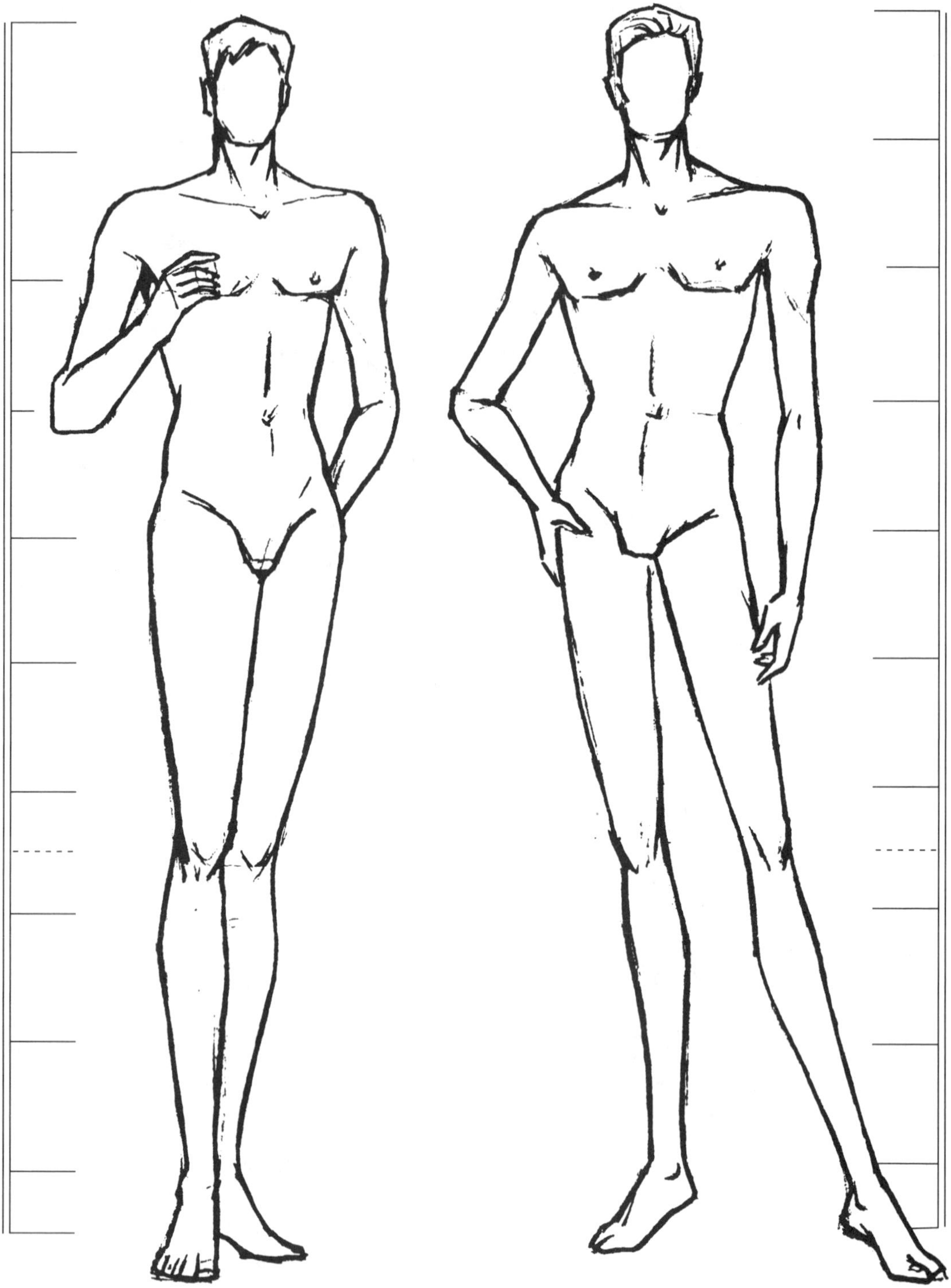

男性人体比例、动态参考

12. 男性常见的姿态参考

时装画男性的姿态与女性有较大的区别,它既要保持动作的显著、硬朗、有力,又将这些因素隐含在静态不变之中,即——将微妙生动的体态变化容纳在静态的动作之中,这需要我们在平时给予细微的观察与恰到好处的体现。

男性常见的姿态参考

男性常见的姿态参考

男性常见姿态参考

男性常见姿态参考

13. 儿童的人体比例

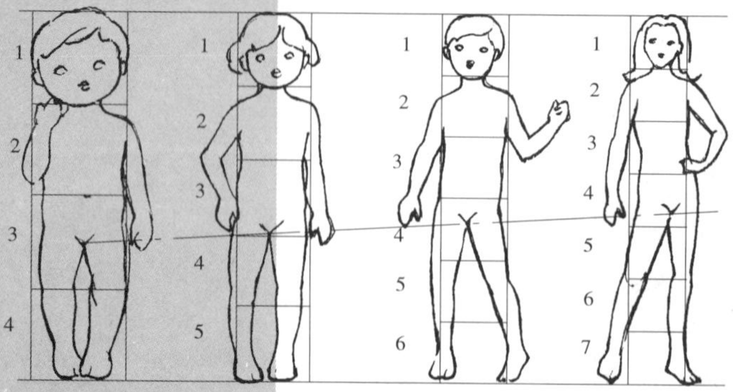

1岁　5岁　10岁　12岁

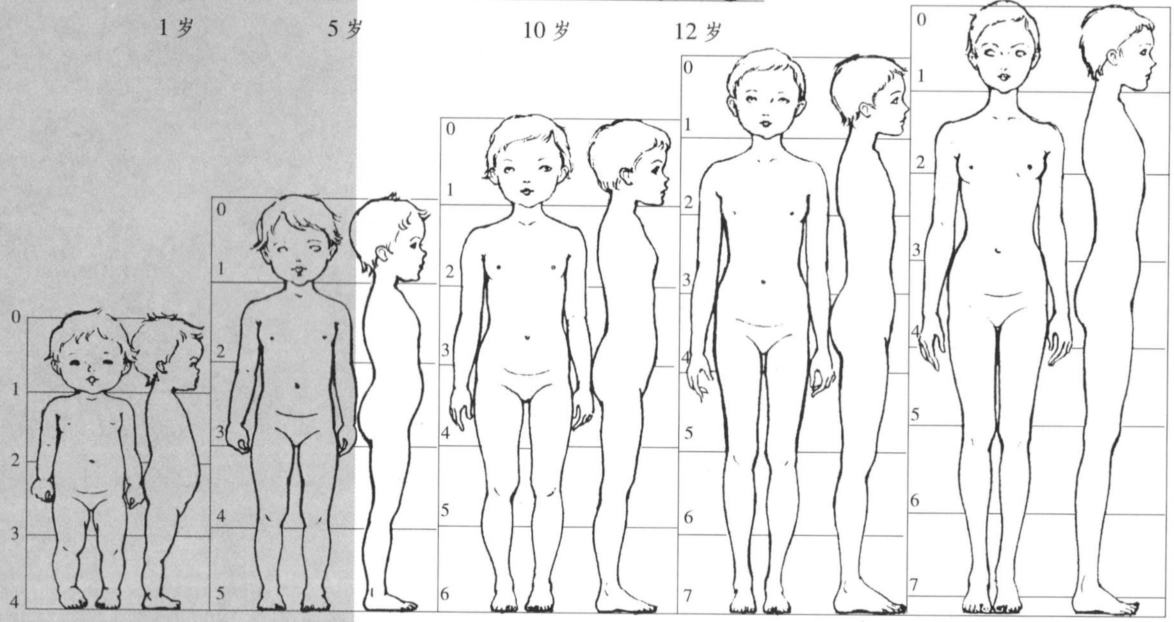

1岁（4头长比例）　5岁（5头长比例）　10岁（6头长比例）　12岁（7头长比例）　14岁（7.5头长比例）

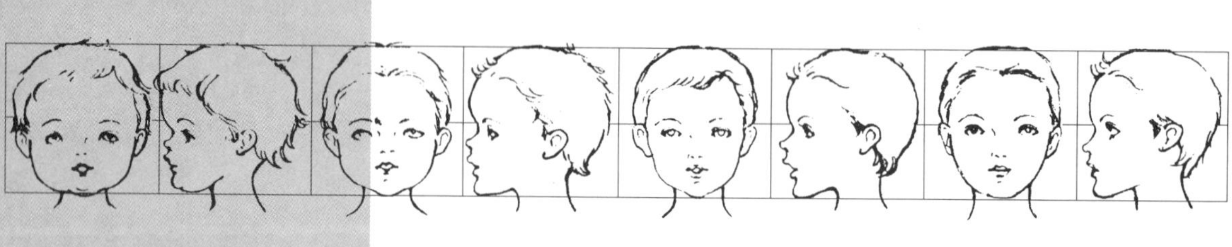

1岁　5岁　10岁　12岁

14. 儿童时装画图例参考

表现童装的时装画是设计中常遇见的课题。童装的表现既不可像女性时装画那么时尚唯美,也不可像男性时装画那么庄重阳刚。为了体现童装特有的童趣与美丽,无论是人体动态、五官刻画、手脚特殊的姿态乃至整个画面风格的处理上都应有独特的表现,以展现童装的美丽及儿童的天真活泼可爱。

接近卡通、动漫画的儿童时装画风格

夸张形式的儿童时装画风格

夸张形式的儿童时装画

夸张形式的儿童时装画

写实形式的儿童时装画

写实形式的儿童时装画

写实形式的儿童时装画

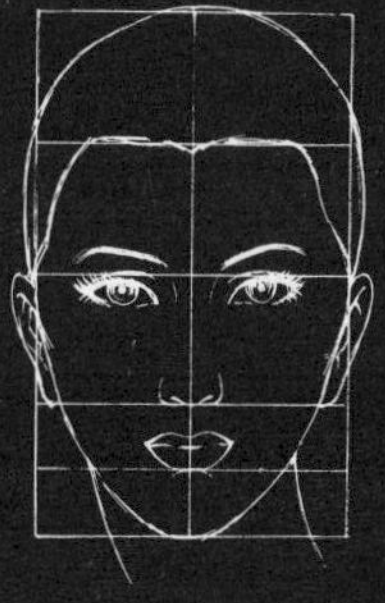

第二章

时装画表现脸部五官应注意的问题

时装画不仅需要画一个理想完美生动的人体，更需要画出美丽时尚又富于个性的脸。时装画的五官刻画近乎时尚的美容要求，不仅要“天生丽质”，更须“化妆美容，时尚出彩”。这要求画者除了对脸部及其五官的生理结构比例特征有深入的理解外，更要对五官的美容要求有一定的掌握。时装画对五官的表现既不同于写实风格的绘画，更区别于传统美人程式化形象的表现。为此，本章节将对脸部五官表现的许多细节作逐一的分析，希望对初学者有切实可行的帮助。

1. 脸部五官的正确比例

女性正面五官的比例与画法

女性半侧面五官的比例与画法

女性全侧面五官的比例与画法

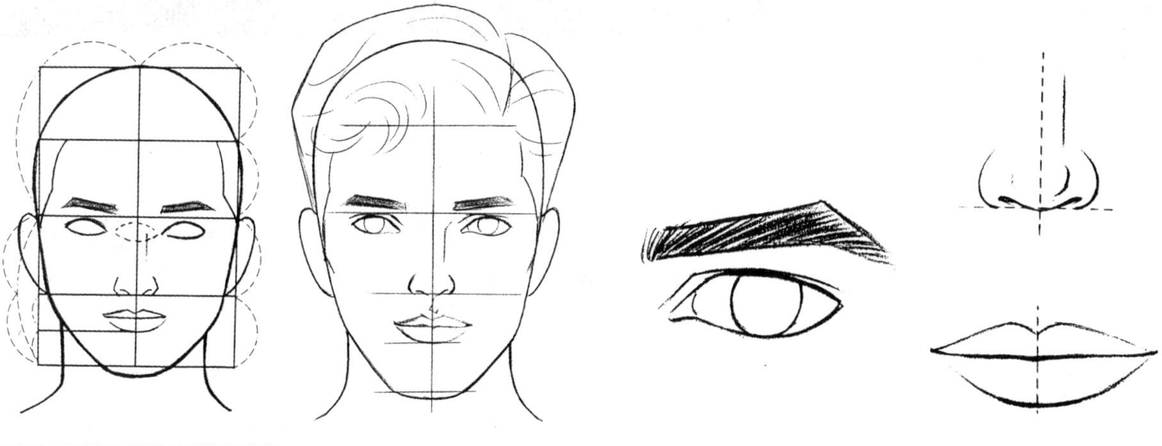

男性正面五官的比例与画法

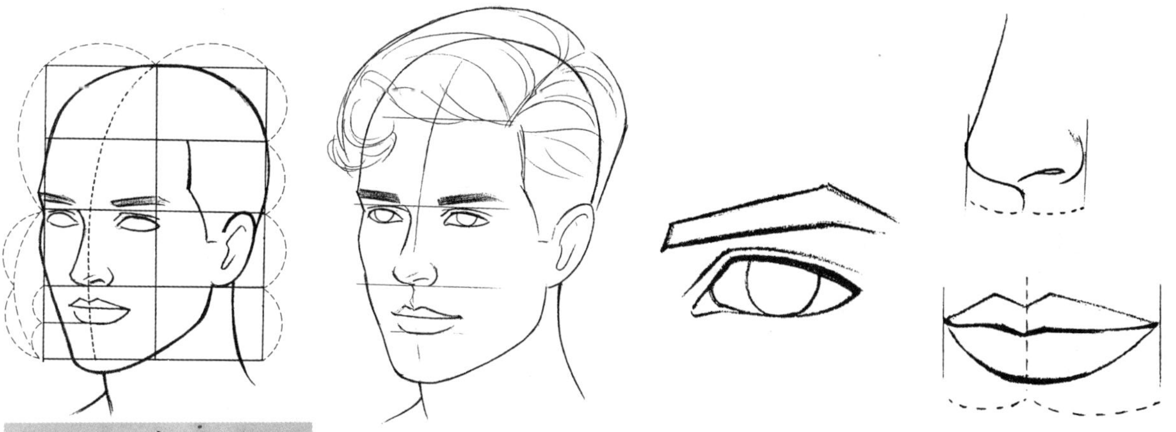

男性半侧面五官的比例与画法

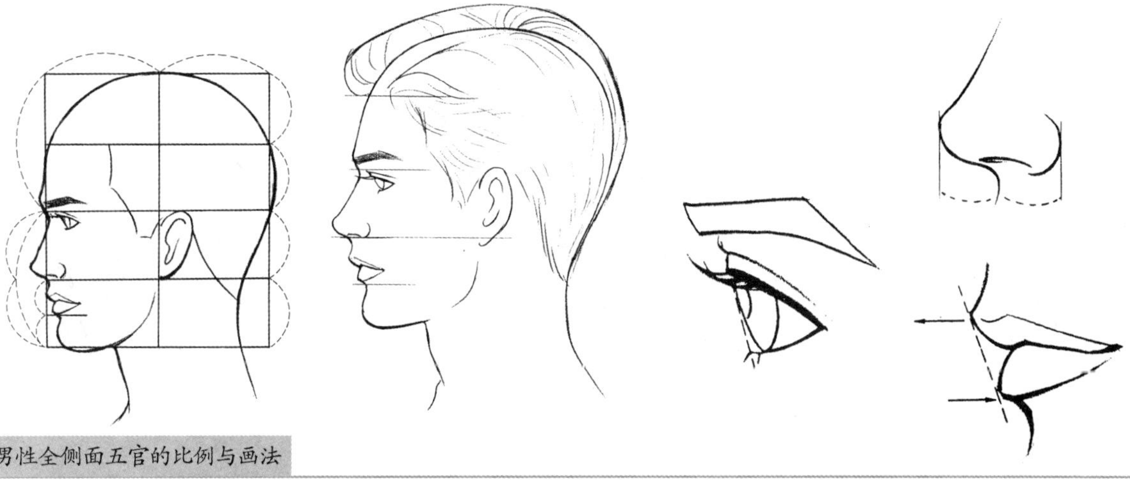

男性全侧面五官的比例与画法

2. 初学者画五官常出现的错误

眼太大、嘴太小
五官偏下

眉眼位置太上
双眼之间距离太小

鼻与嘴之间距离
(即人中)太长

双眼之间距离太大

黑眼珠朝相反方向斜视

脸与五官左右不对称

3. 不同角度的眼与嘴、鼻的画法

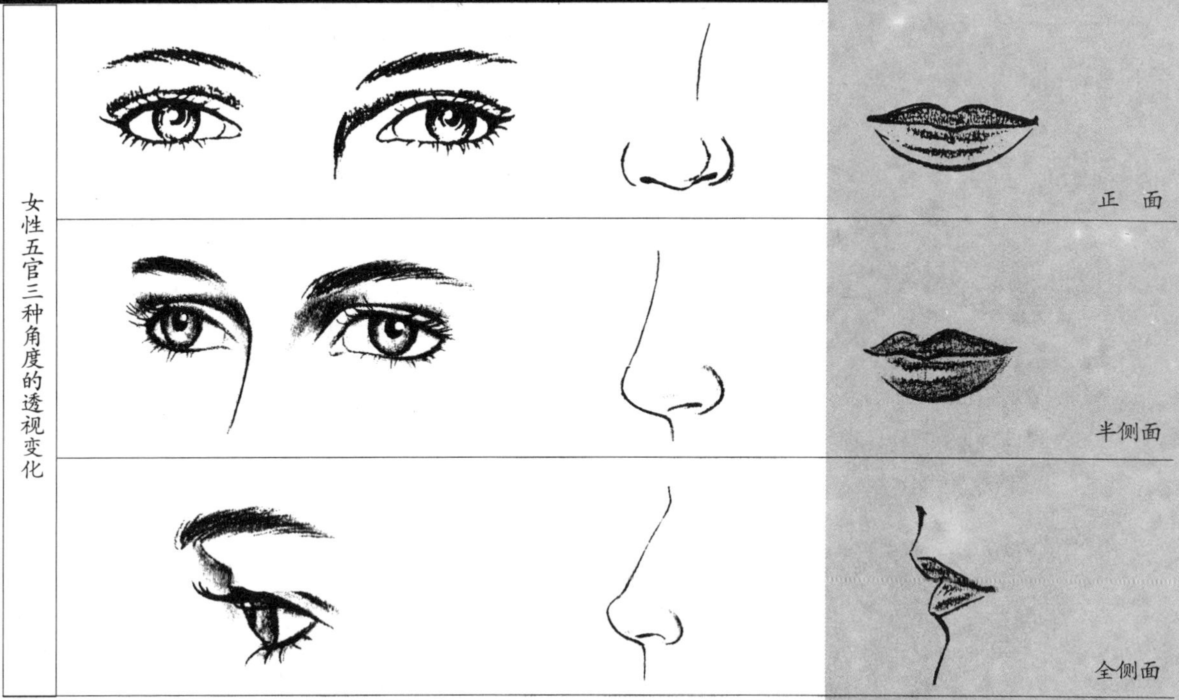

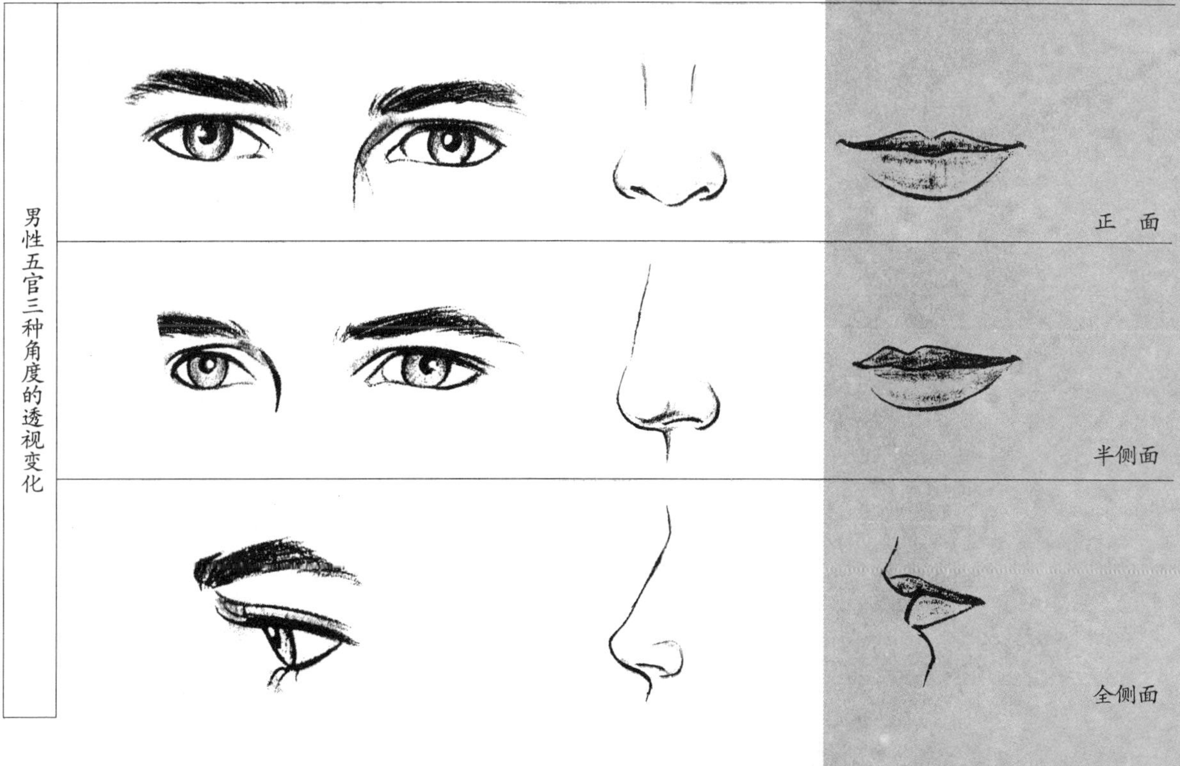

4. 脸部常见的三种角度的画法

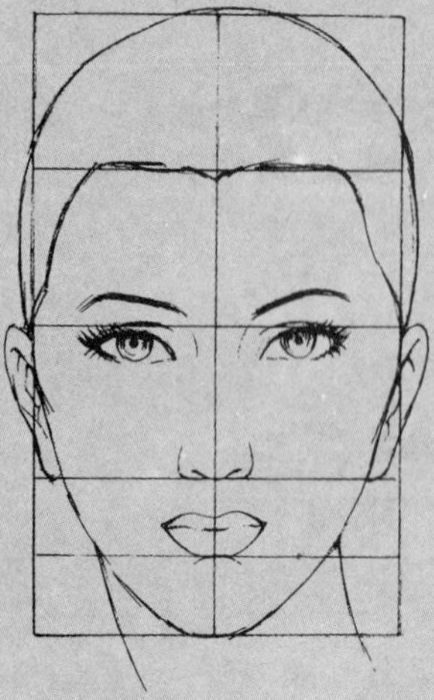

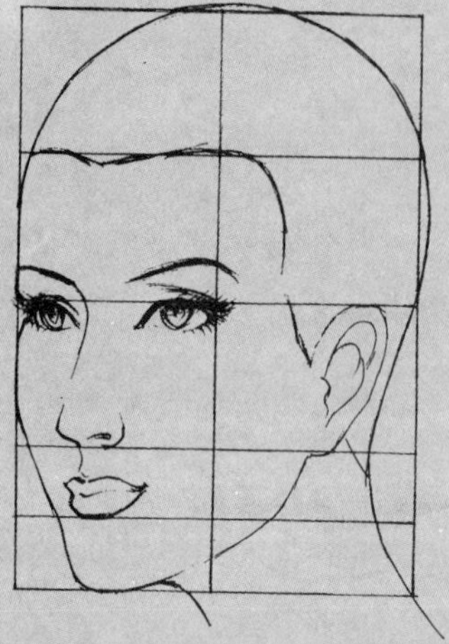

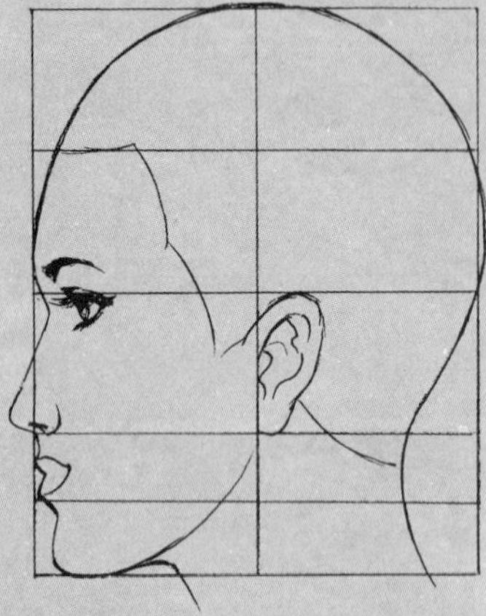

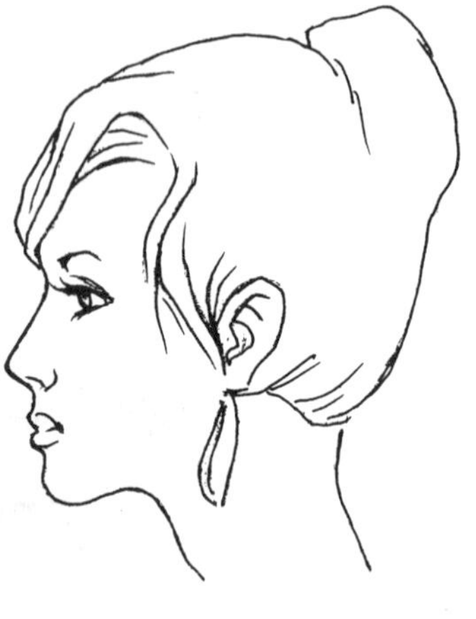

ZY

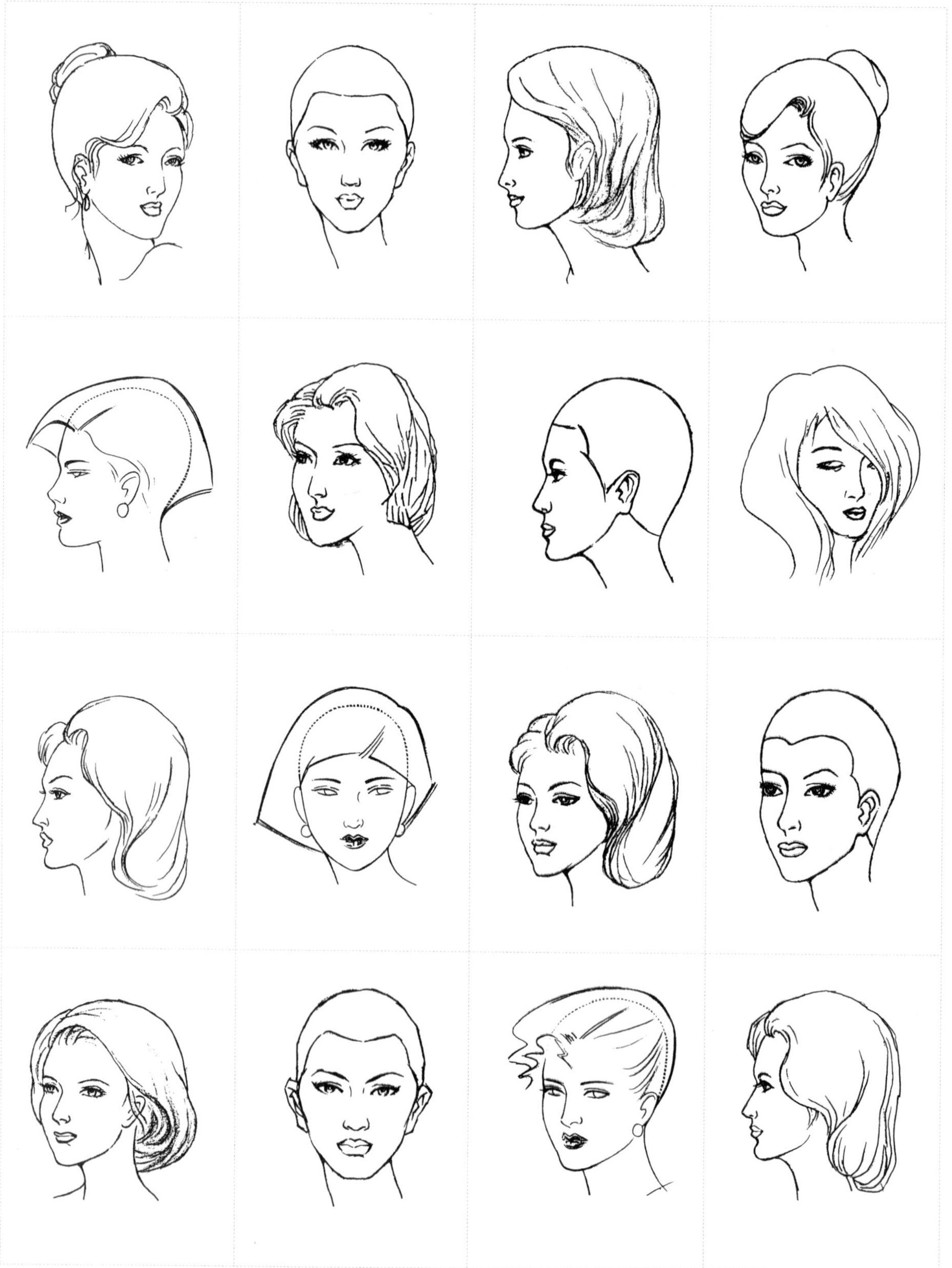

5. 女性发型的分类

直发发型

卷发发型

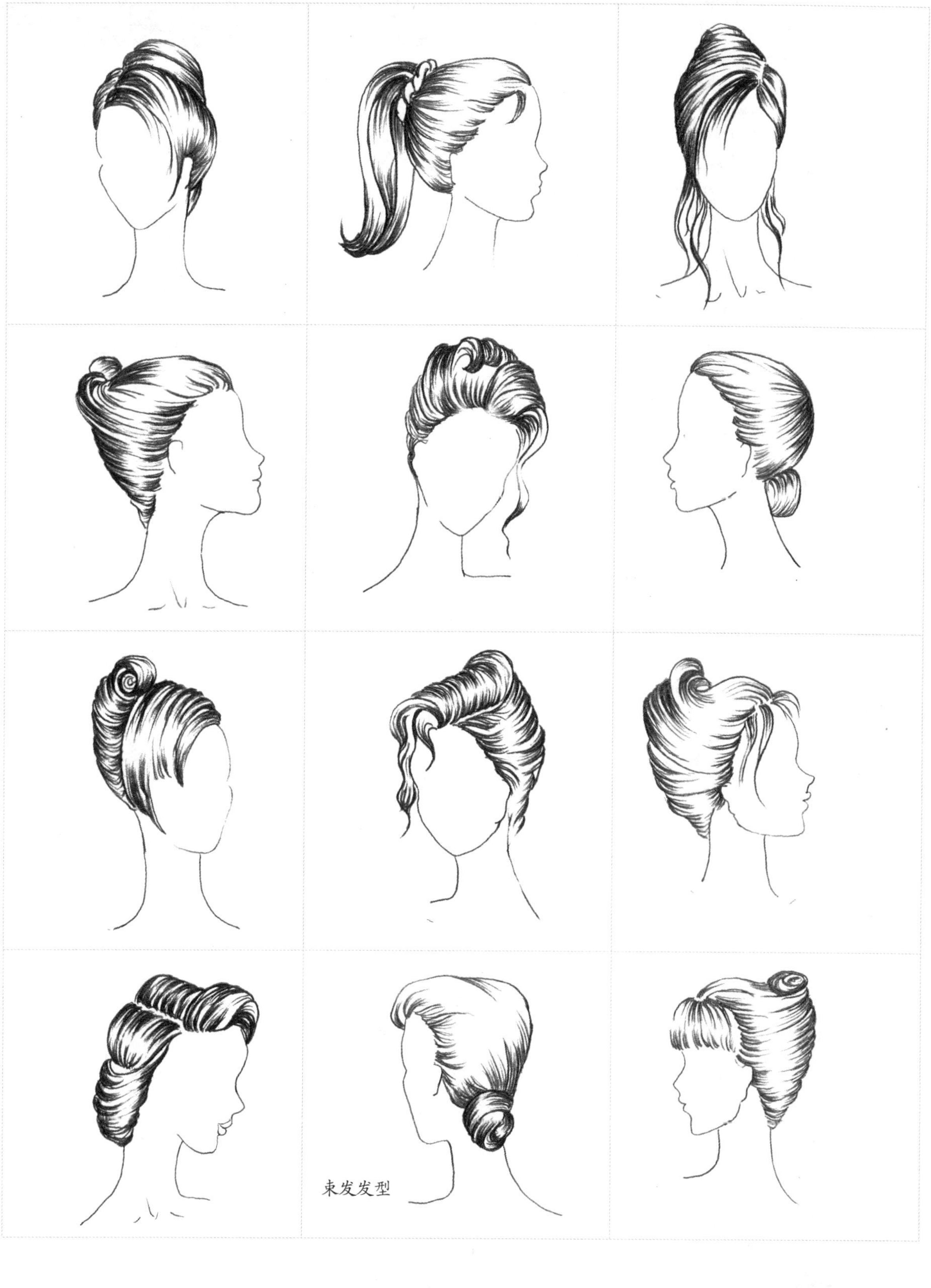

束发发型

6. 各类发型及其画法

各种发型画法的参考

各种发型画法的参考

7. 五官与头发的省略画法

五官与头发省略画法

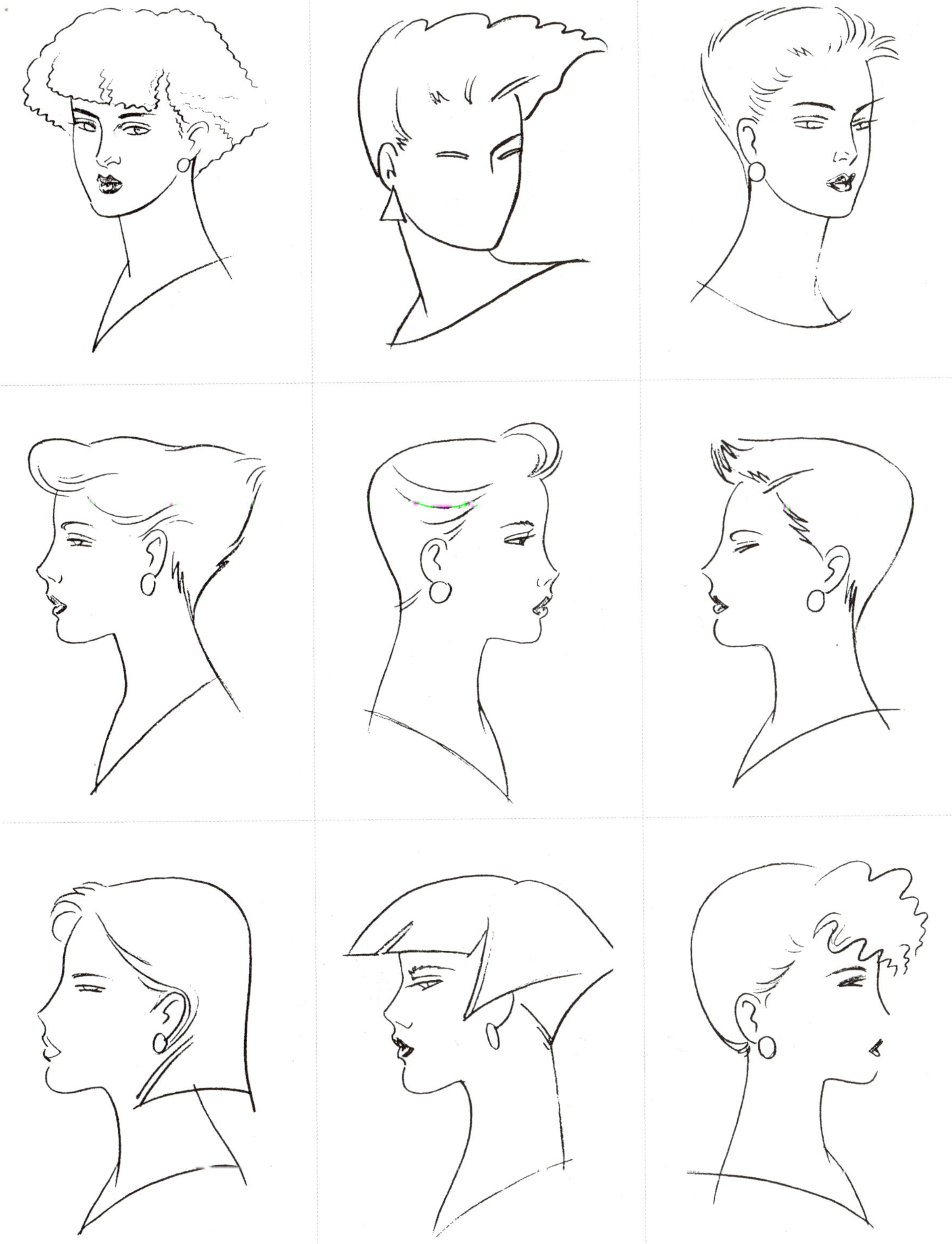

五官与头发省略画法

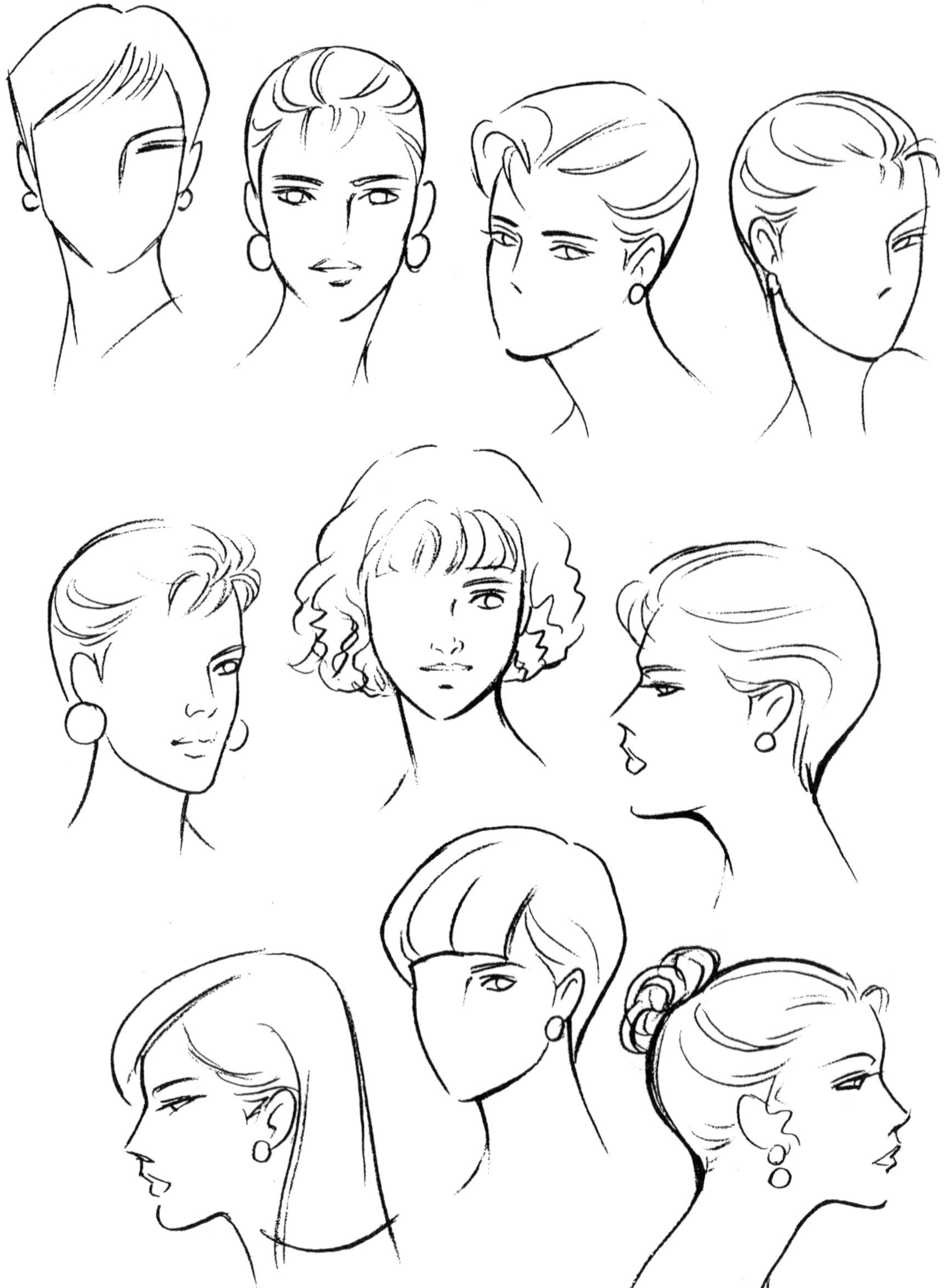

五官与头发省略画法

五官与头发省略画法

8. 脸部五官的时尚画法

脸部时尚画法参考

脸部时尚画法参考

脸部时尚画法参考

脸部时尚画法参考

脸部时尚画法参考

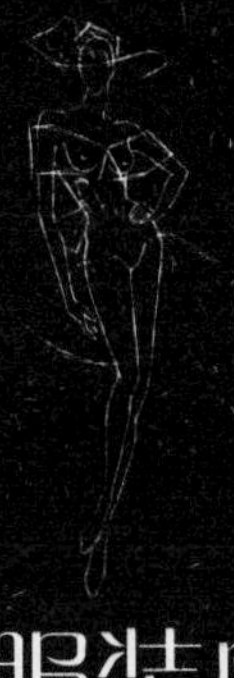

第三章
时装画表现服装应注意的问题

时装画最终的目的是表现新款式的服装，表现新服装特有的造型和富于个性的风格以及那与众不同的魅力与美感。为此，学习时装画，画人体最终的目的也就是为了更好地表现设计中的新服装。初学者往往认为画人体（包括五官）是很困难的（因从未画过），而画服装则是得心应手的轻松之举，因为他们已从事了多年服装制作，自以为对服装已非常熟知了解。他们习惯于用自己不变的看法去画万变的服装，可是他们缺乏对新款式的剖析，即使认识到了新特点也无法用画笔表示——因缺少方法，则心有余而力不足。

所以本章节就如何在已完成的人体上“套穿”服装，列举出 10 个重要的问题（也是初学者常常容易出毛病的 10 个方面）列出图例作一一分析解答。

1. 以不变应万变

人体不变、服装万变图例参考

2. 服装与人体的关系

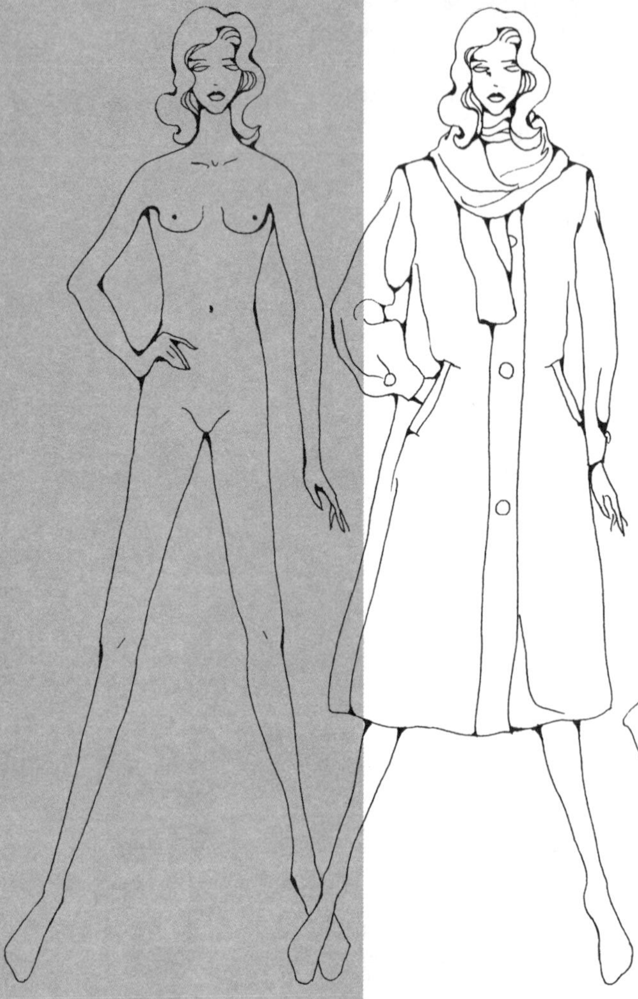

服装的长短、宽窄，处处都是按人体裁剪缝制而成的；服装的许多部位均是与人体的部位"对号入座"的，如服装的门襟线与人体中心线的关系，女装上衣的胸省、腰省、肩省、公主线等等与乳点的关系都构成了服装与人体密切的联系。

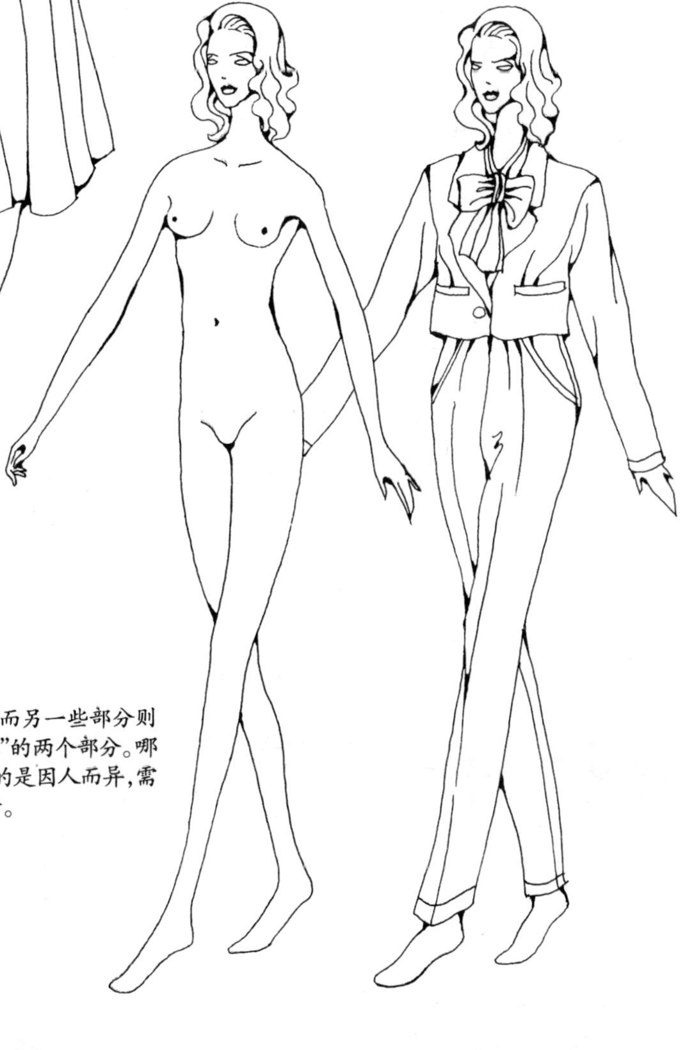

服装套画在人体上,某些部分必然与人体紧贴而另一些部分则松弛地飘离人体,这就是我们常说的“贴体”与“离体”的两个部分。哪儿应该贴?哪儿应该离?除了物理动态作用外,更多的是因人而异,需要我们根据服装功能与穿着动态的美感而自己设计。

根据人体套穿服装，一定要注意服装本身的比例特点，其宽窄、长短是其新款式的特征，袖与裤的肥瘦、长短、松紧均是新款式的特征所在，把服装画在人体上处处要注意这些问题，应尽量准确地体现出新款式的美感和特征。

服装与人体的关系图例赏析

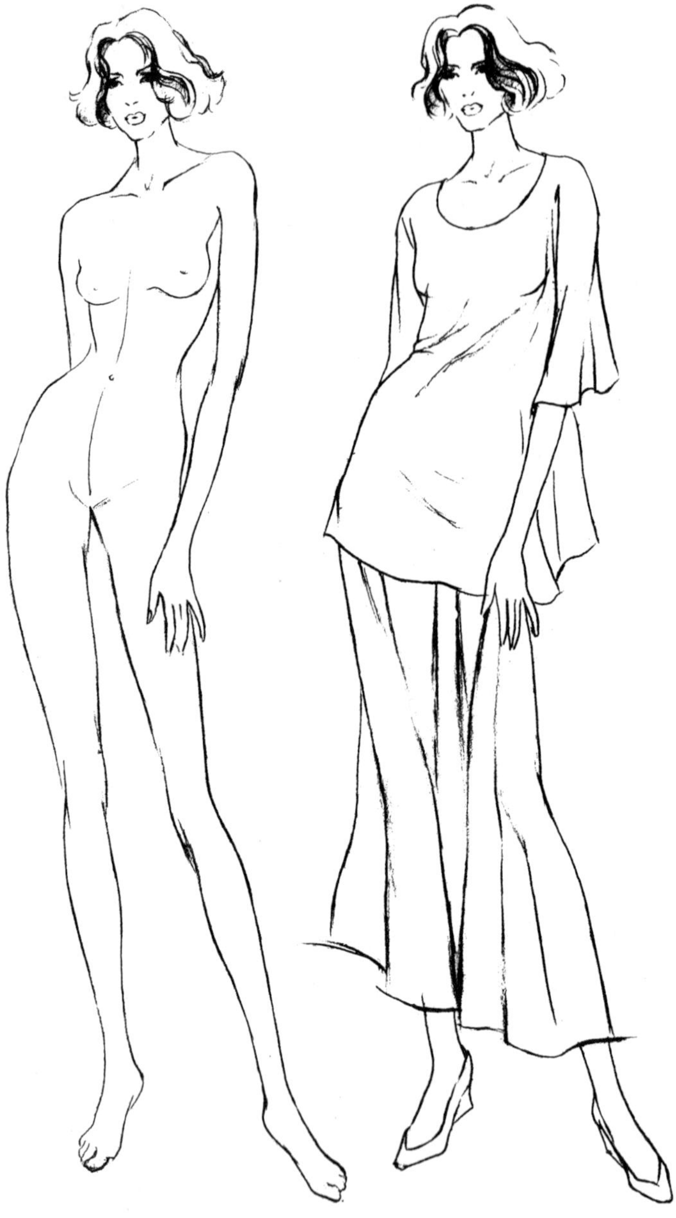

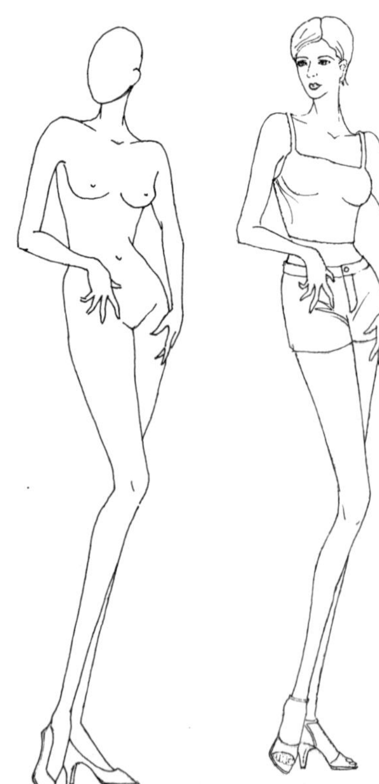

服装与人体的关系图例赏析

服装与人体的关系图例赏析

根据人体套画服装的方法步骤

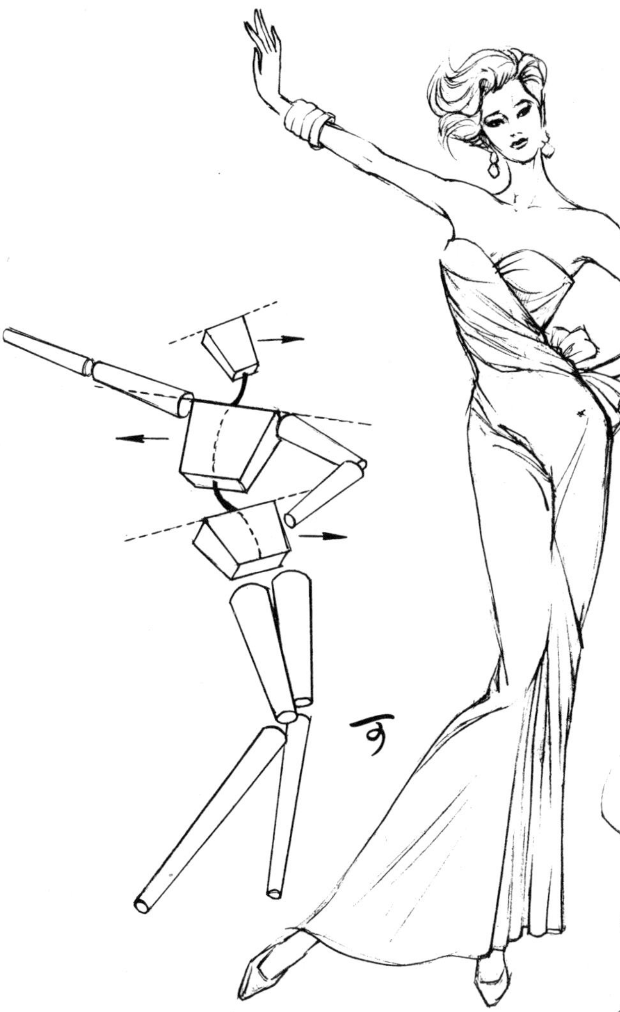

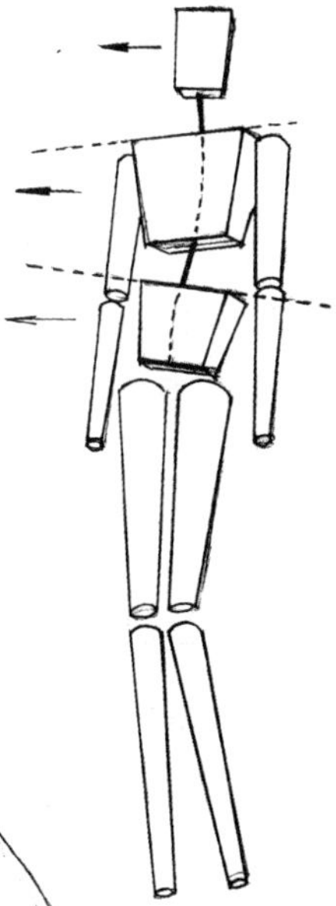

服装与人体的关系图例赏析

根据人体套画服装的方法步骤

3. 直线与曲线在时装画中的运用

时装画中直线常用于服装的外边缘轮廓线,以强调外形特征的整体美感。

直线的艺术风格——简洁清晰硬朗,概括又极具张力。

直线常用于表现挺括硬朗风格的时装,体现"女装男性化"风格的时装设计。它省略了许多细小繁杂的细节,突出了时装外轮廓的大感觉,体现了概括整体的艺术效果。

曲线柔美，富于变化，善于表现精巧的细部，尤其适合体现女装中的装饰细节设计。

曲线适合体现柔和飘逸的动感，更适合表现轻盈透明面料的特质。

曲线与直线在同一幅时装画中运用，对不同的服装款式，不同的动静效果，不同的面料质地，采用了曲直结合的线条来表现，取得了动静并存，刚柔相济，“刚中有柔、柔中带刚”的特殊艺术效果。

直线简洁,概括整体,富于力度。
曲线柔和飘逸,表现细腻,富于装饰性。

4. 通过服装表现人体的结构和动态

衣裙诸多复杂的线条中,均能找出一些暗示人体的线条,画者利用“外”(即服装)表现“内”(即人体),这是相当重要的。

在人体上套穿服装后,不应完全掩盖人体生动的姿态和结构,而应该通过衣纹线条隐示出服装内身体的部位,无论服装多么宽大复杂,都应该体现出人体的生动和美丽。

通过衣纹暗示人体结构的图例赏析

宽大离体的服装，丝毫没有影响人体的姿态和美丽，繁杂的外衣褶纹恰到好处地暗示出衣内身体苗条的结构，使内与外二者相互映衬、对比，取得极佳的效果。

服装的衣纹，有一些实际是暗示人体的关节部位，如扭动的腰的部位，裙内腿的部位等等。服装虽然宽大，但衣内的人体依然明确、生动、清晰。

繁杂的服装结构与褶纹掩盖不住人体的美丽与动态，衣裙褶纹的变化实际是在展现衣内身体的部位和扭动,通过服装的衣纹暗示人体结构如胸、腰、胯、膝、肘等关节部位,使内与外二者完美地结合成一个整体。

5. 应特别重视服装的外边缘轮廓线

服装外边缘轮廓线给人以强烈的第一印象。画服装切不可忽略“外边缘轮廓”的美感及它的重要性。

服装外边缘轮廓的特点是设计的重点与匠心所在，应借助时装画给予强调与夸张，突出这种特点的美感，万不可忽略与减弱。

服装的外边缘轮廓线体现了服装的大感觉、大印象,比任何细节都直观。所以画服装时应"舍小求大",首先捕捉这重要的关键部位予以表现,是至关重要的。

宁可省略内部的特点细节也必须强化突出服装的外边缘轮廓特征:因为它是美感所在,设计的匠心所在,更是新款式的创意所在!

为突出服装的外边缘轮廓线，作者几乎省略了所有的衣纹衣褶线条。这样的处理方法是非常值得学习借鉴的。

外边缘轮廓线是表现服装的首要，相对外边缘轮廓线来说，其他线条都可以少画、省略乃至不要了。

外边缘轮廓线要重点画、强调突出地画，还可略带夸张地画……

而其他衣纹衣褶线条只可次要画，减弱画，省略画乃至不画了……

6. 应尽可能地画出服装的主要结构线

时装画不仅仅要体现新款式的艺术效果，展现其独特的时尚魅力，还必须展现其工艺结构的创新与设计，交待出新款式的由来与成因。所以画出主要的工艺结构线是十分必要的。

结构是服装新款式生成之理，是新款式重要的组成部分，是不该忽视的。

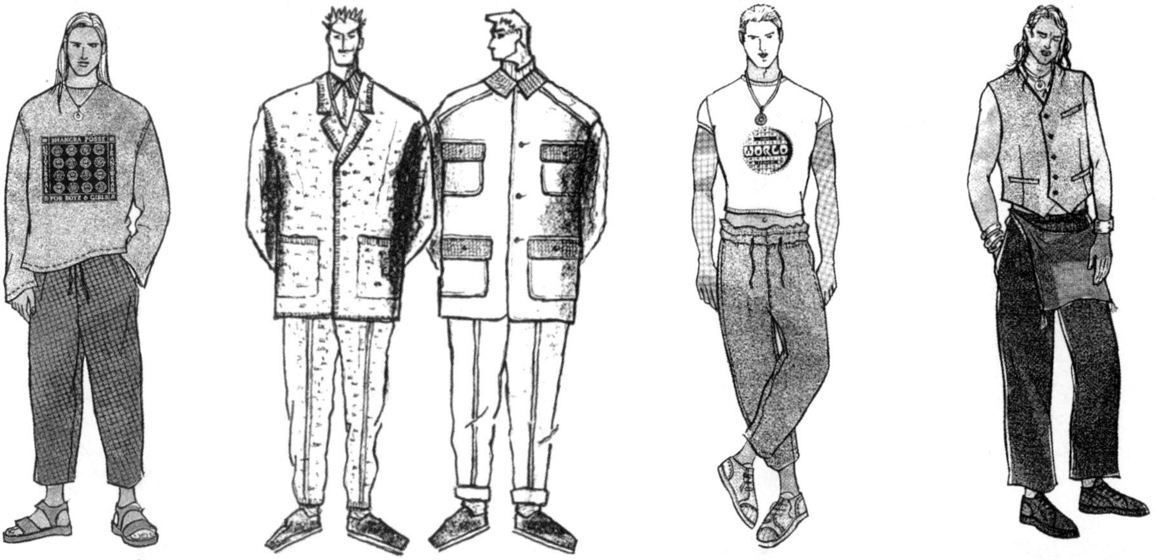

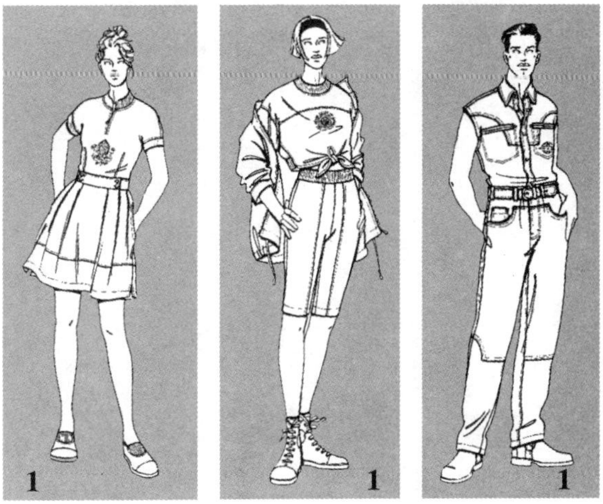

画出主要的结构线也是服装的美感所在。单调平整的服装面上多出了变化丰富的结构,使服装增添了浓郁的装饰效果。

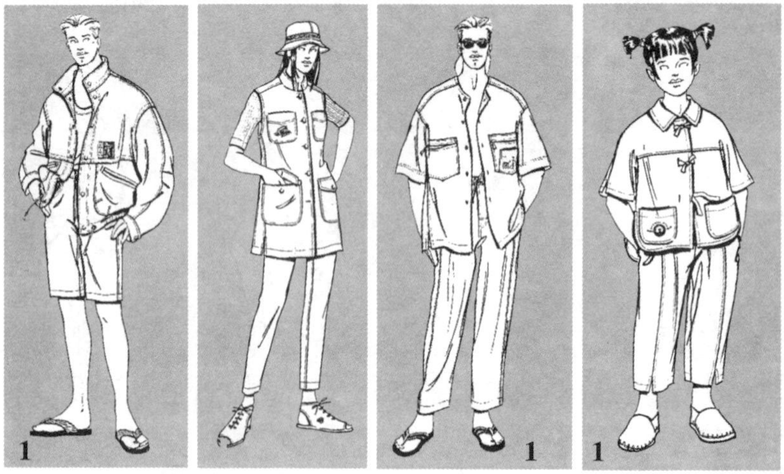

时装画除了观赏价值外，最终的作用应该提供给下一步的工艺制作(打版裁剪、制作样衣)。所以画出主要结构线是时装画的特点是理所当然的。

7. 衣纹衣褶线应如何表现

衣纹衣褶多表现在人体关节活动的部位，如肘部内侧，大腿上方，还有胸、腰、腋下也常有衣纹出现，而其他部位的衣纹则可省略不画了。

少数特殊款式的服装，因面料的柔薄飘逸，则必然出现多褶纹的特殊效果，为此，还是要精心表现服装的褶纹线条的。

在人体活动的关节部位,“以一当十”象征性地画一些衣纹线条即可,切不可盲目地多画。

服装褶纹出现的规律总是在人体关节活动的部位。

服装在强调了外边缘轮廓线及主要的结构线之后，衣纹衣褶线可画的余地也很少很少了，所以衣褶线条尽可能少画，甚至不画，非画不可时也仅在人体关节活动部位适当地画一点即可。

8. 服装的省略画法

省略——是艺术的加工与提炼。
省略——是艺术的再创造。
省略——突出了服装的精彩部分。
省略——使画面更生动、更富于情趣。

简与繁是辩证的双方。当可有可无、常见与雷同的部分省略后，则设计中精彩的部分反而要细致、精心地刻画。一繁一简，互为补充，相得益彰。

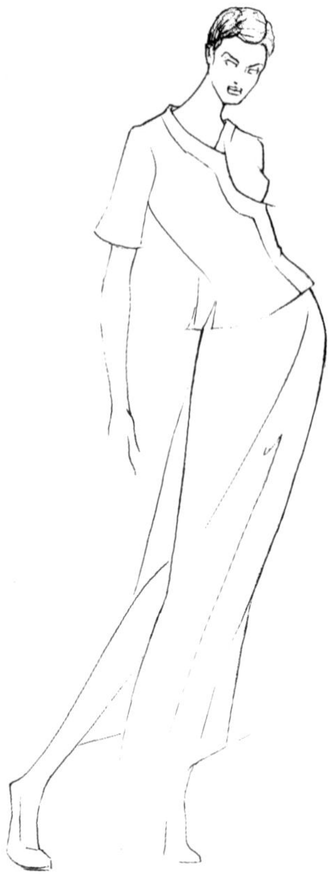

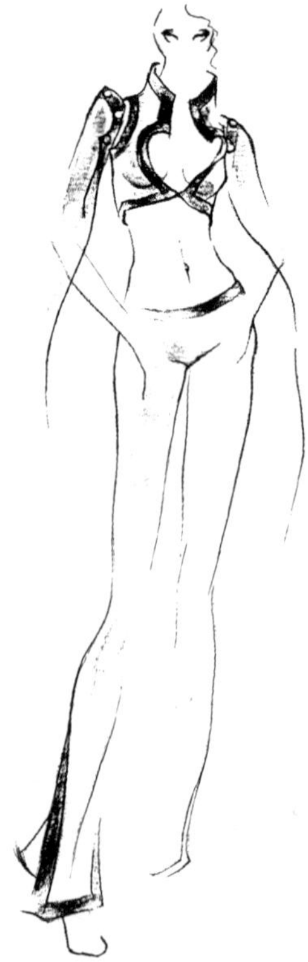

省略画法最大的优点是使画面更为简洁生动，更富灵气，更突出重点，更别致与具有情趣。

省略画法图例赏析

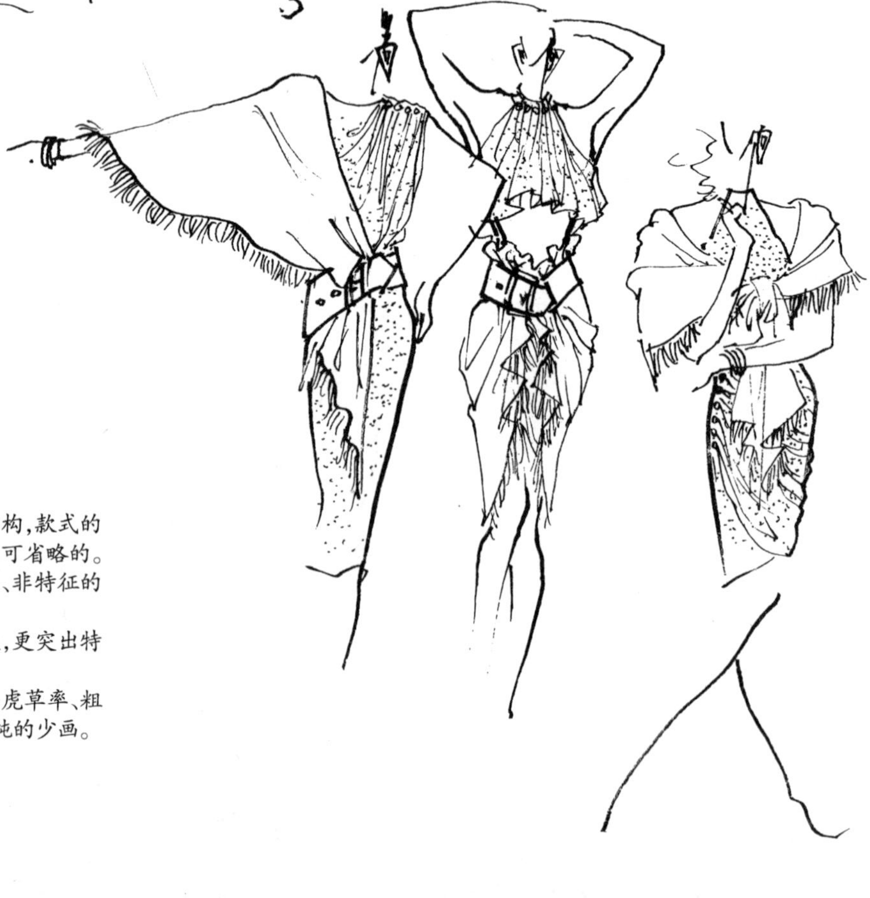

省略法对于服装的主要结构，款式的特点以及关键的纹饰等均是不可省略的。但对于雷同、重复、可有可无的、非特征的一切均可大胆地予以省略。

省略后的画面应更显精致，更突出特征，更简洁生动。

省略不是求快求简单而马虎草率、粗糙简陋，应该是精画，而不是单纯的少画。

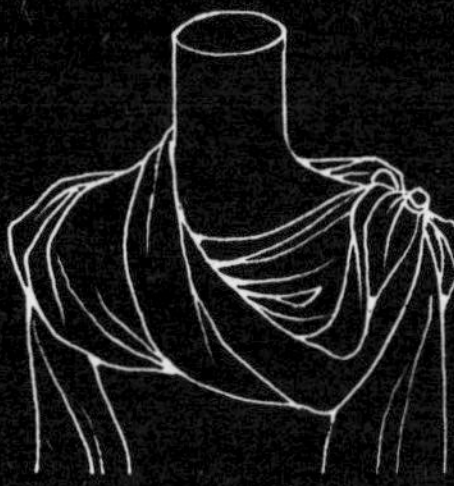

第四章
时装画表现服装局部应注意的问题

在人体上套画服装，不是想像的那么容易，初学者虽然方法道理知道了，但手仍旧不听使唤画不出来，尤其是缺乏美术基础的人更是如此。

为此，我们根据画服装最常用的内容，绘成图例，分门别类提供给读者，希望初学者在遇到困难时，认真仔细地看看这些资料，选择适合你的部分（哪怕是一些局部），参考着临摹其中的画法，照着别人的图例学着画。久而久之，你就不会那么惧怕为难了。就像小学生查阅“字典”一样，遇到困难，就会很快地找到答案，找到陪伴自己学习

1. 衣纹衣褶的由来与分析

由于外因作用(如人体的运动、风力等),衣纹皱褶呈现各种不同的类型,以下我们分别举例介绍:

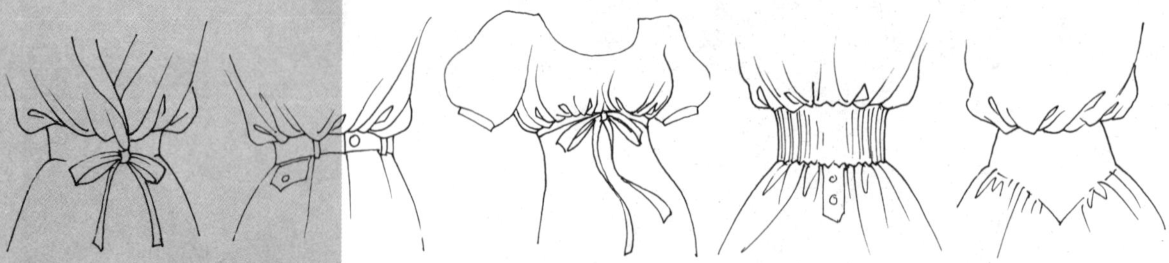

堆纹:衣纹向下遇阻而成,线多而密集,短而弯曲,多呈现于腰部。

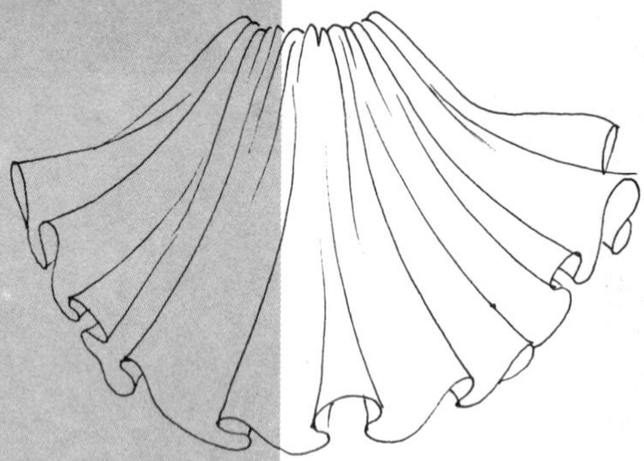

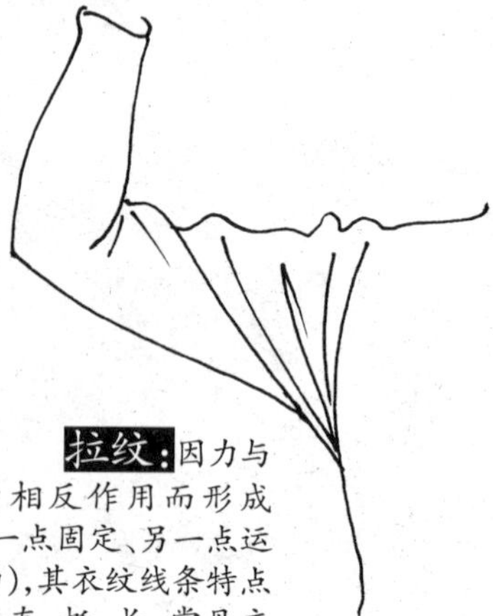

拉纹:因力与力相反作用而形成(一点固定、另一点运动),其衣纹线条特点是直、挺、长,常见衣袖、裤腿处。

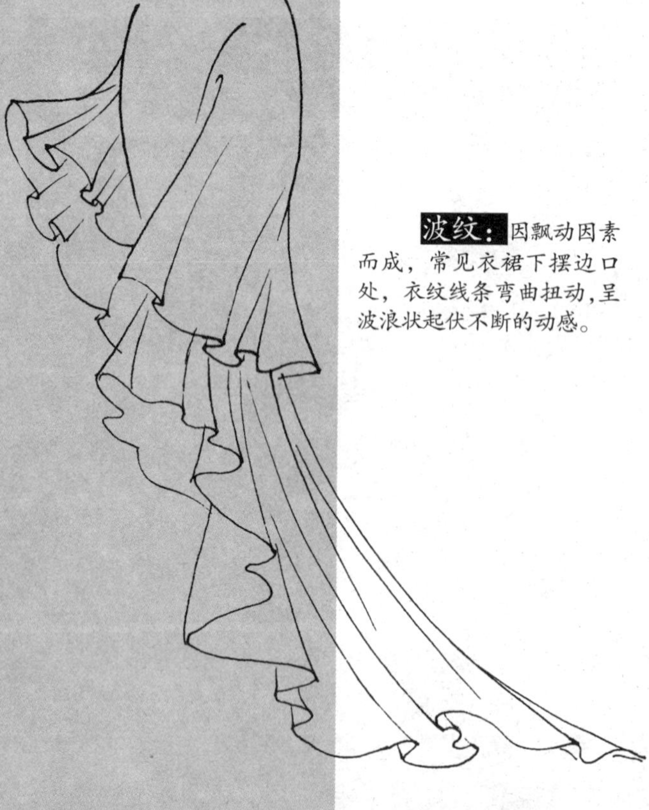

波纹:因飘动因素而成,常见衣裙下摆边口处,衣纹线条弯曲扭动,呈波浪状起伏不断的动感。

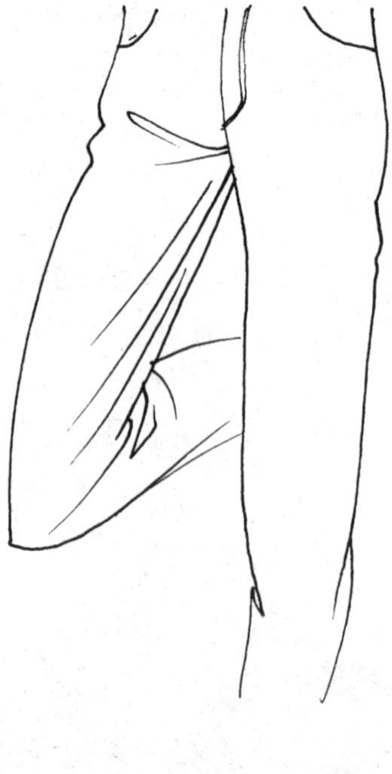

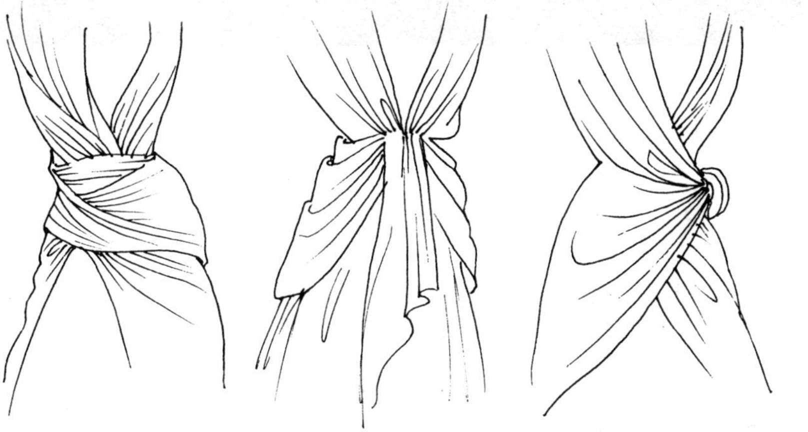

放射纹:(也称收缩纹)衣纹收缩相交于一点,即一边散开放射状,而另一边聚拢集中呈收缩状,常见衣裙的腰部,线条聚散分明,细长而密集。

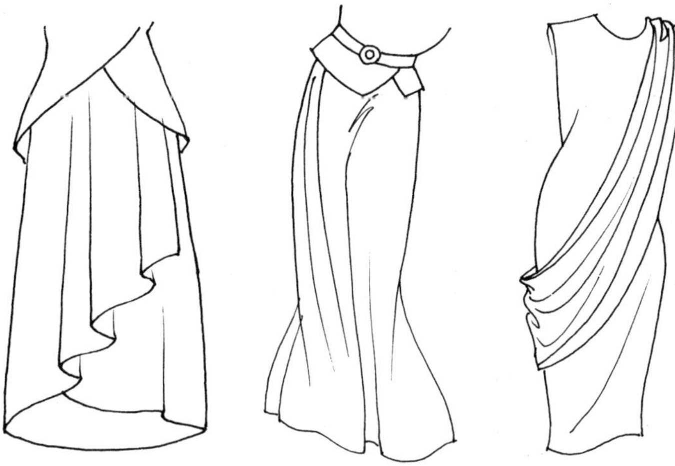

垂纹:衣纹线条一点固定,另一点向下自然垂落而成,线条舒展自然流畅,常见于衣襟,长裙等处,呈静态。

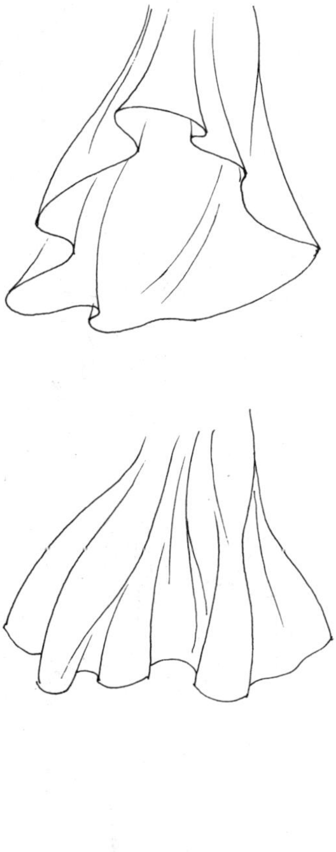

飘纹:是垂纹受到横向力的作用(如运动或风力)。衣纹线条的特点是柔和弯曲,呈优美的弧线,常见于舞动的衣裙、纱巾等处,呈动态。

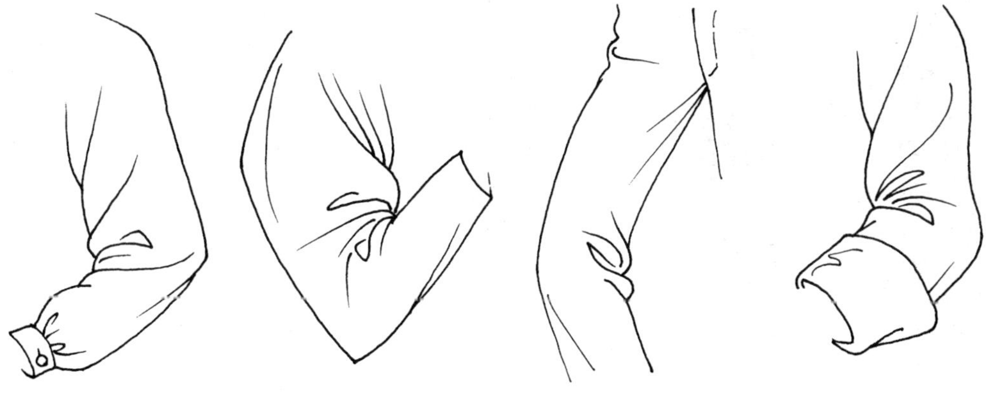

挤纹:力与力相互挤压作用而成,常见四肢(肘与膝)弯曲时的内侧部分。衣纹线条的特点是短而曲,呈S形。

2. 我国传统人物画中衣纹衣褶的卓越表现

传统艺术对线的运用表现了独特的个性和无尽的技巧。线条原非客观物体所固有，它是画家人为的、符号化了的一种形式，也是艺术再现世界的一种表现。传统艺术中以线的力度来表达情感，或用线的粗细、曲直、方圆，或以线画出的燥湿浓淡来表达情感。线条或流畅，或停顿转折，渗透出情感的愉悦、焦灼和忧郁。

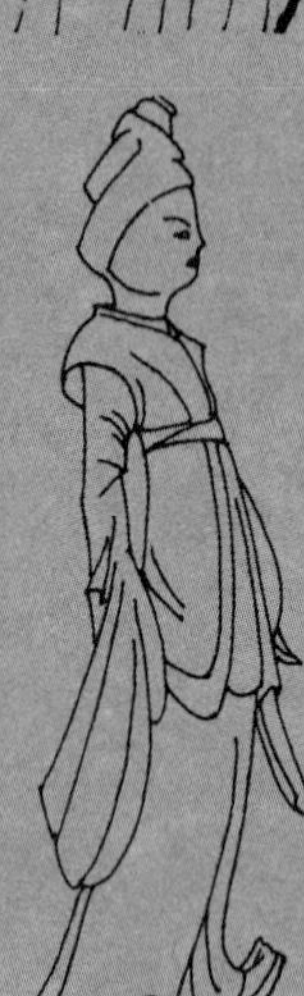

传统艺术中人物形象所有的线，就是表现强烈的装饰性与无可比拟的美感。以线的丰富表现力来表现物体的光影明暗，体量质感，线条成了完美表达一切的语言，是非常值得我们学习借鉴的。

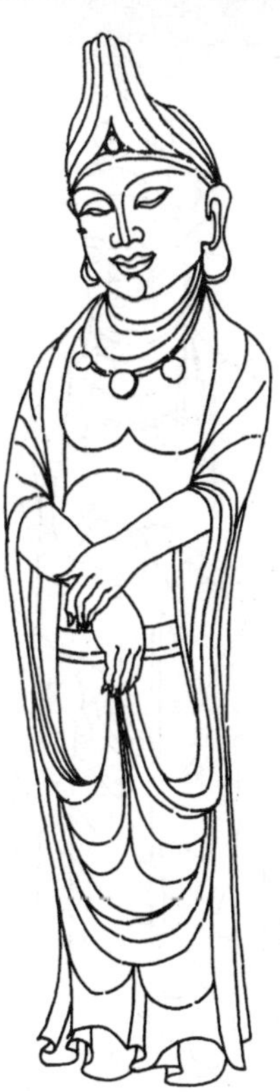

传统艺术诸多形式中表现出的美感,展现了东方艺术的显著精华所在。作为时装画作品尤其是表现我们东方民族时装的作品要含蓄地借鉴传统手法,以突出东方艺术之美。

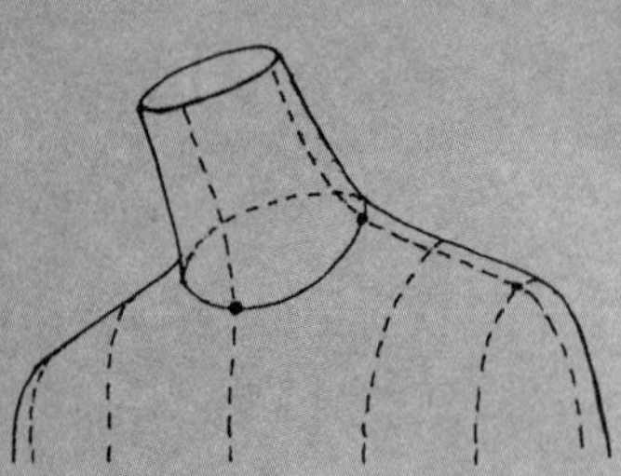

3. 各种衣领口的式样与画法

半侧角度衣领口的式样与画法：

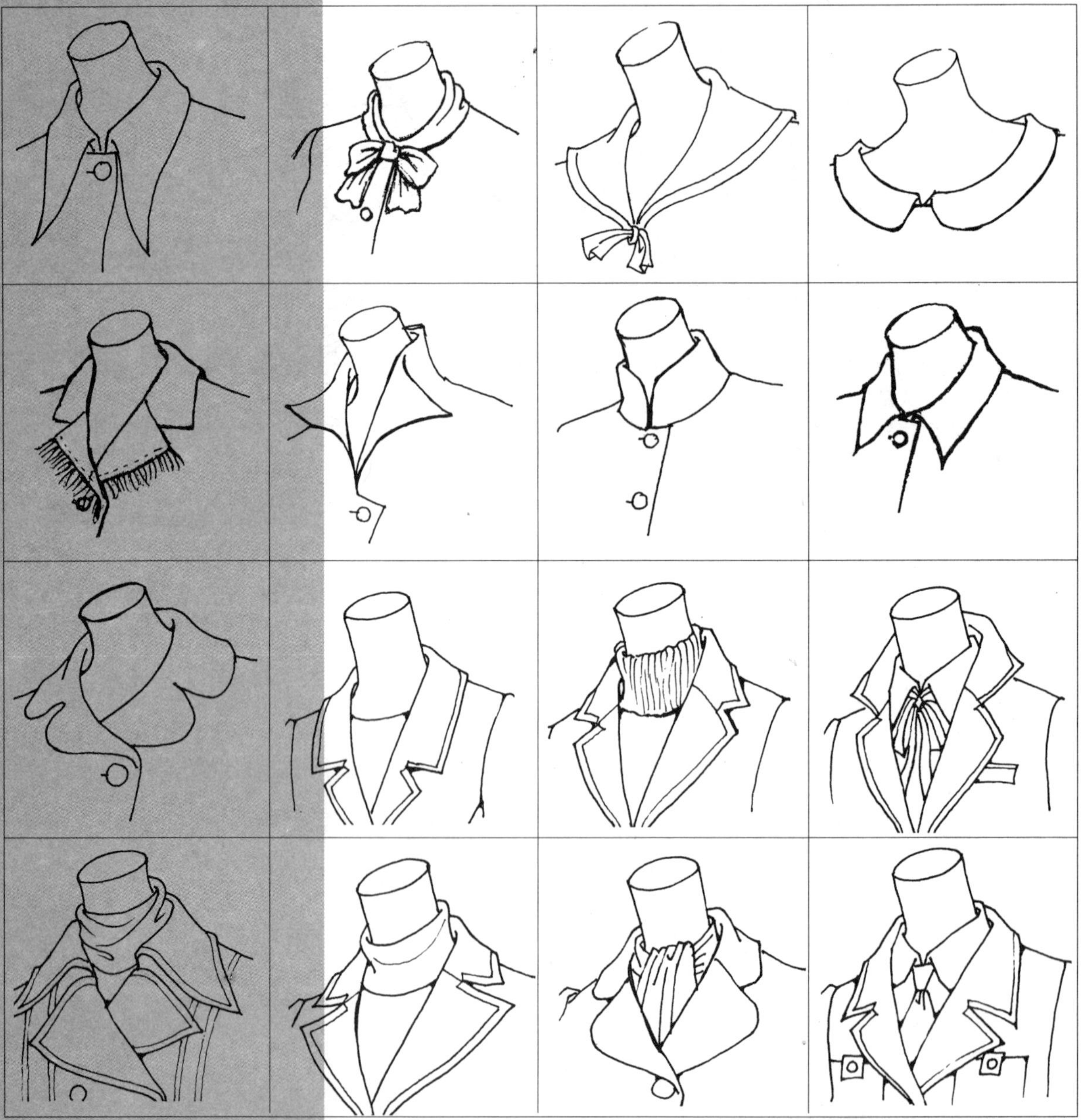

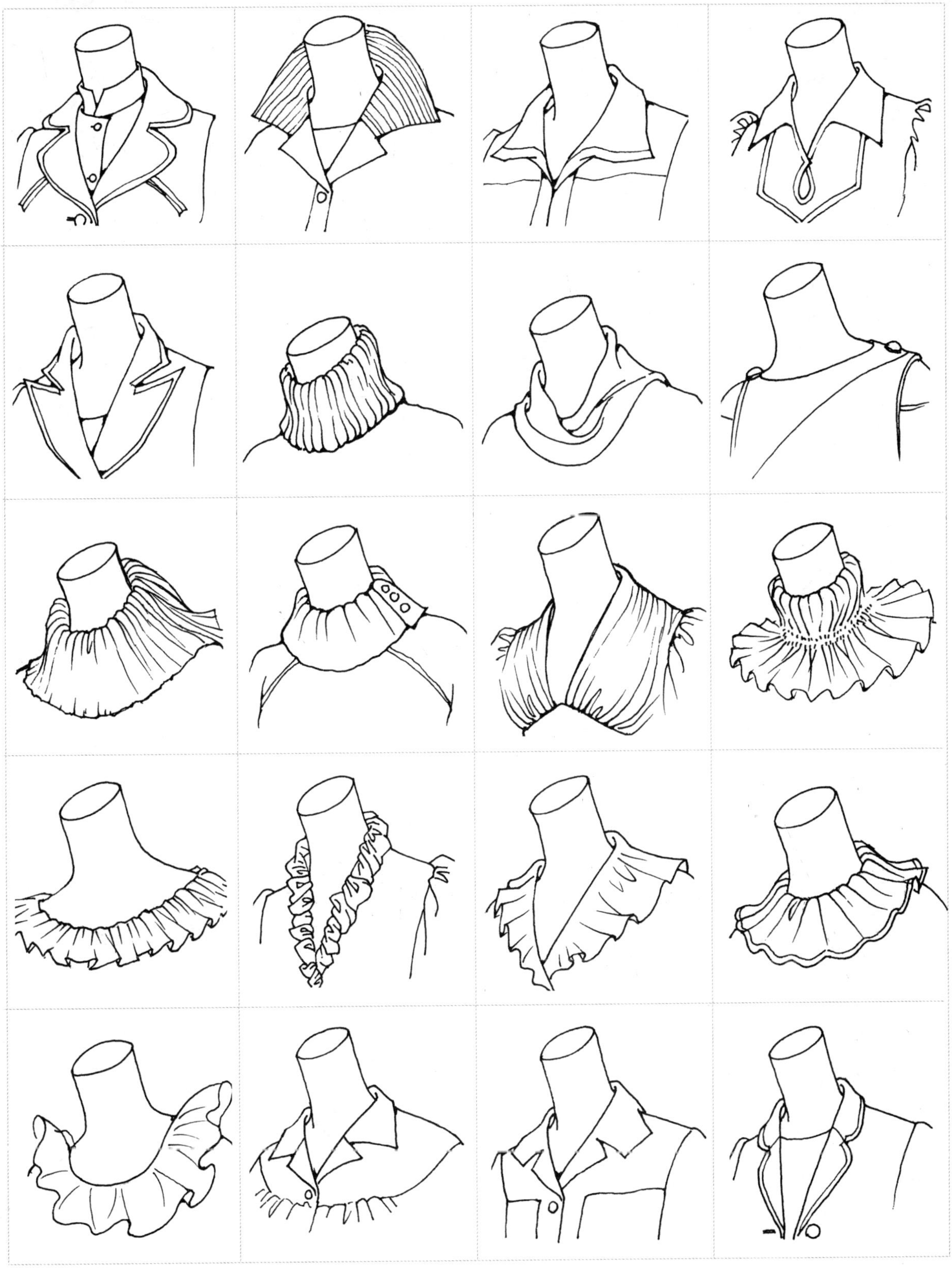

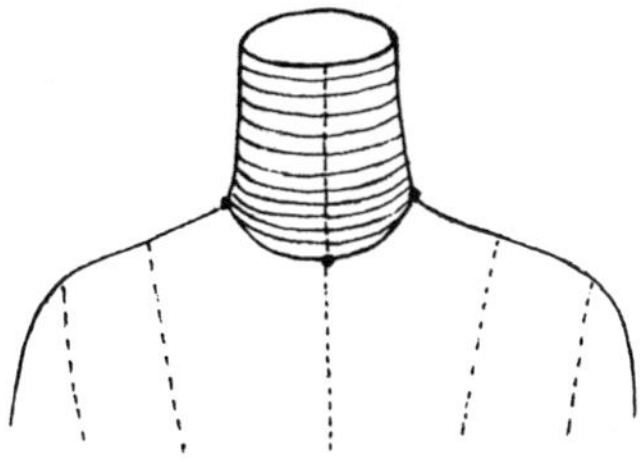

正面角度衣领口的式样与画法：

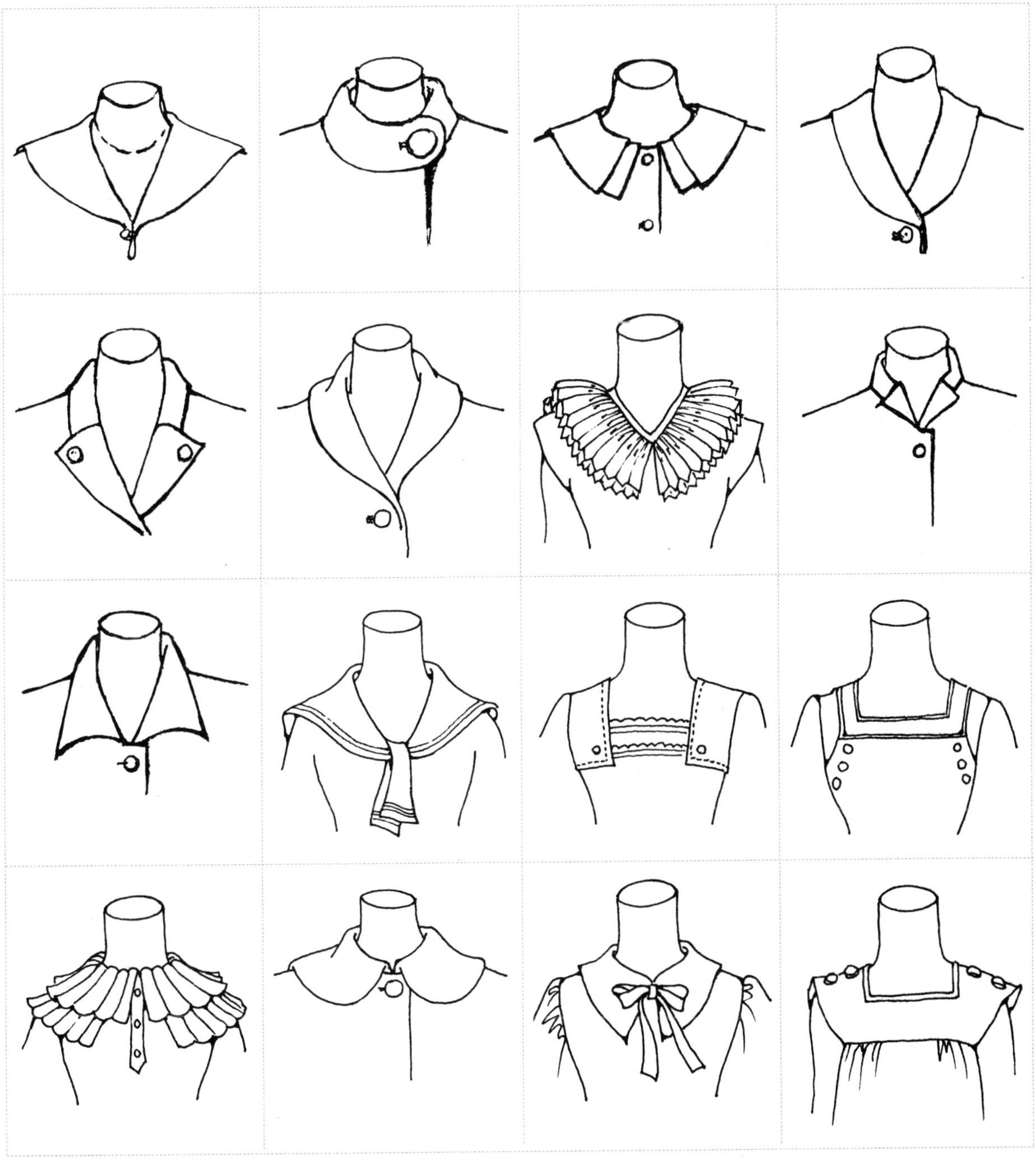

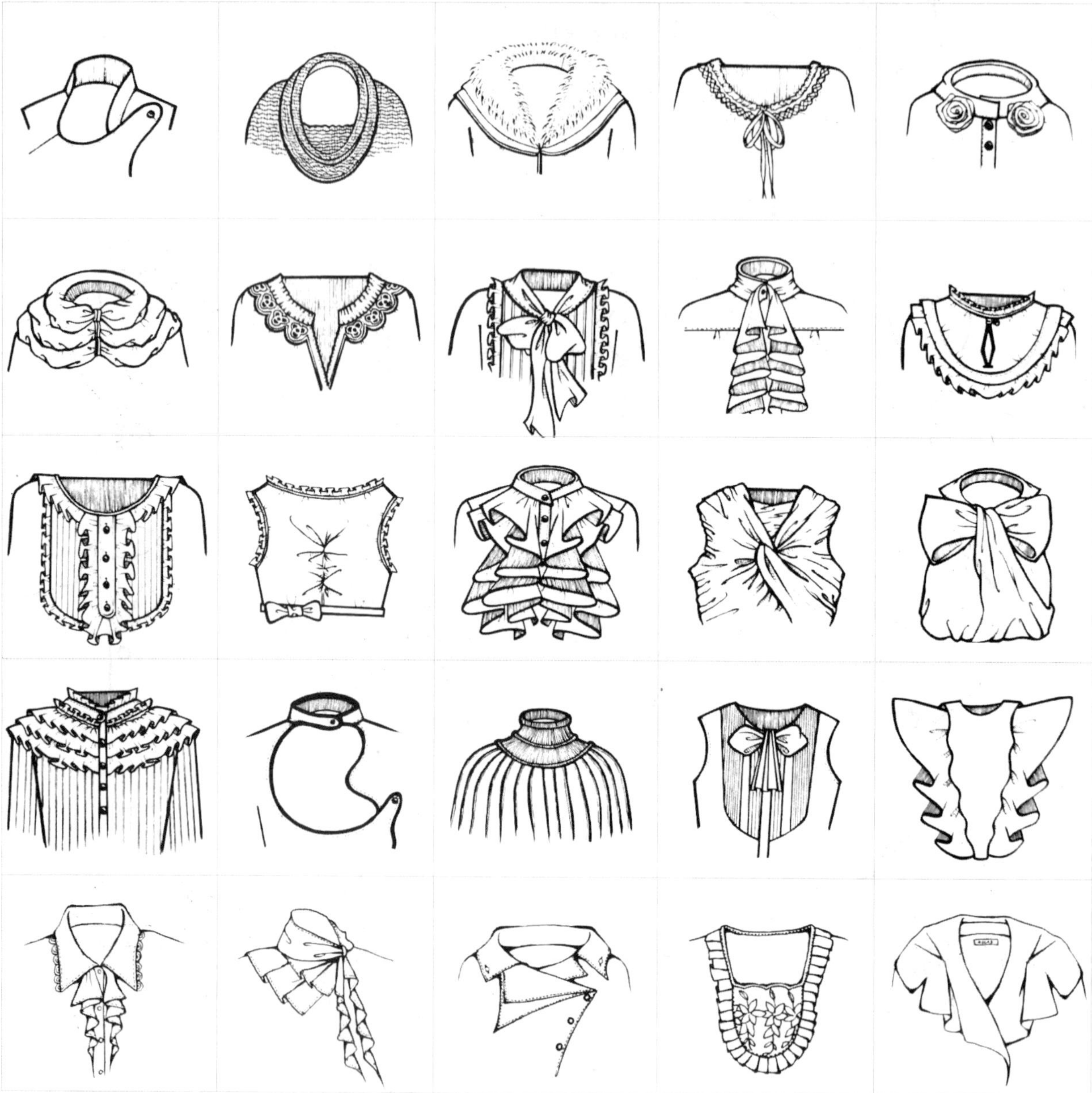

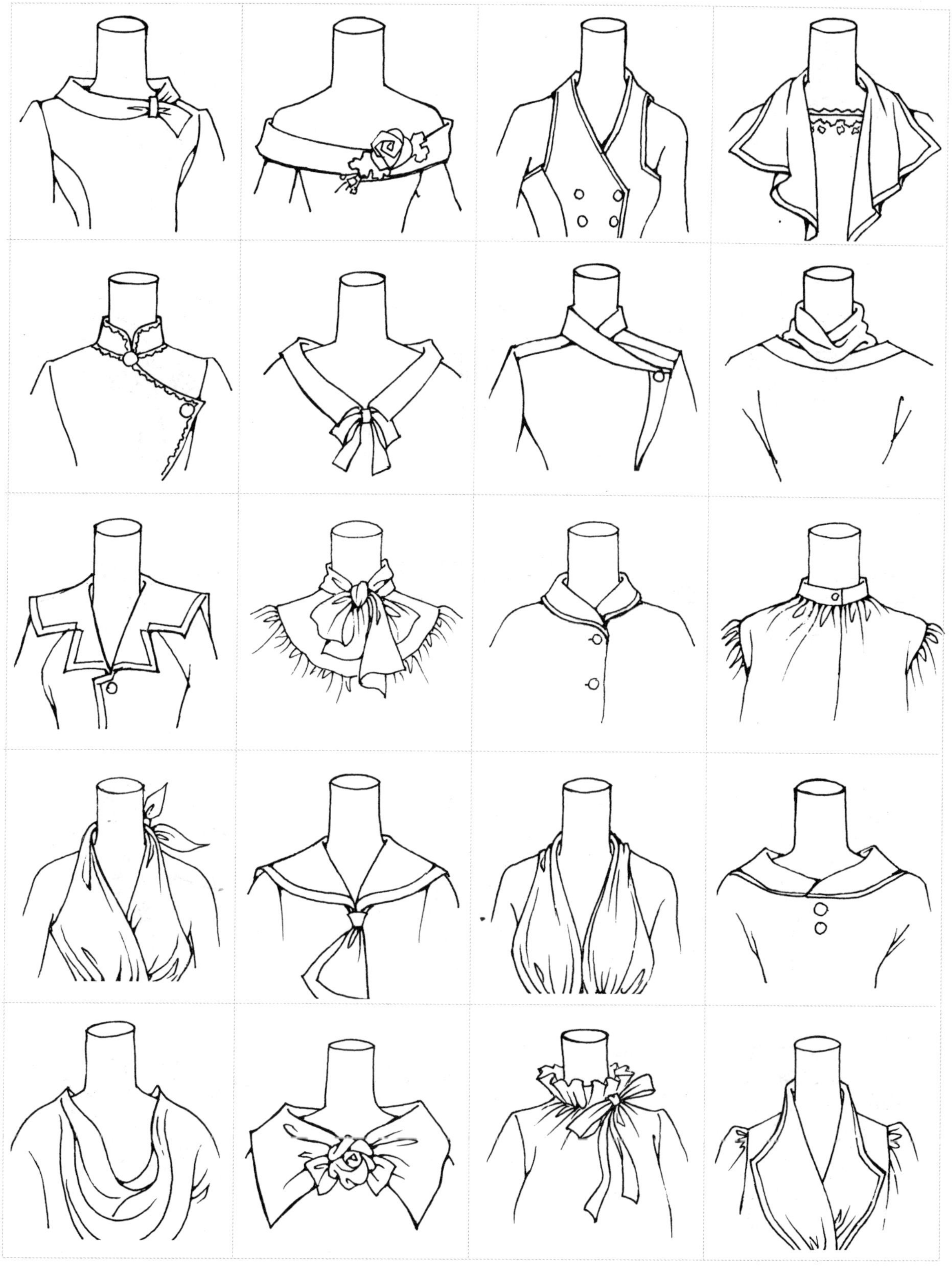

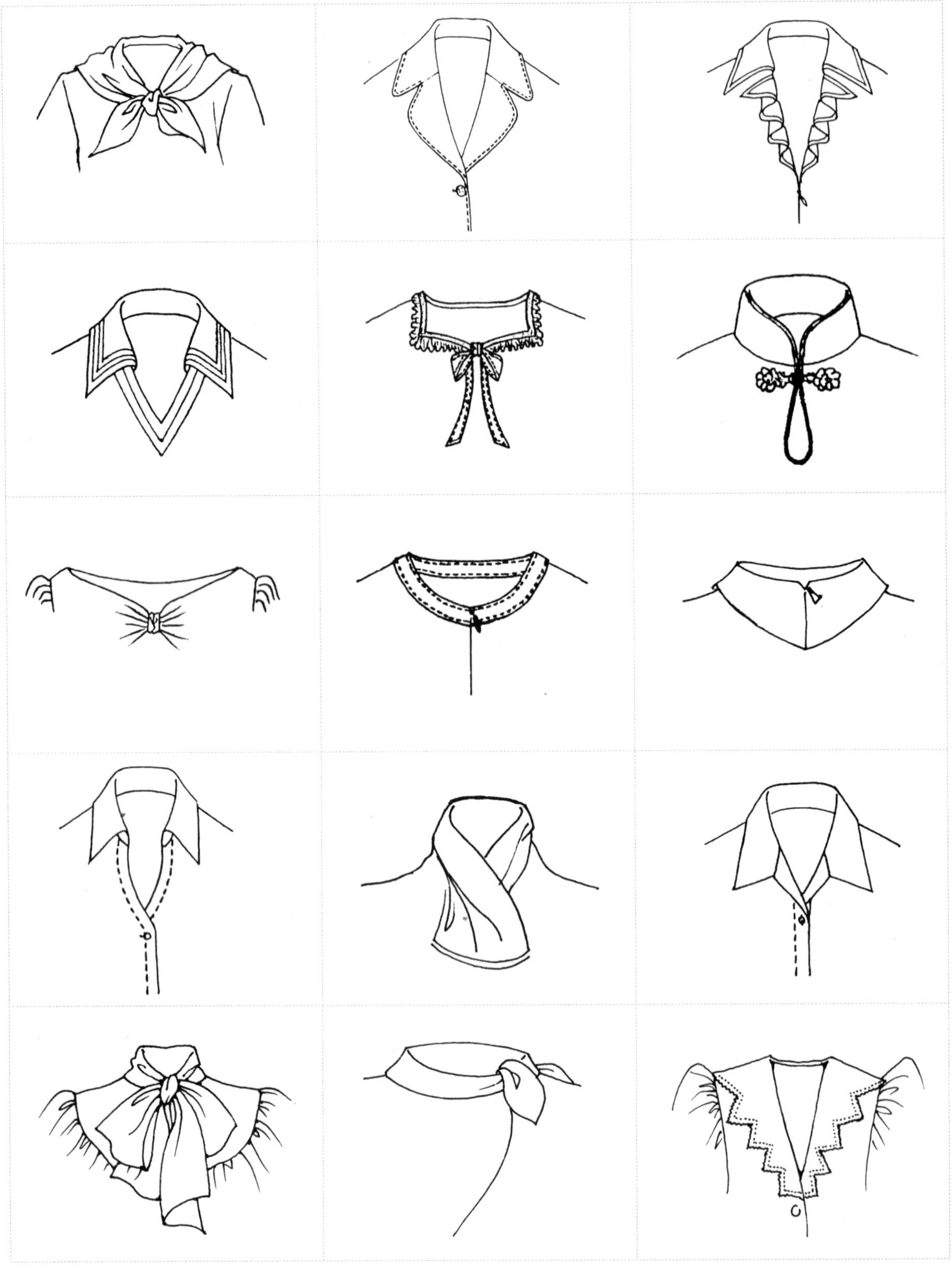

4. 各种裙下摆边口的画法

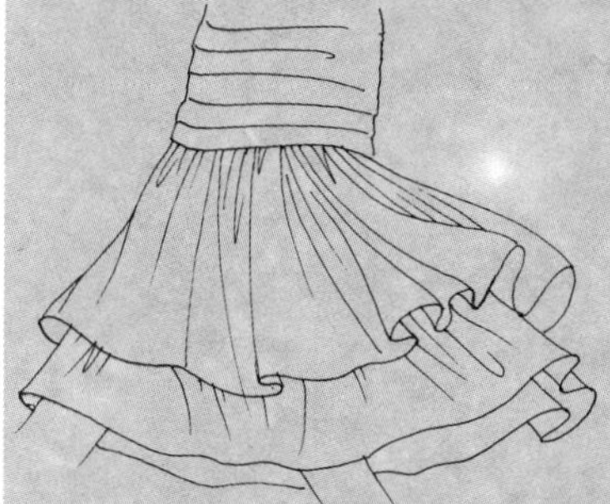

5. 各种裙子的式样与画法

6. 衣袖肘部衣纹衣褶的画法

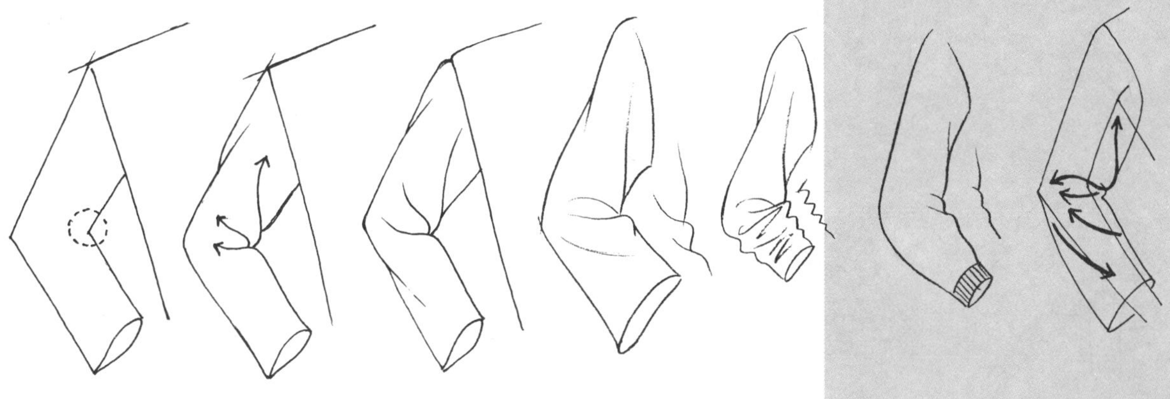

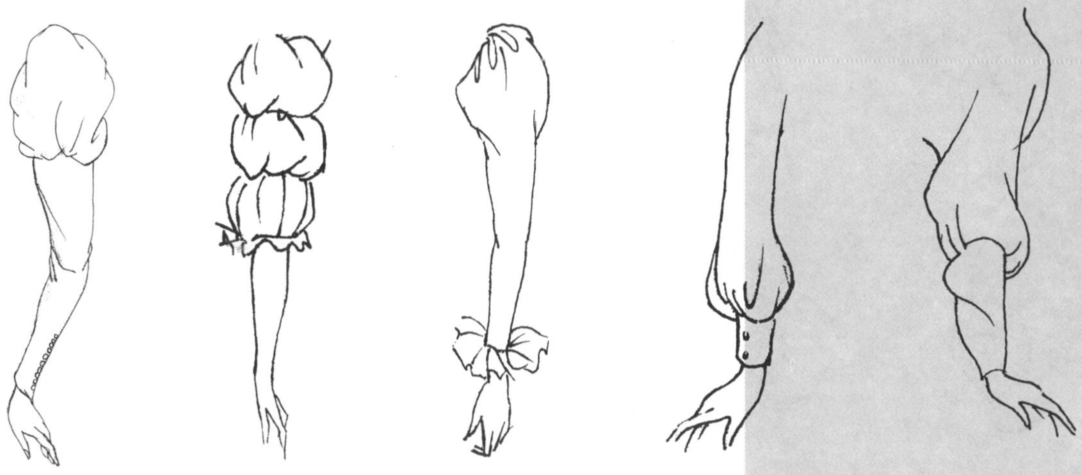

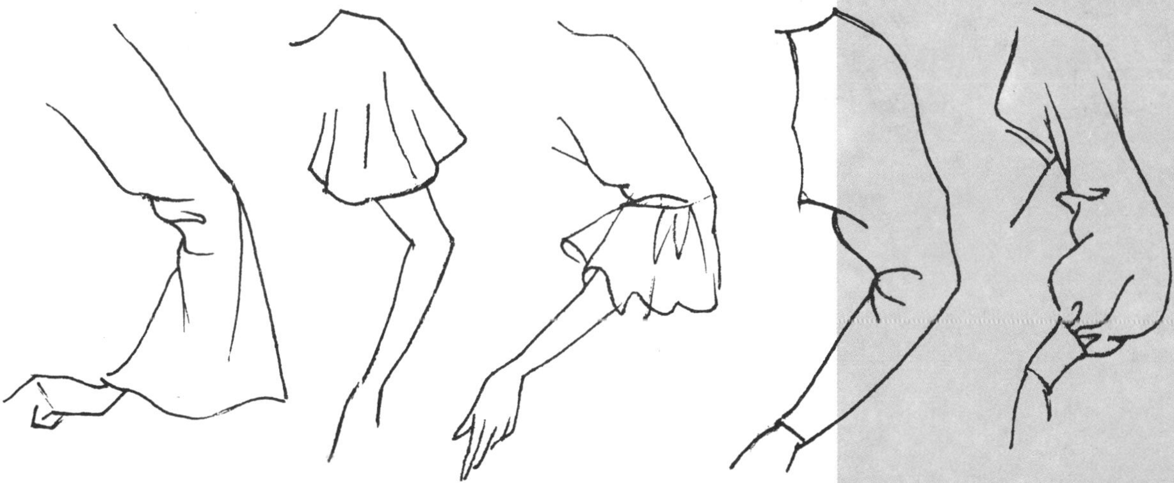

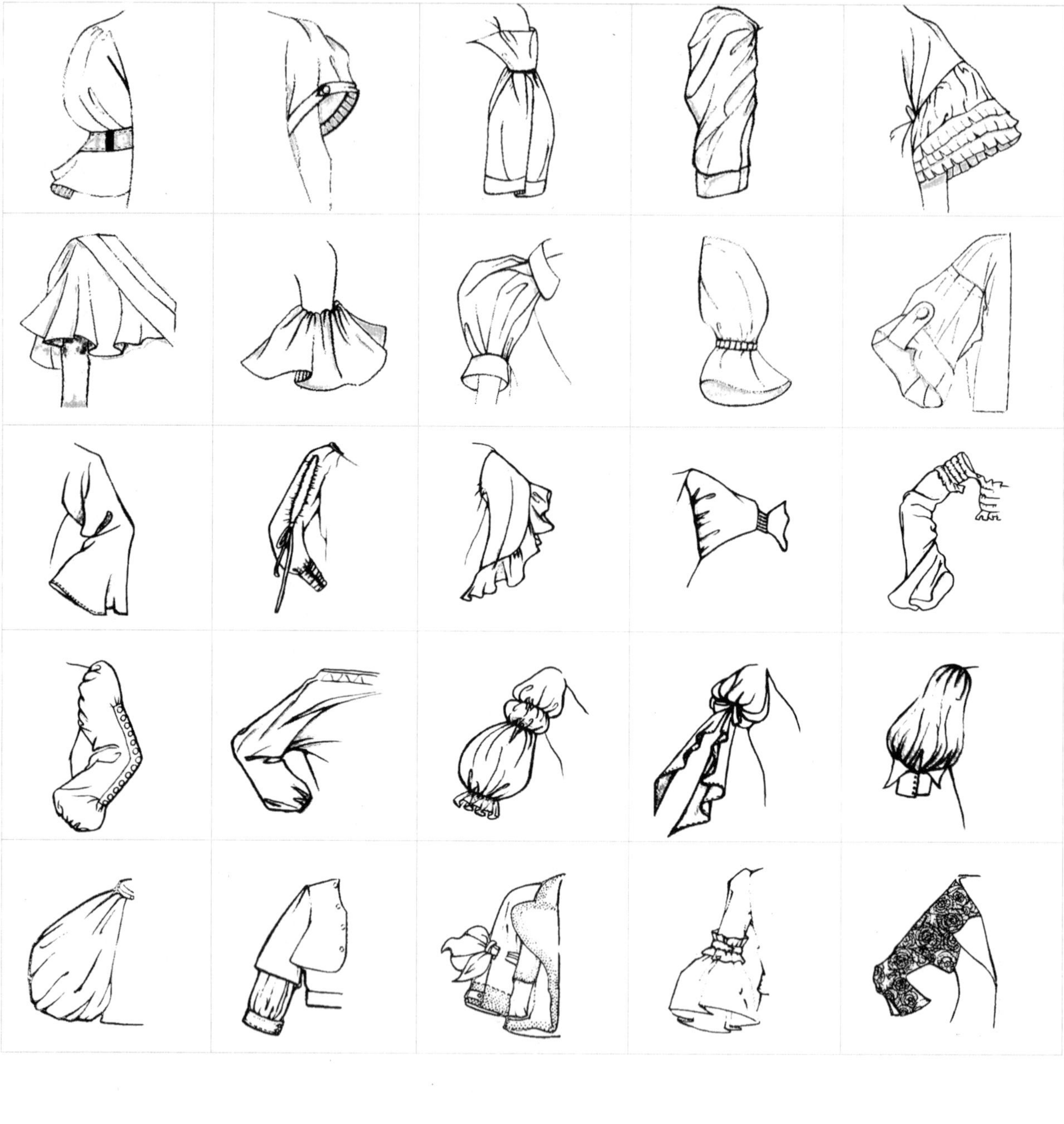

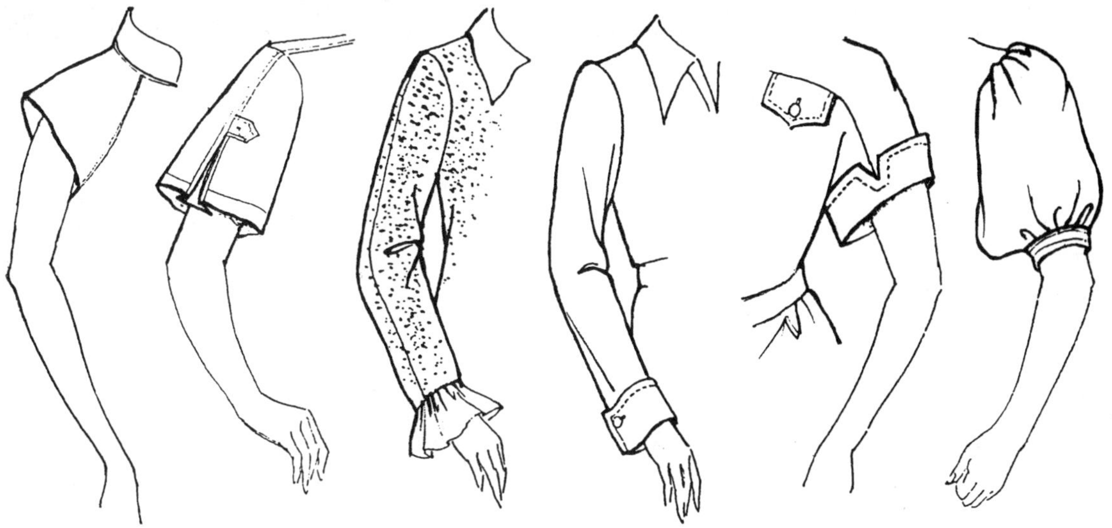

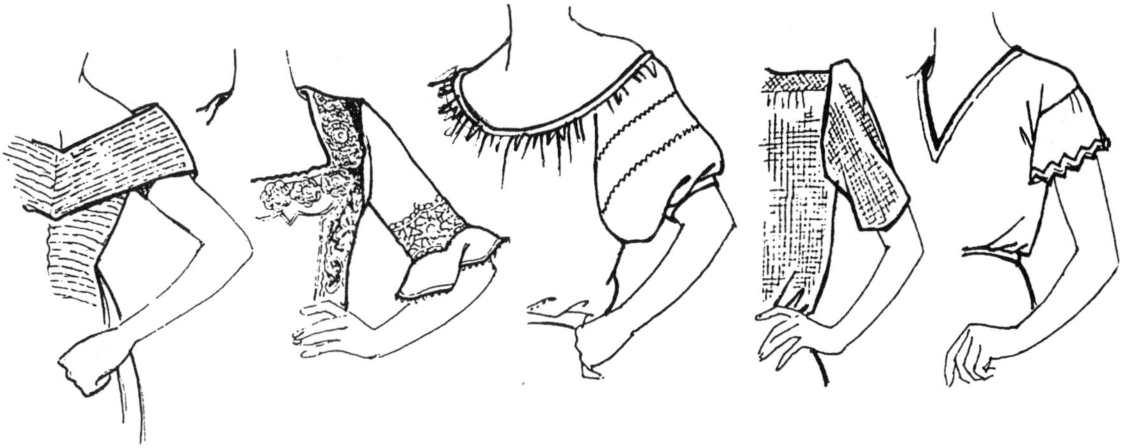

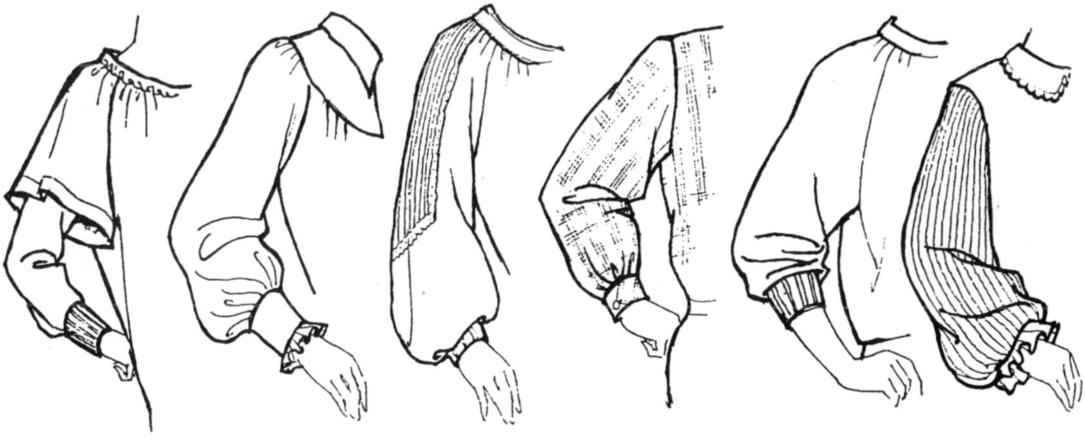

7. 各种裤子的式样与画法

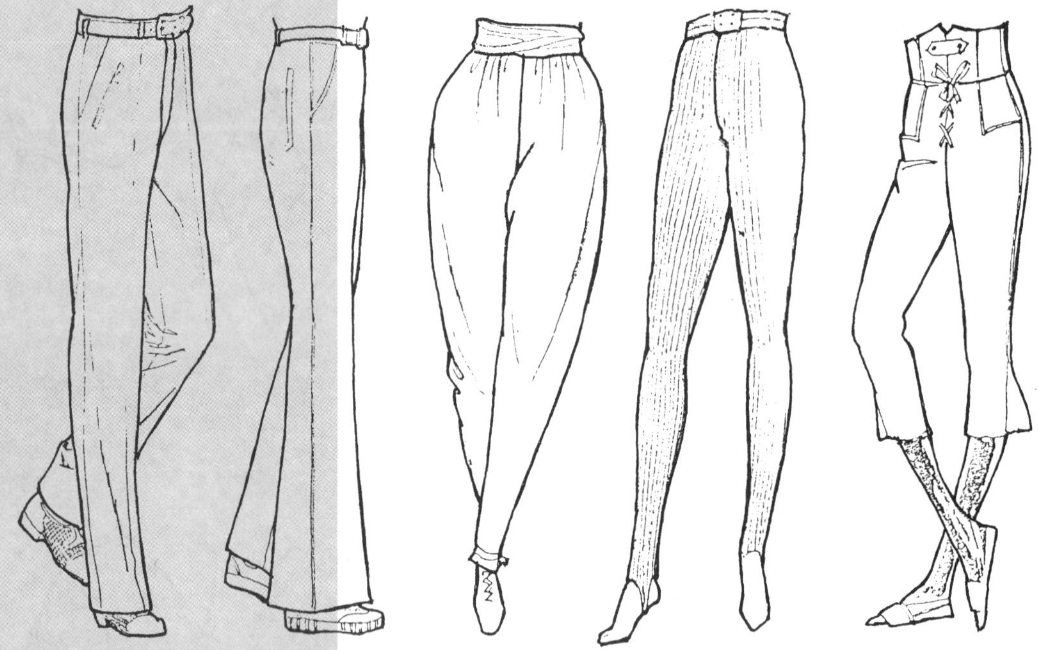

BESTQUARTY·JEADS·
CRSDAP

A

SPORTS
CYCLE·SPORTS

8. 松紧收缩结构的画法

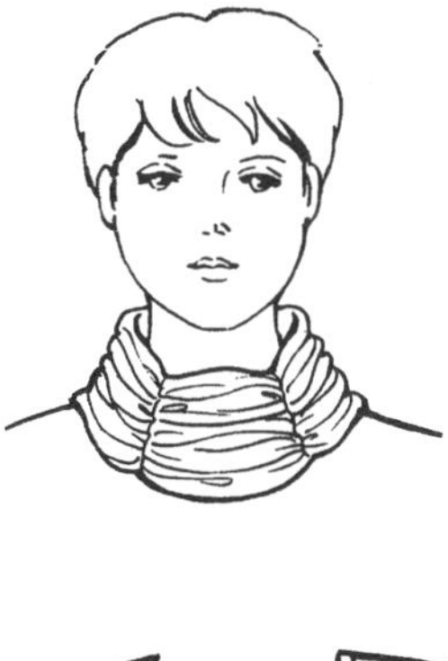

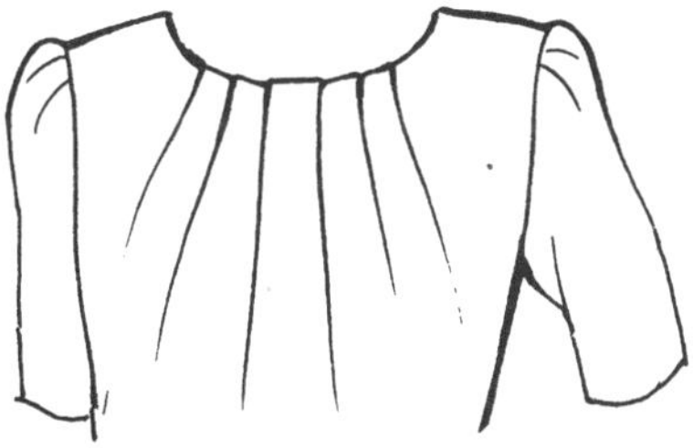

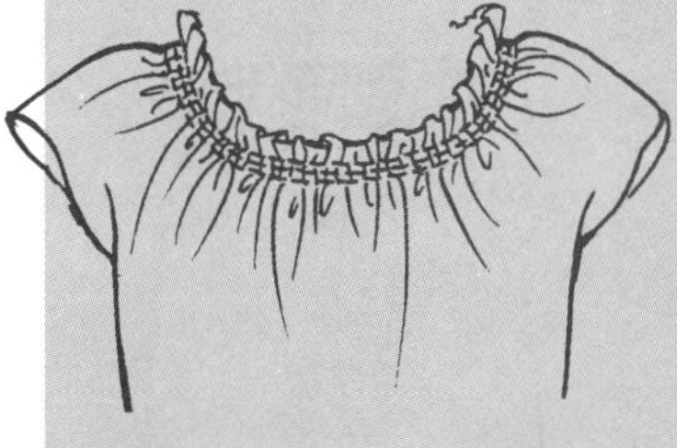

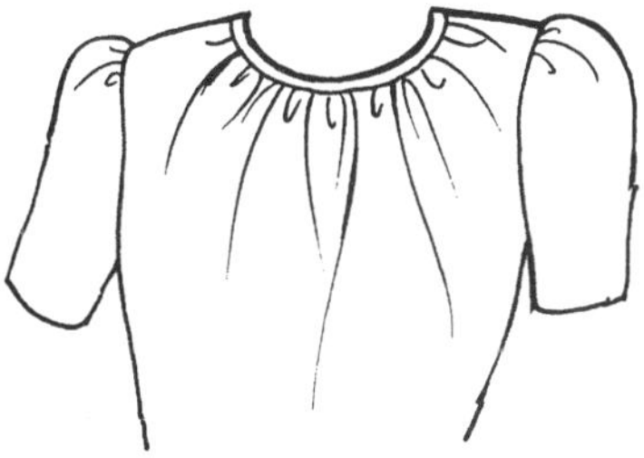

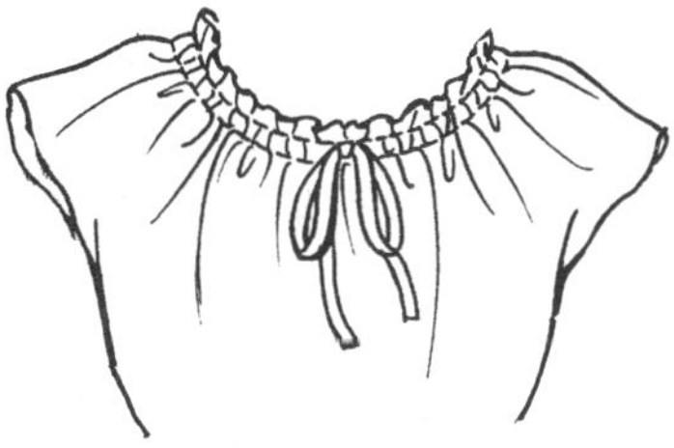

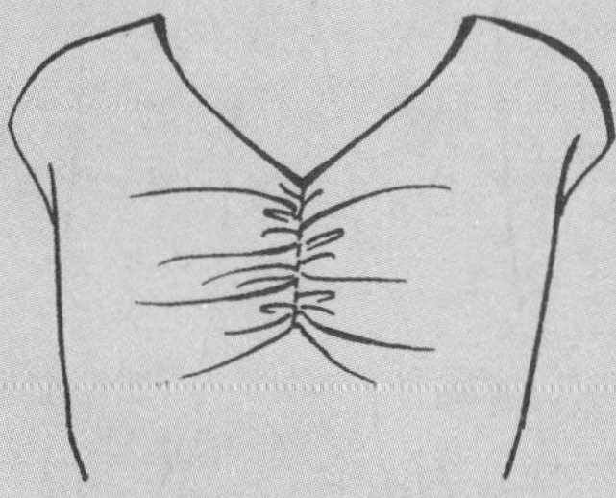

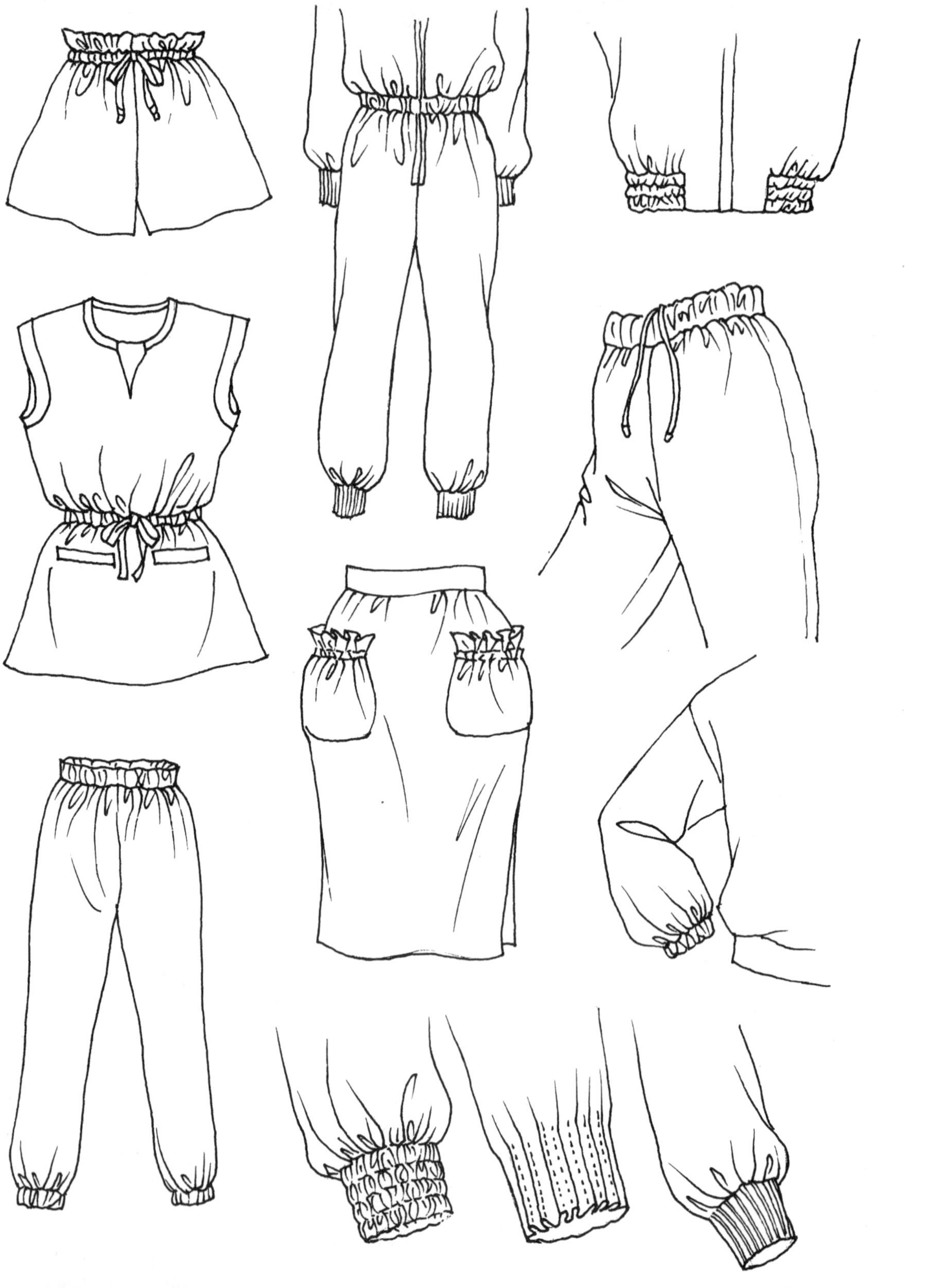

9. “荷叶边”结构的画法

10. 各式“蝴蝶结”的画法

11. "泡肩袖"与"灯笼裤"结构的画法

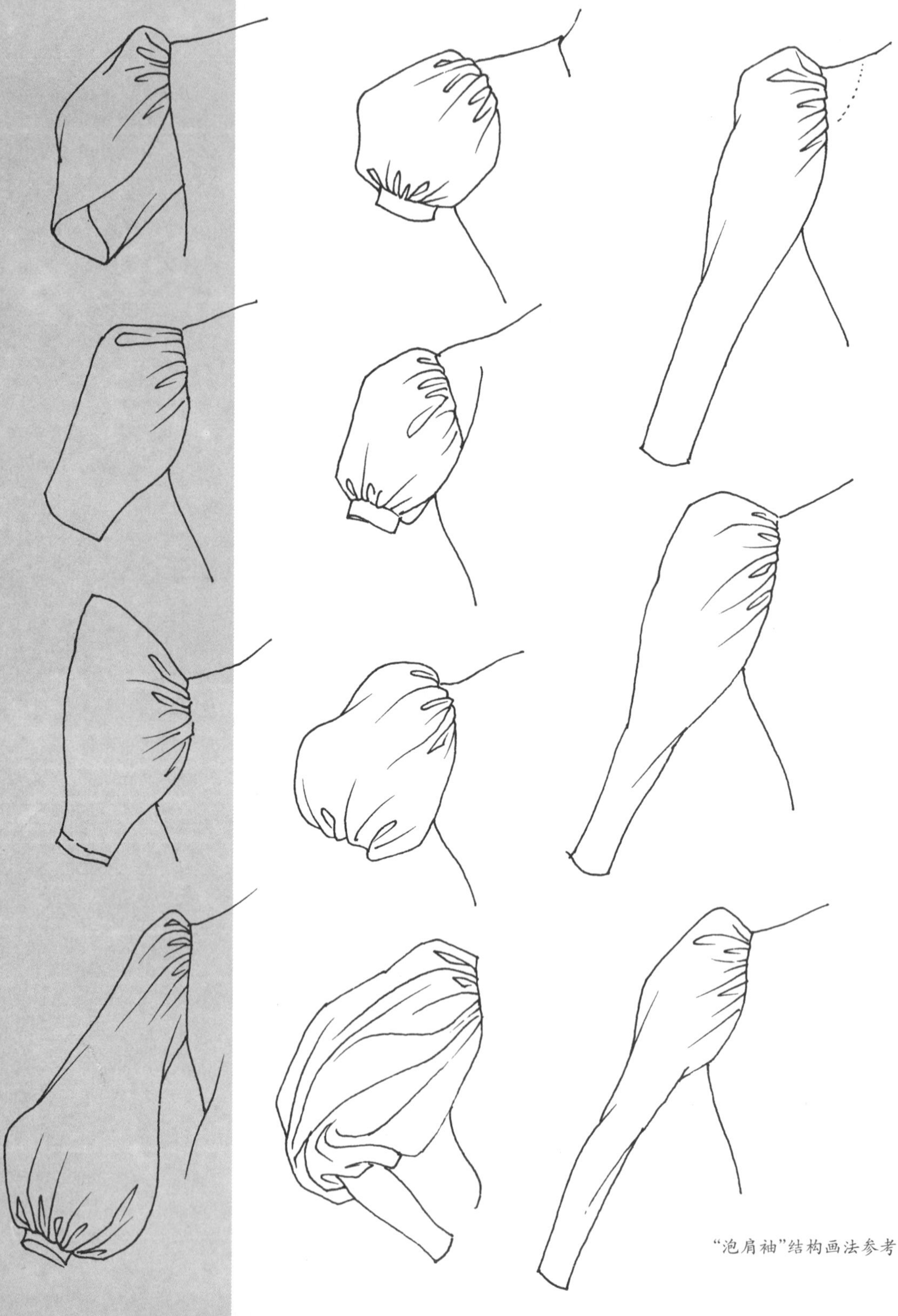

"泡肩袖"结构画法参考

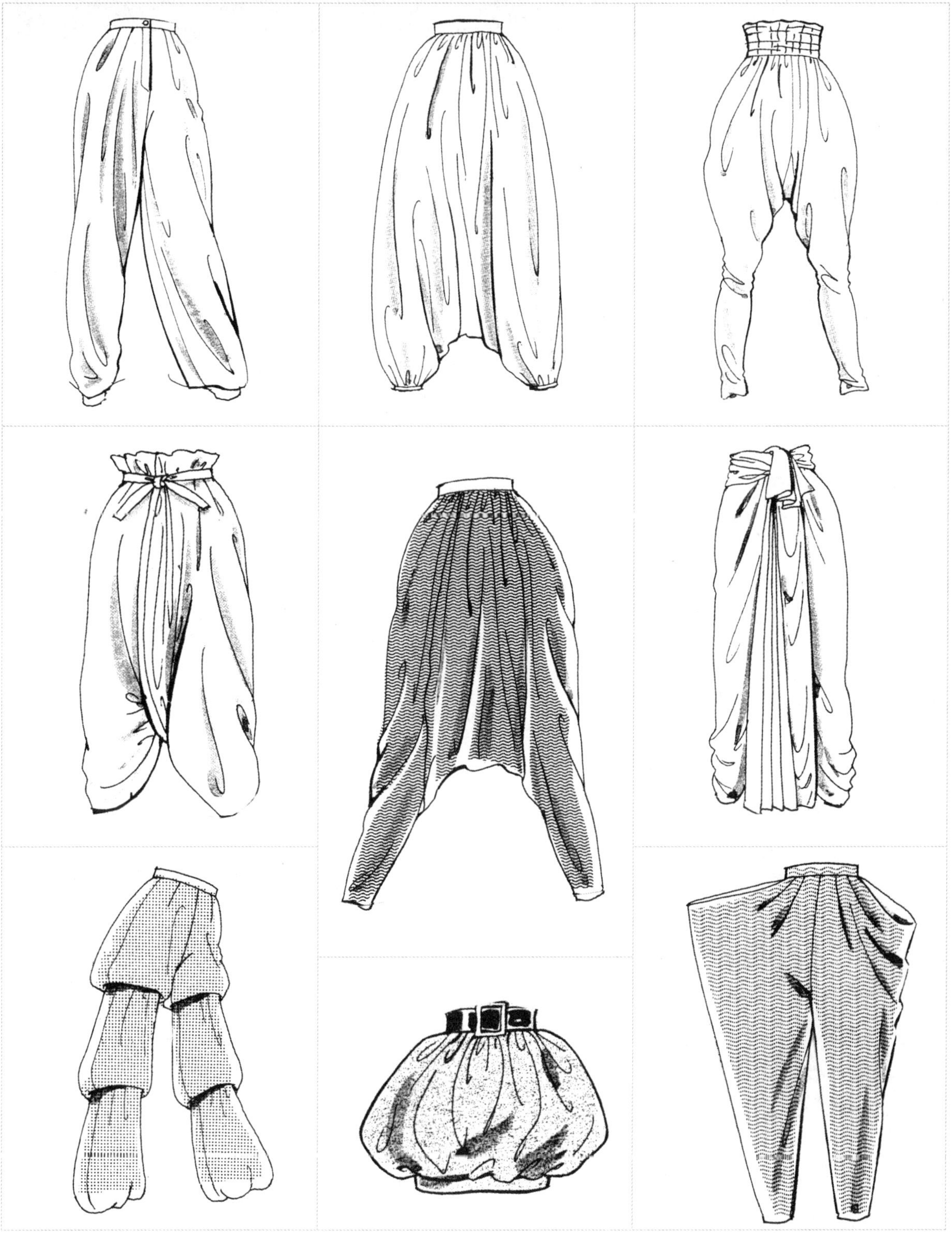

“灯笼裤”结构画法参考

12. 手套与脚套的式样与画法

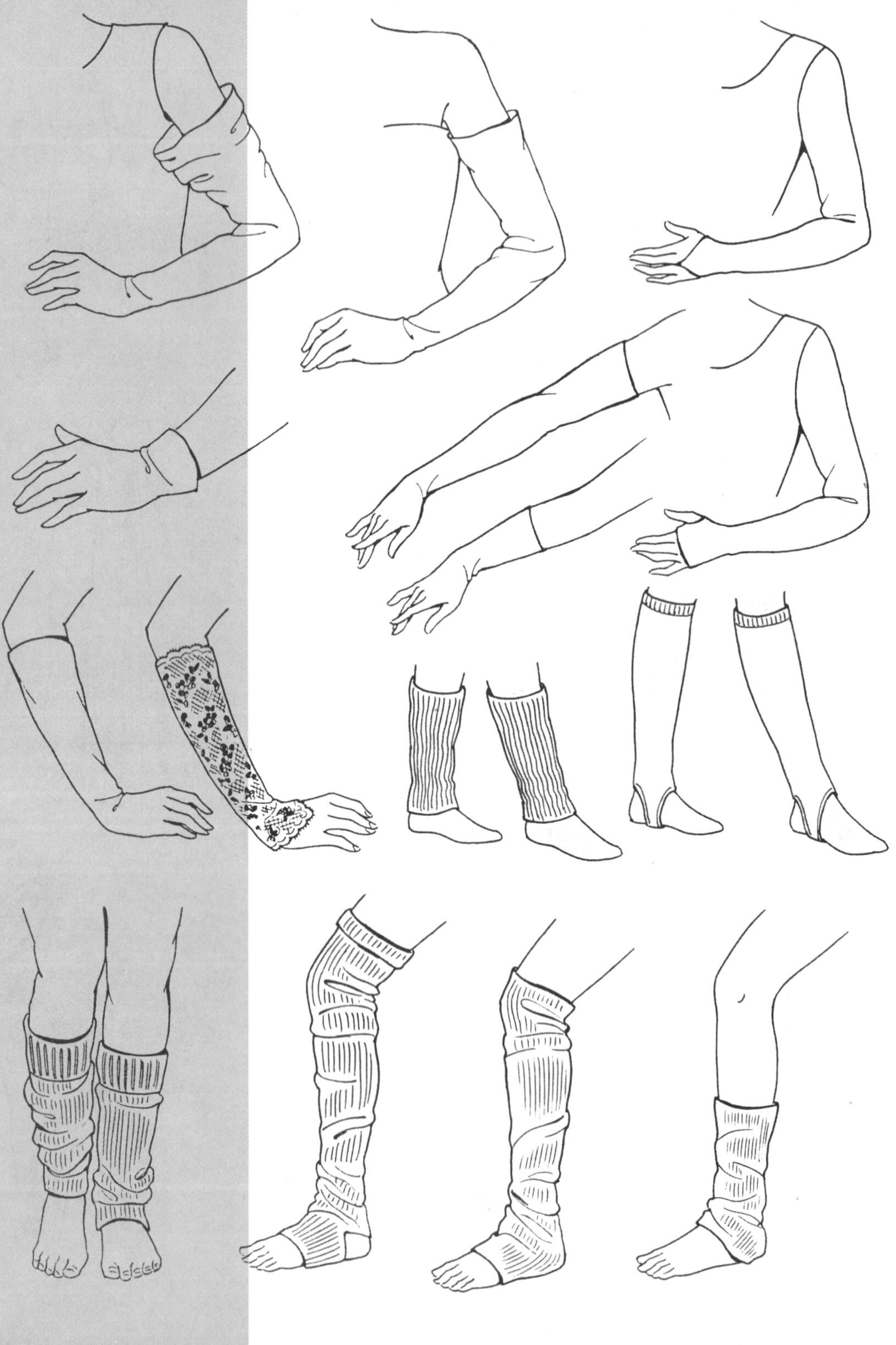

13. 各种袖子的结构与画法

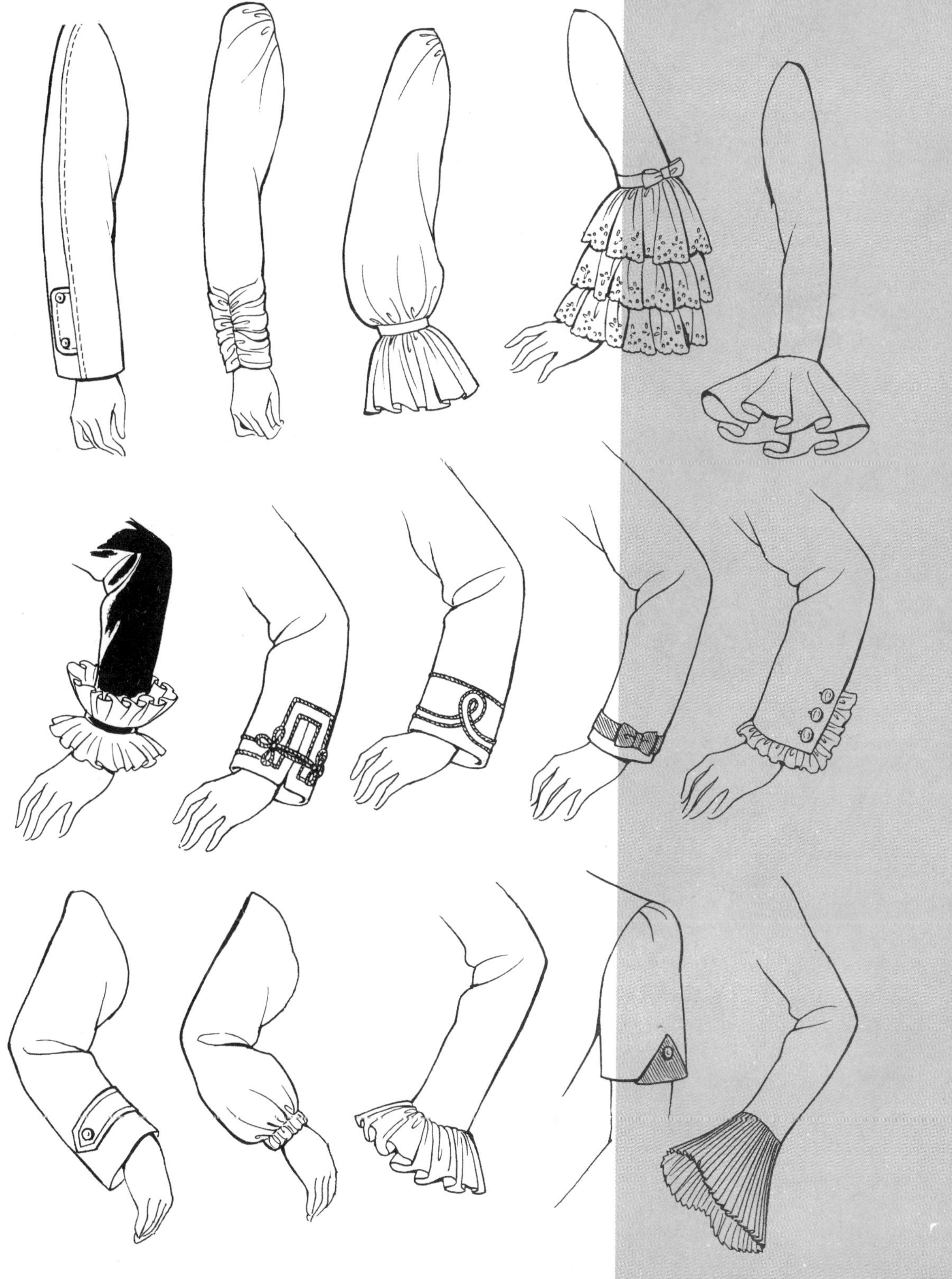

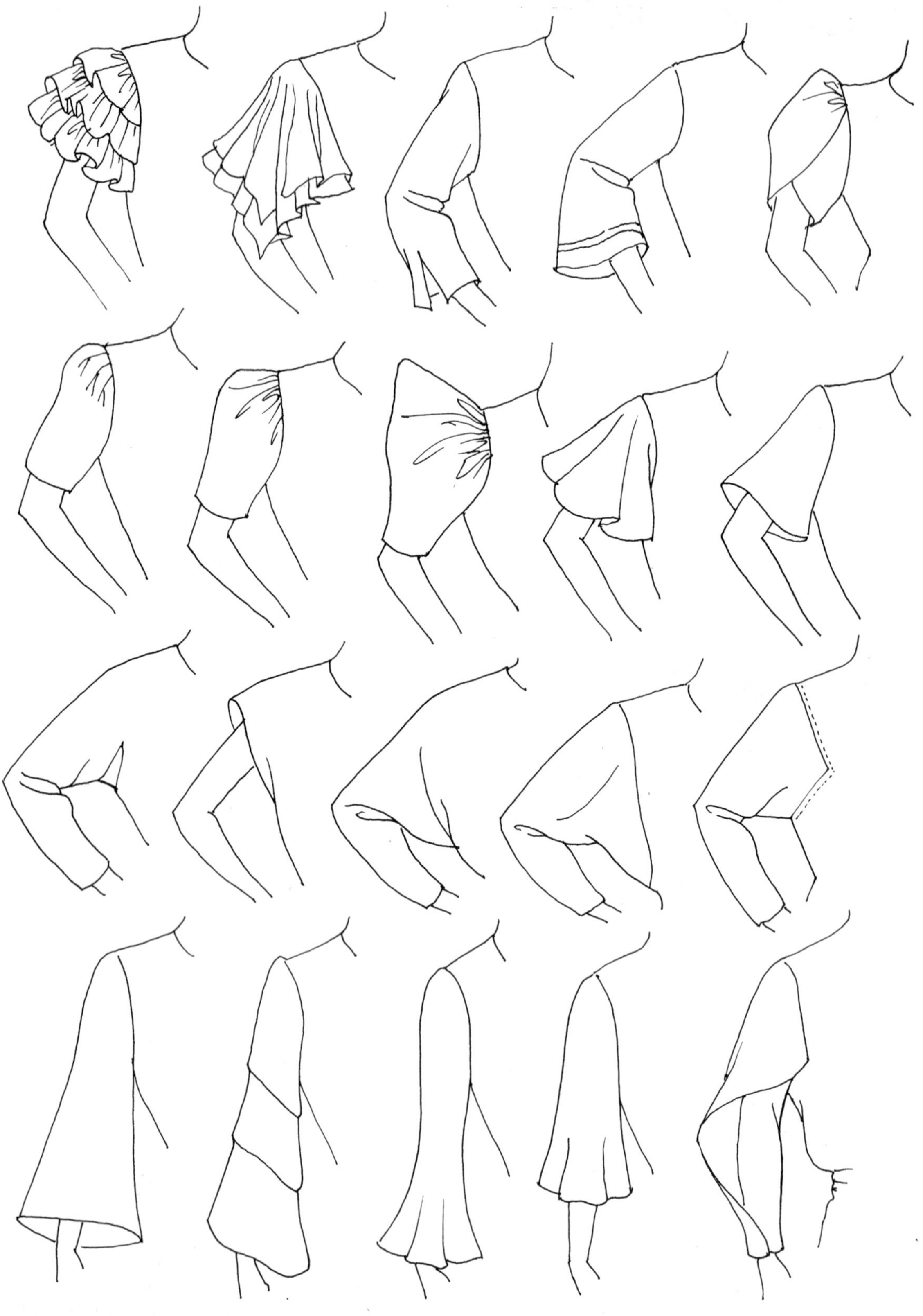

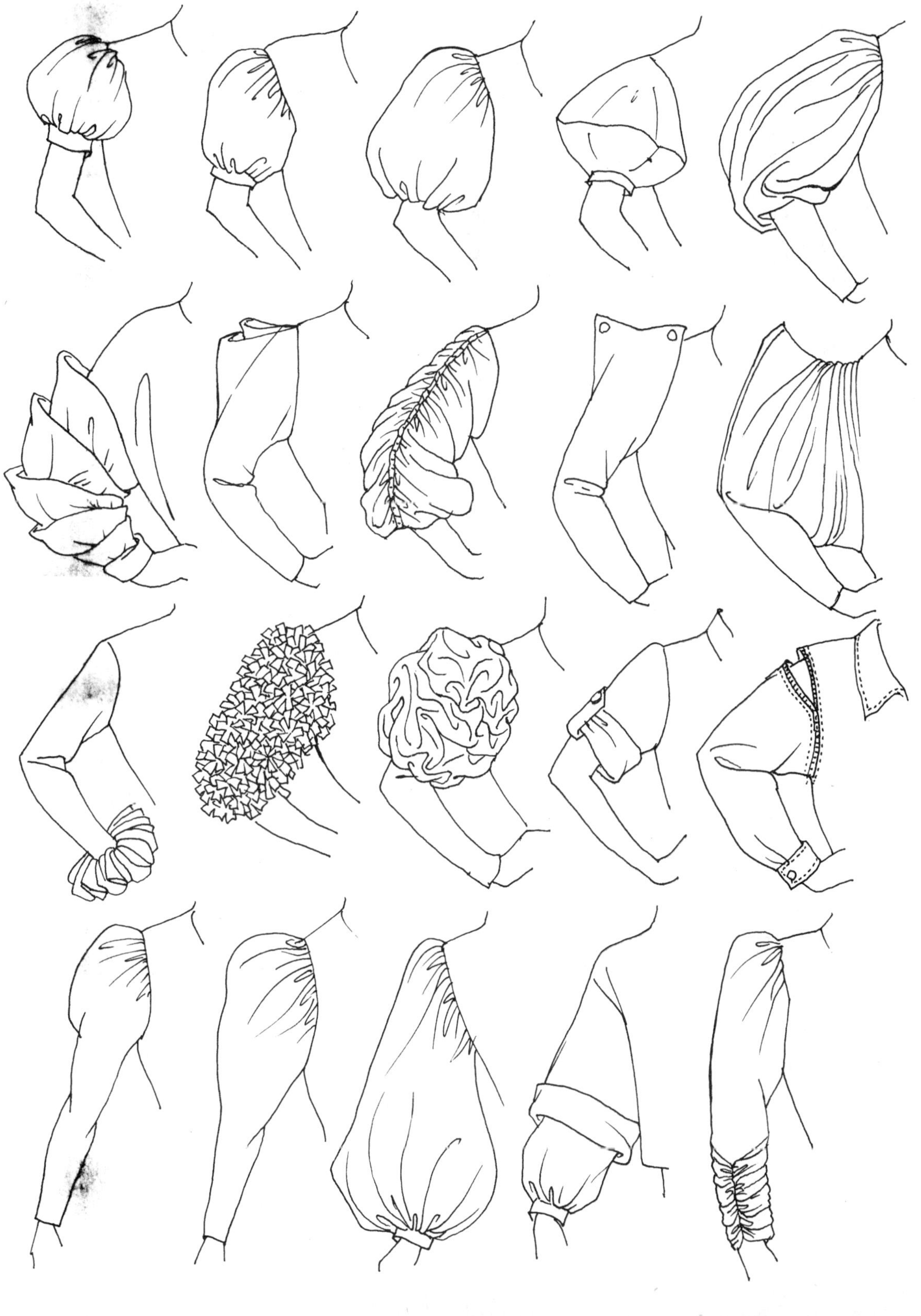

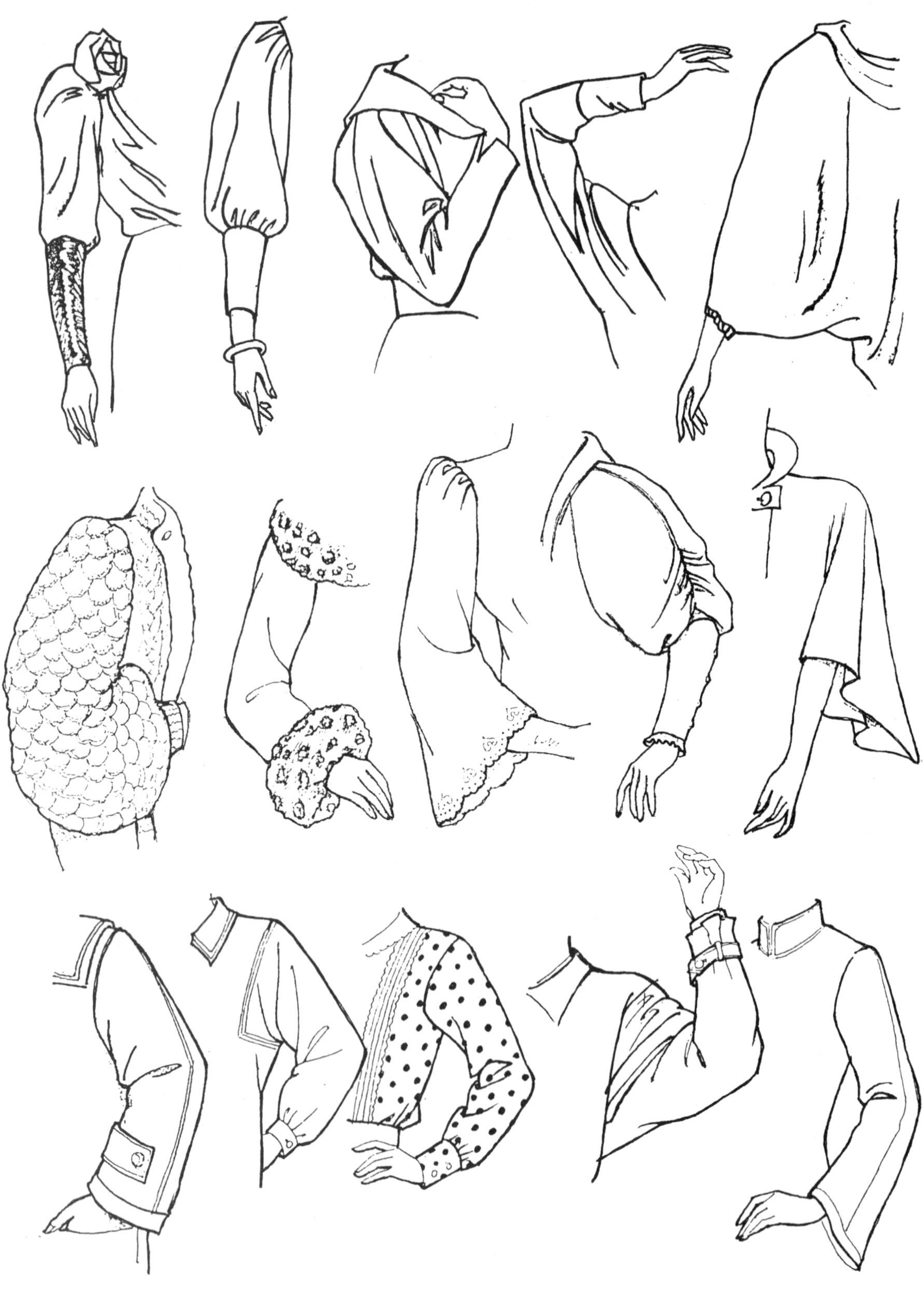

14. 围巾、头巾等饰品的各种扎系式样与画法

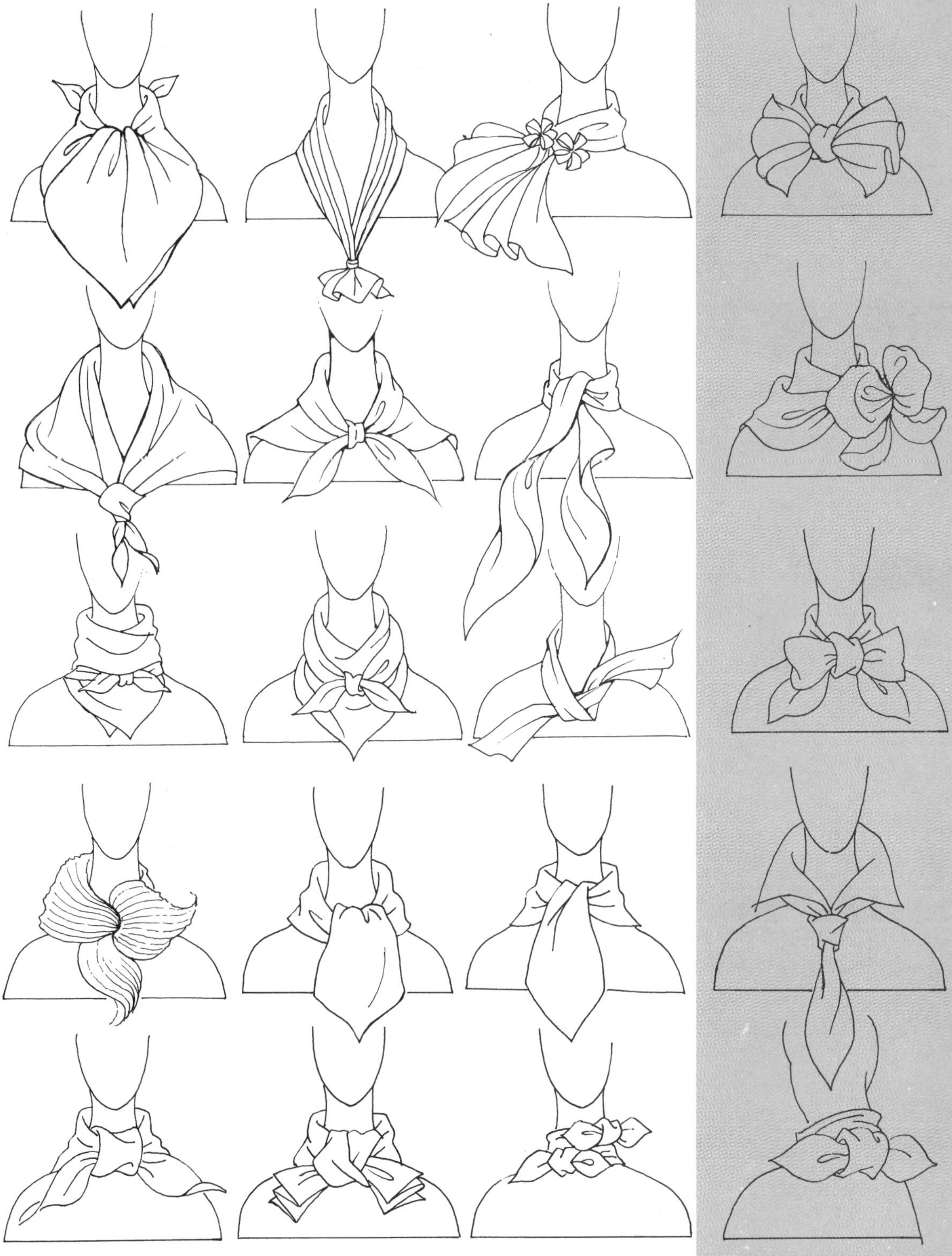

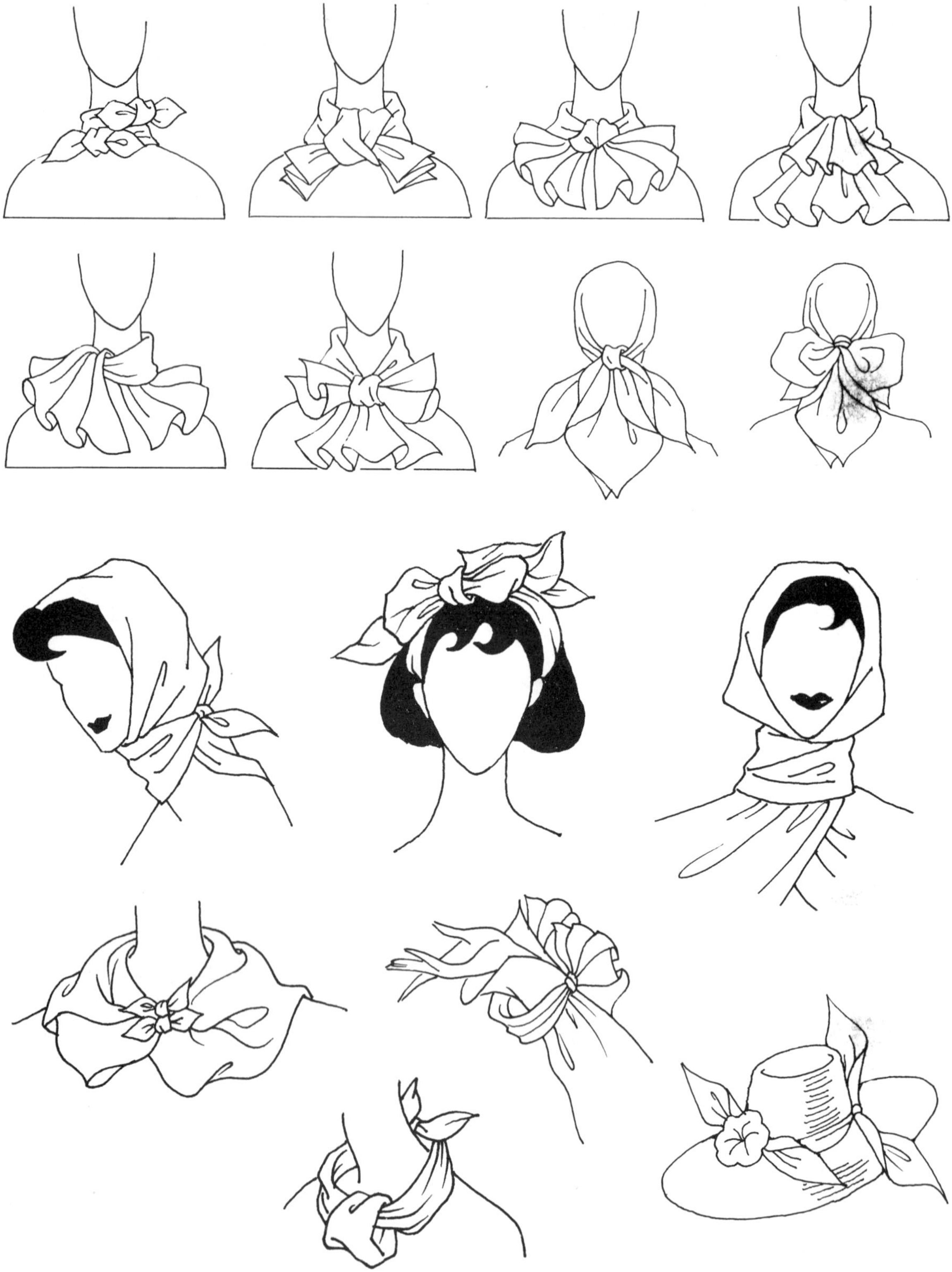

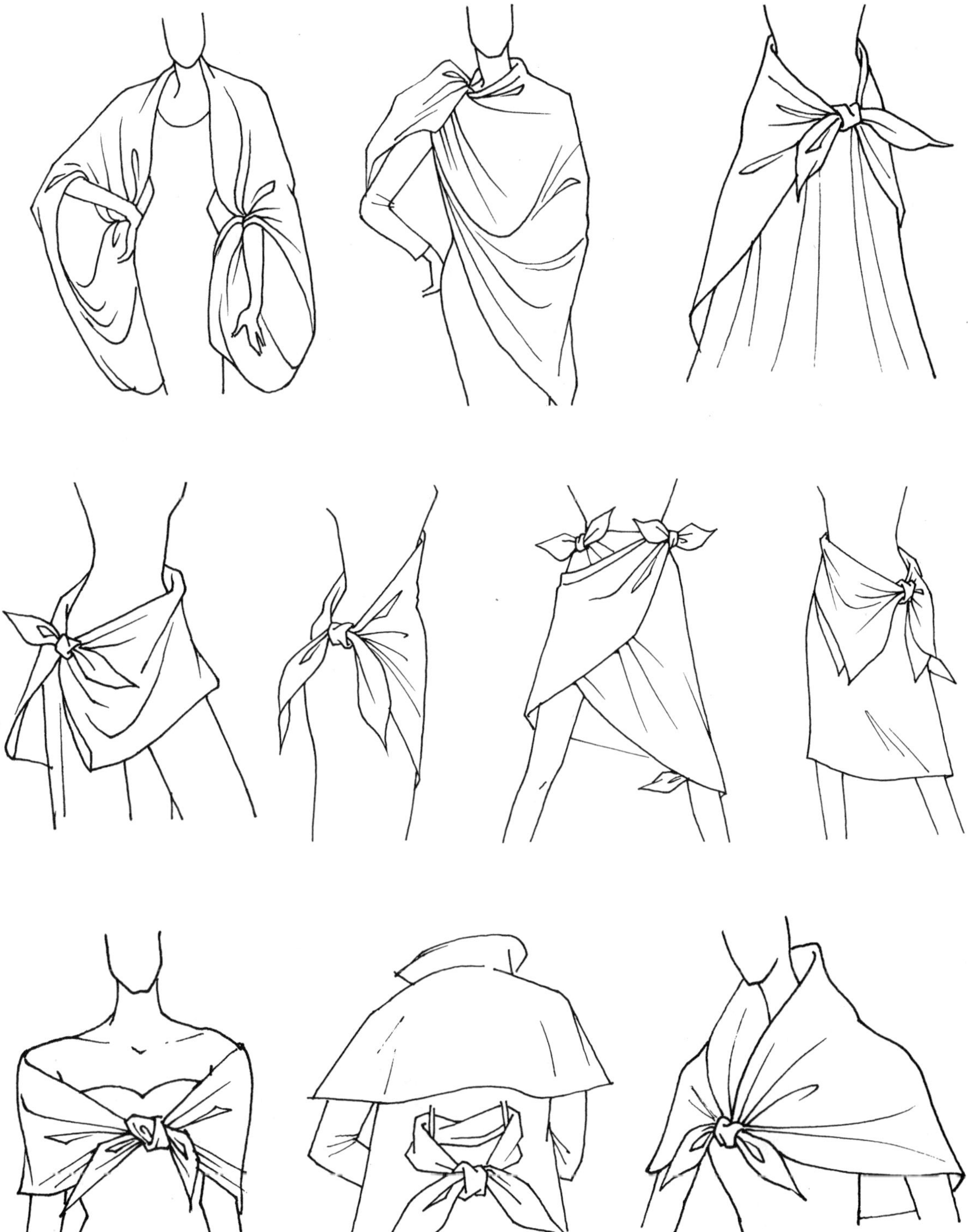

15. 时装帽的品种与画法

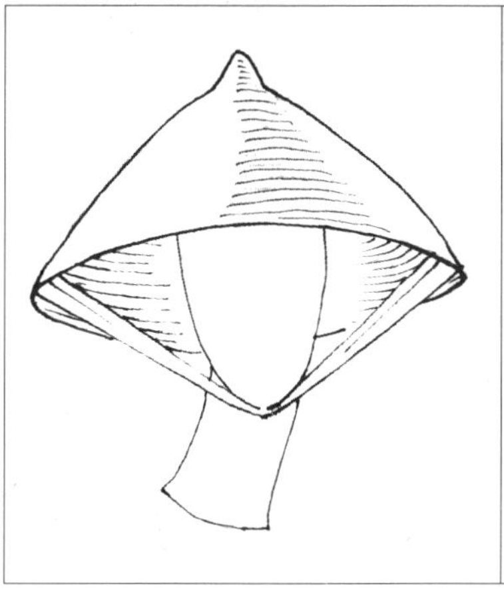

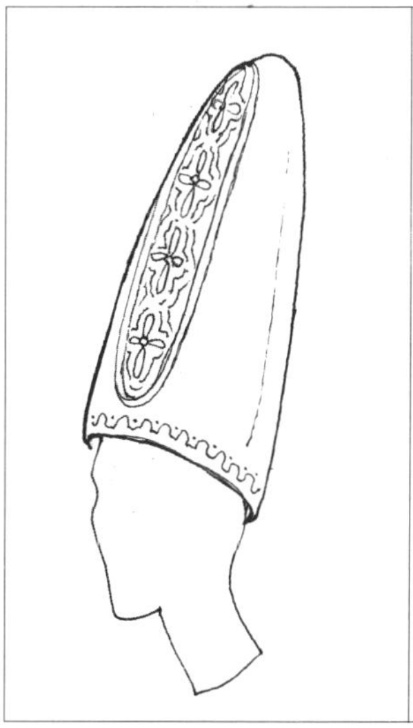

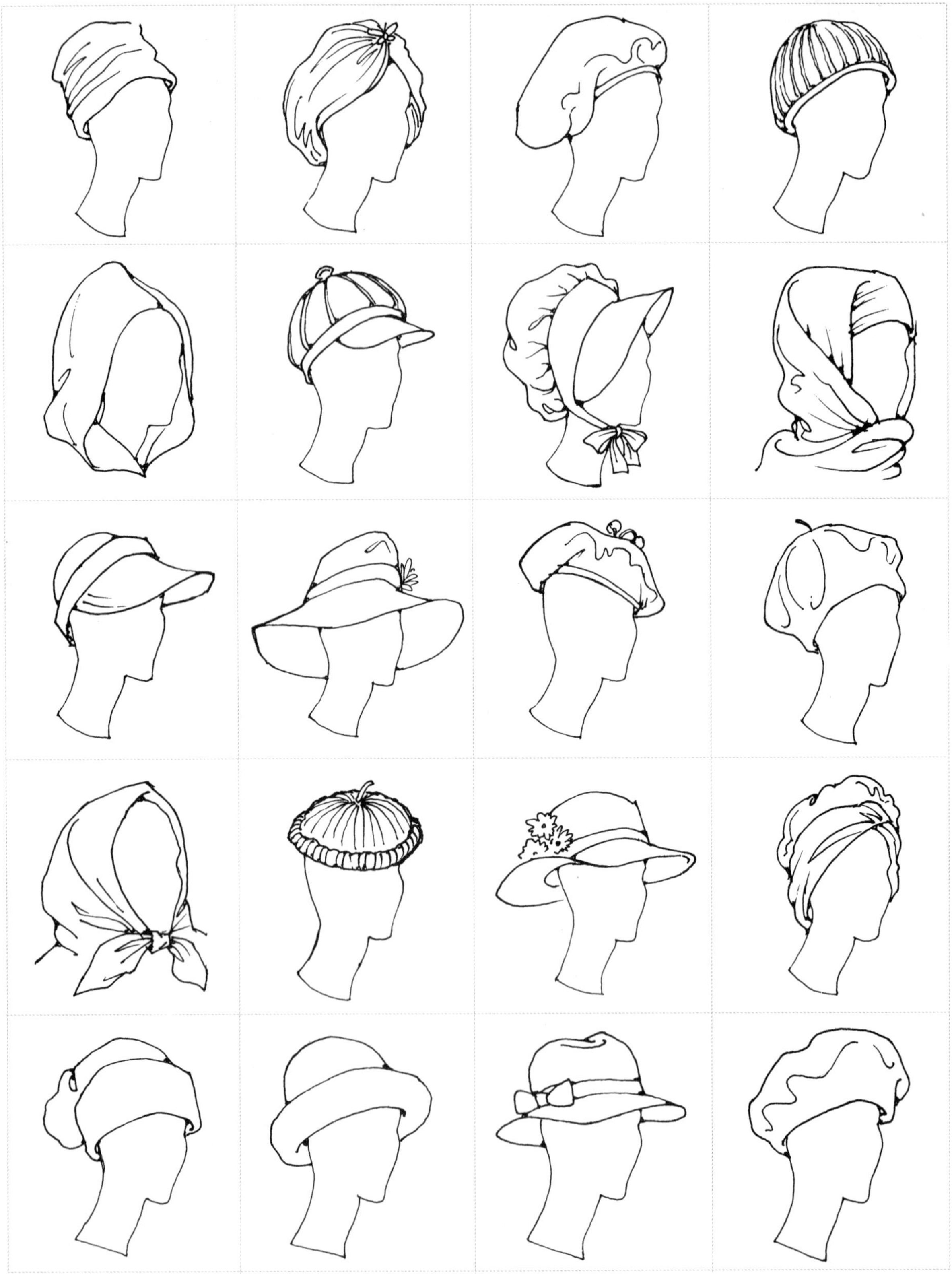

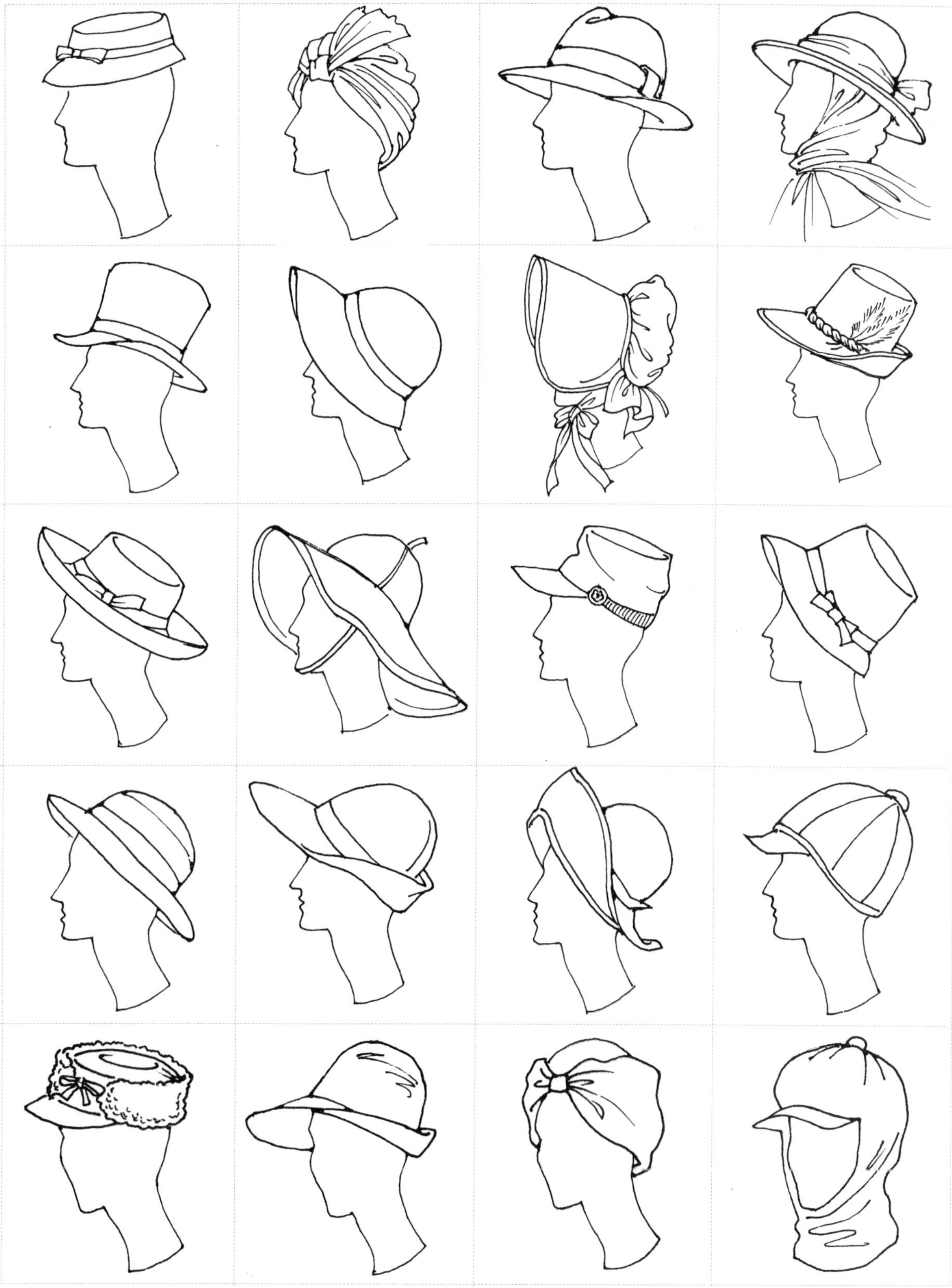

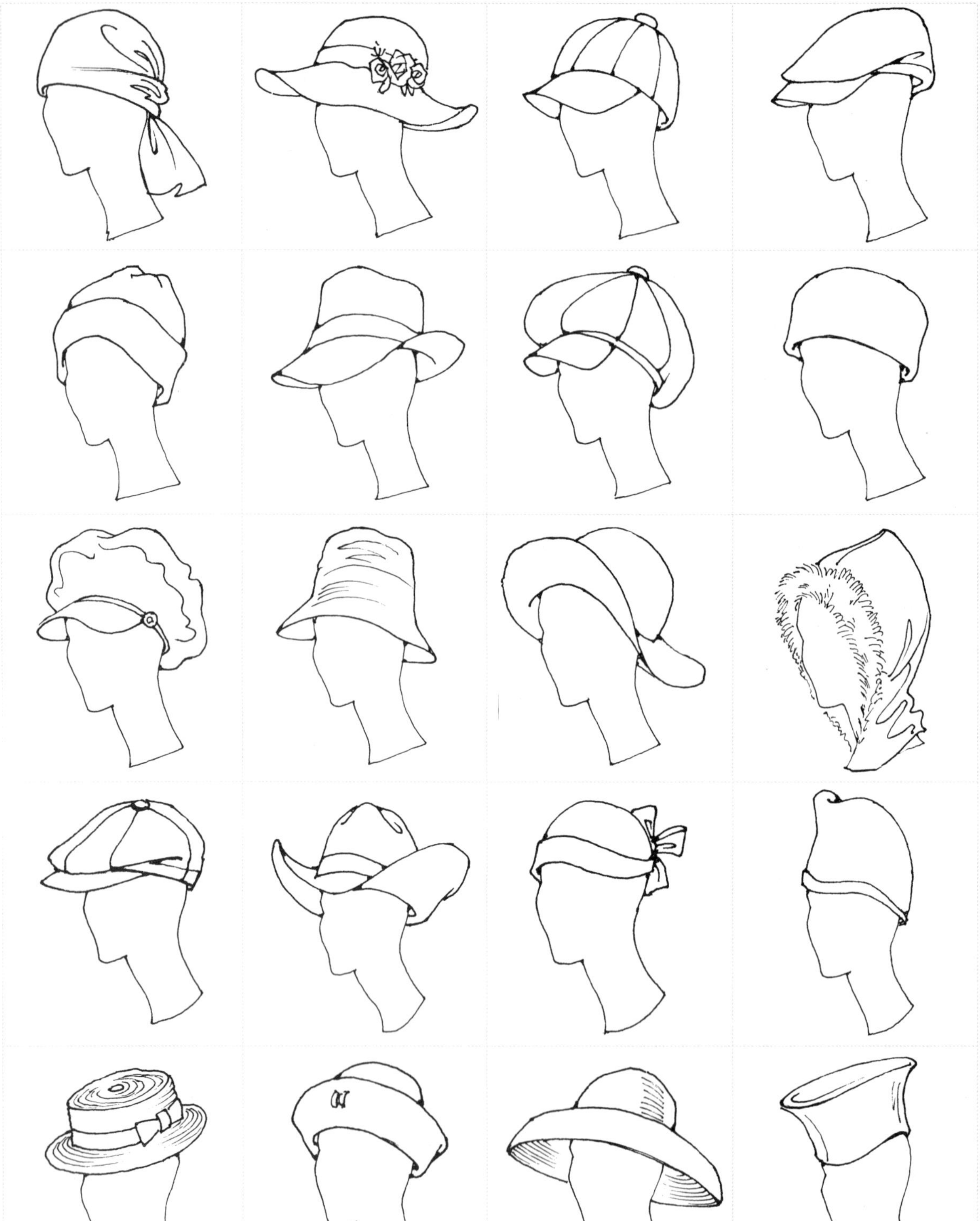

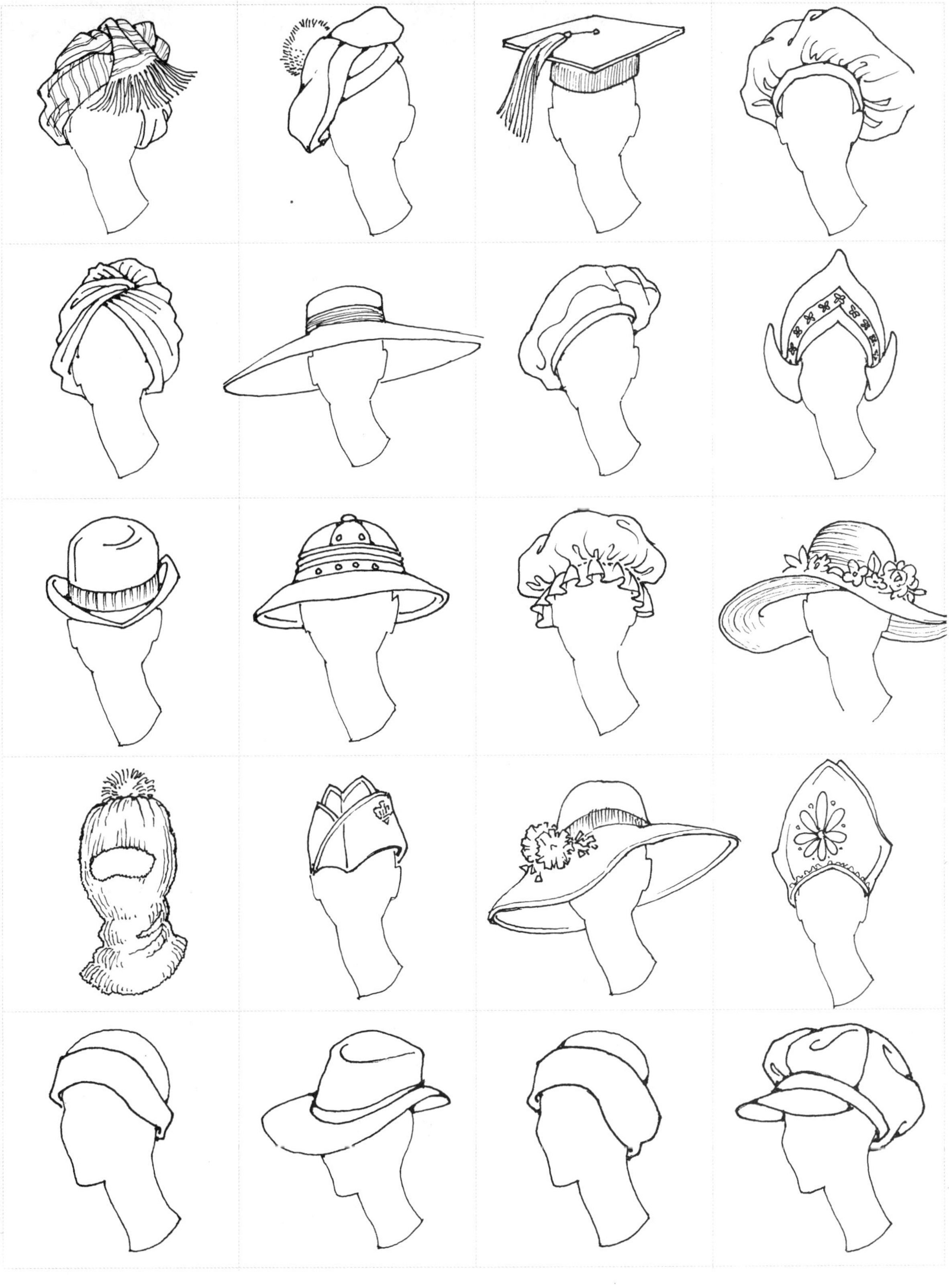

16. 时装鞋的品种与画法

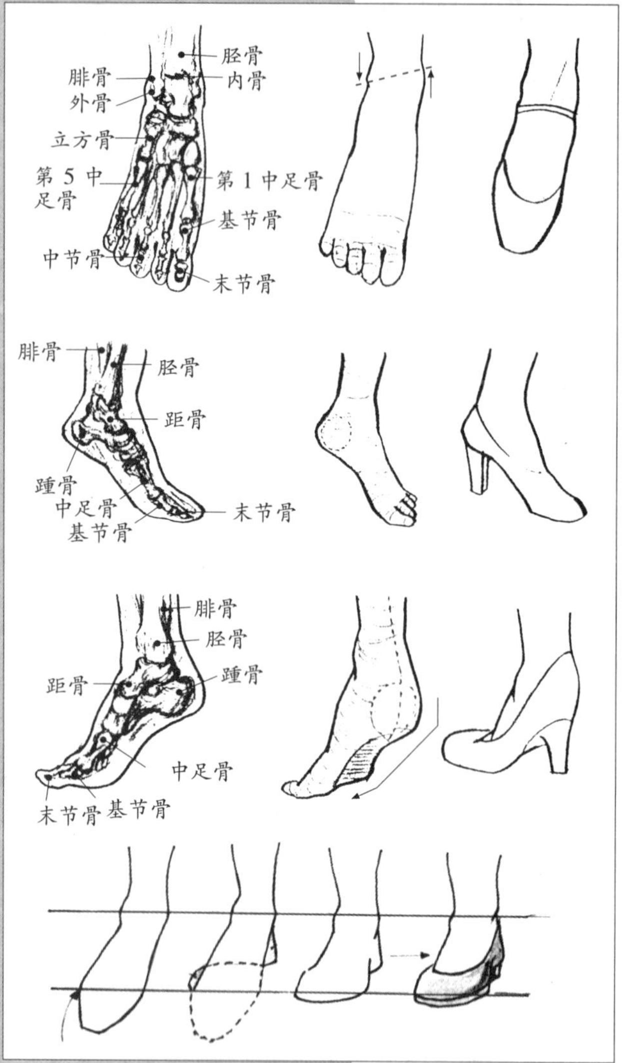

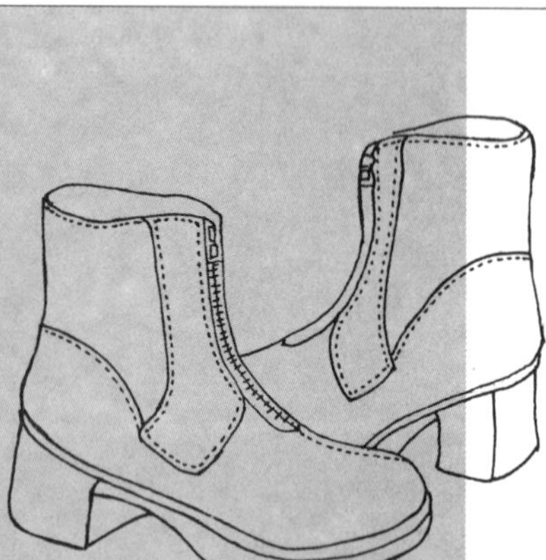

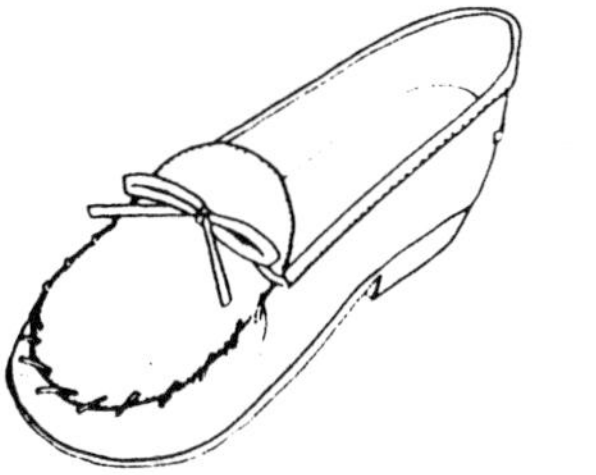
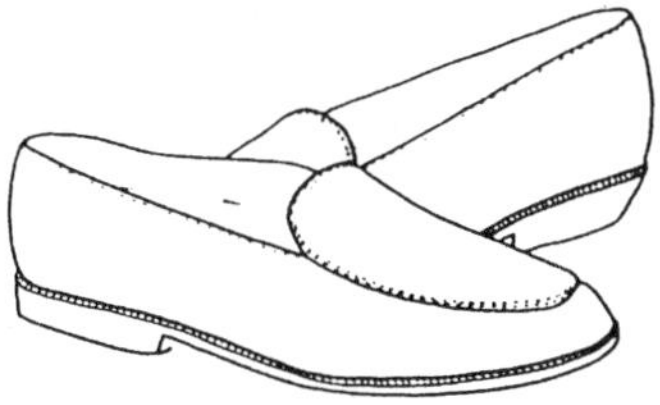
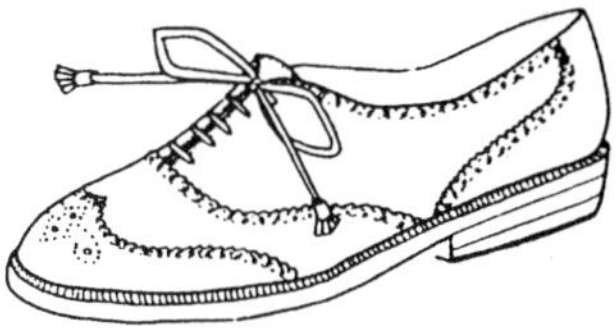

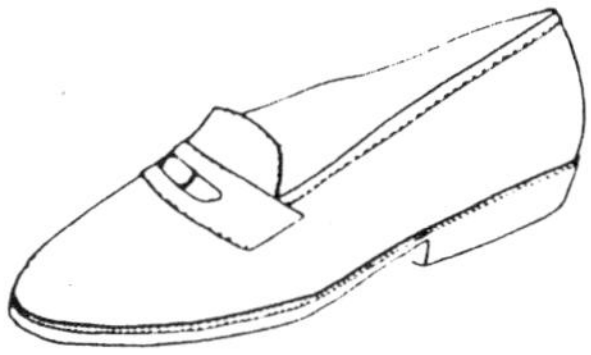

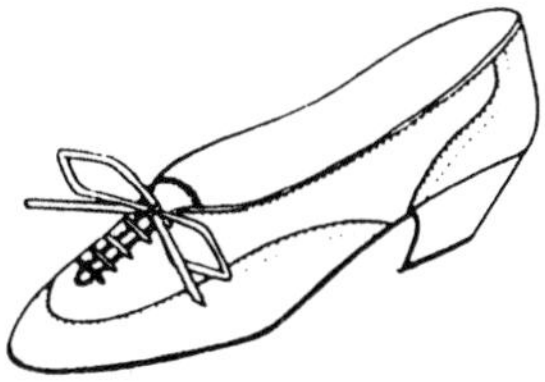
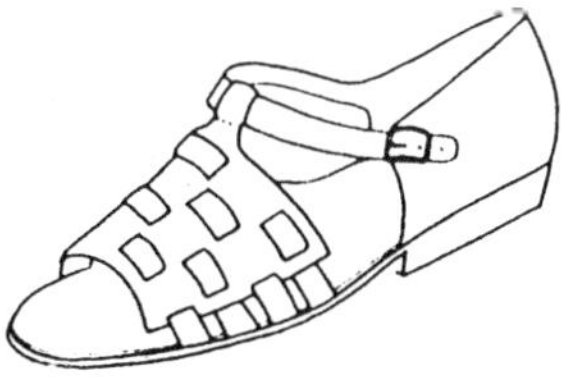

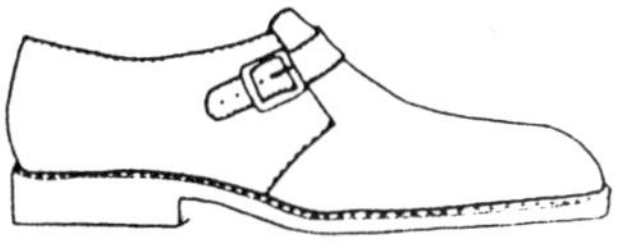

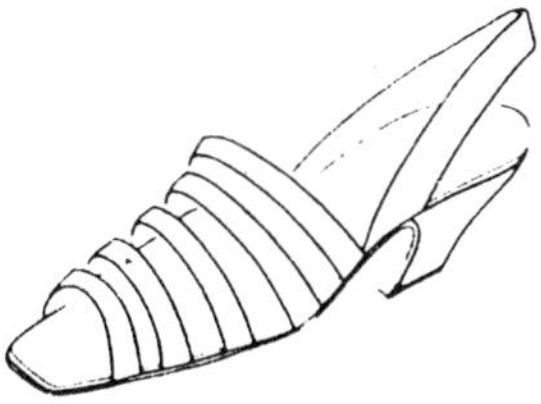
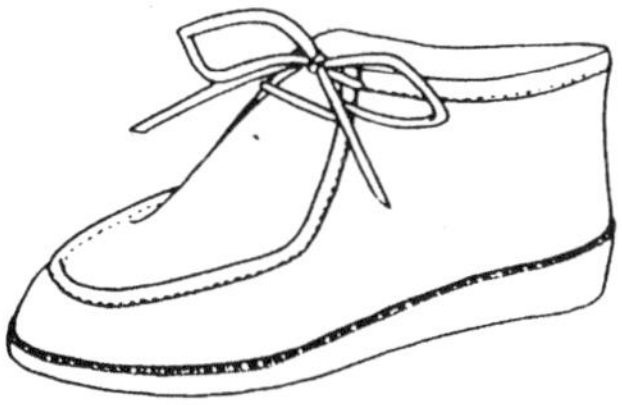
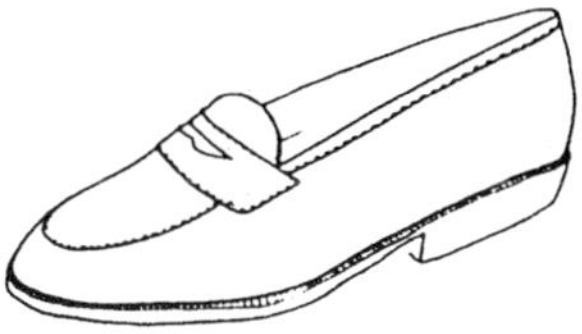

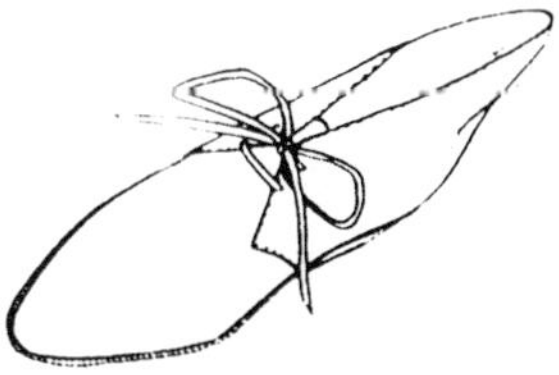

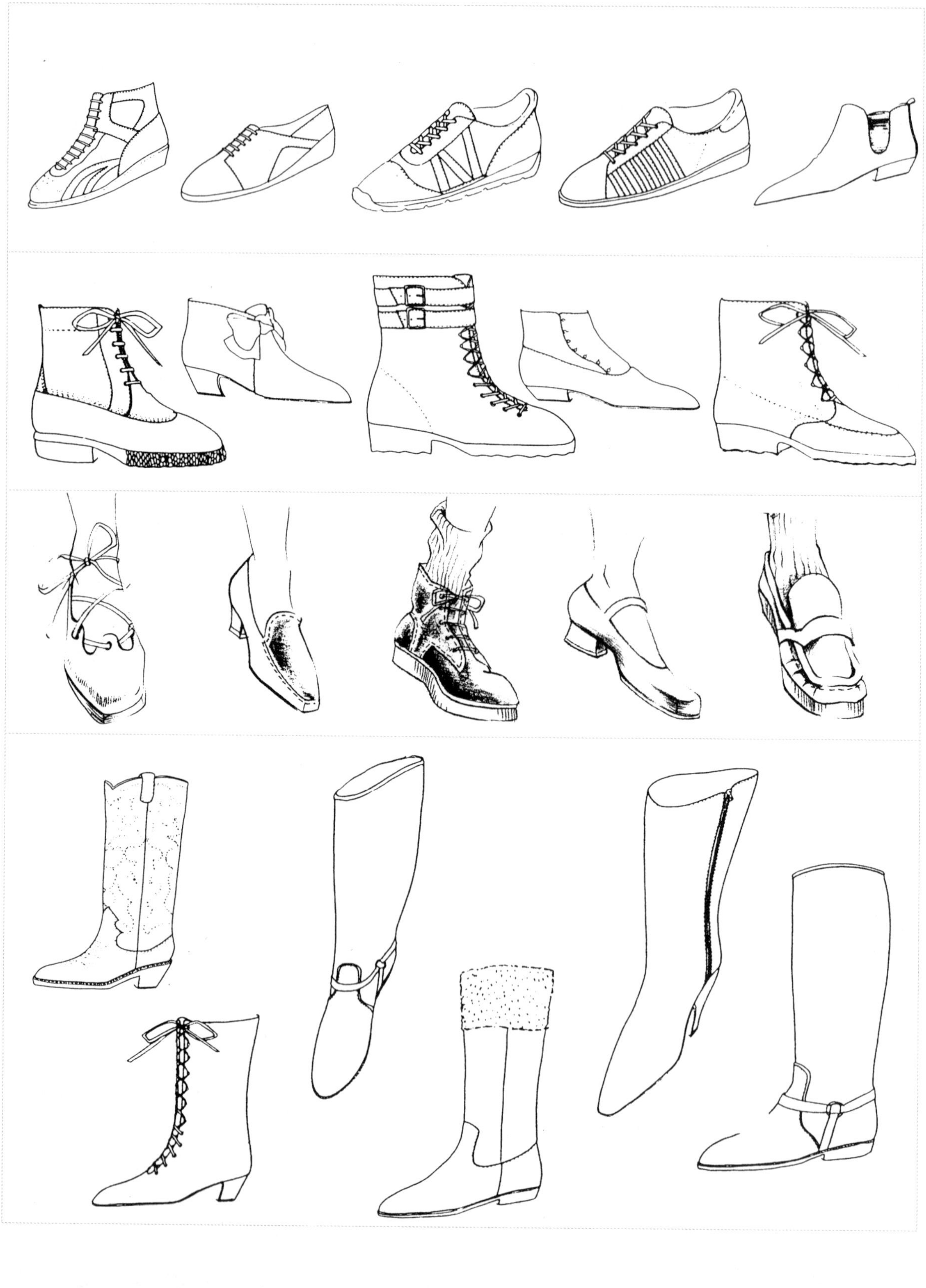

17. 各种袋型与时尚提包的画法

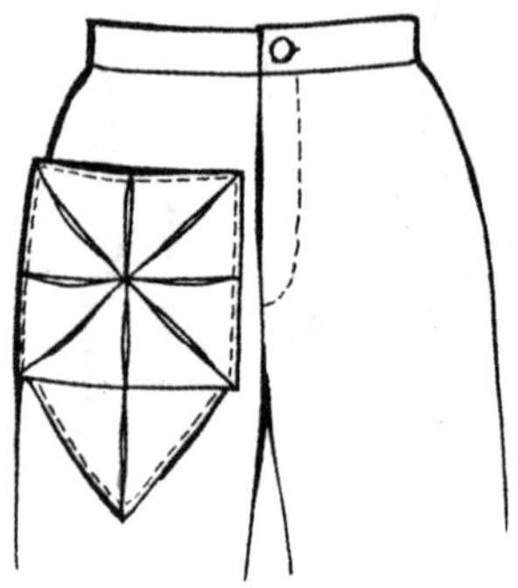

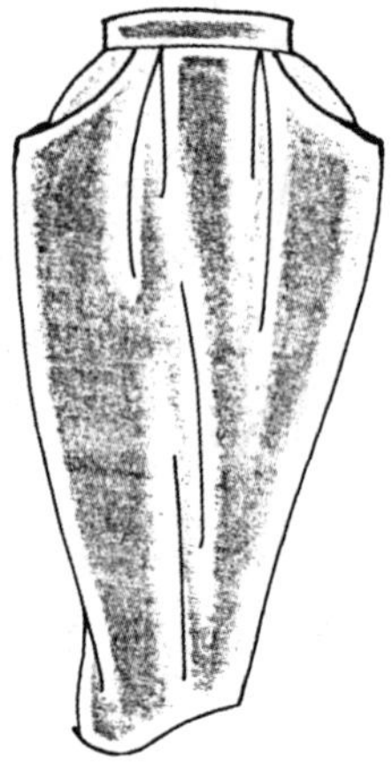

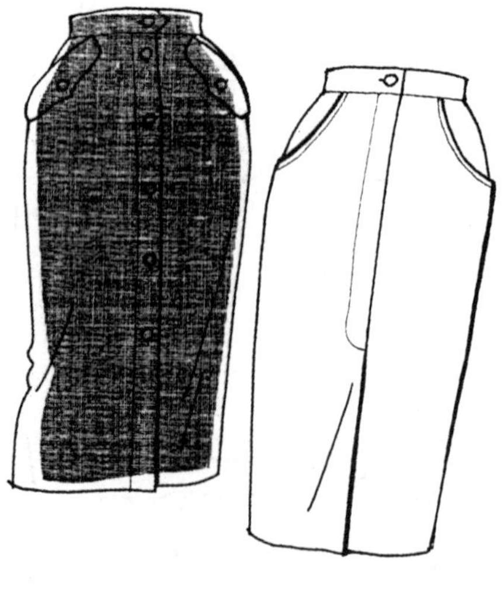

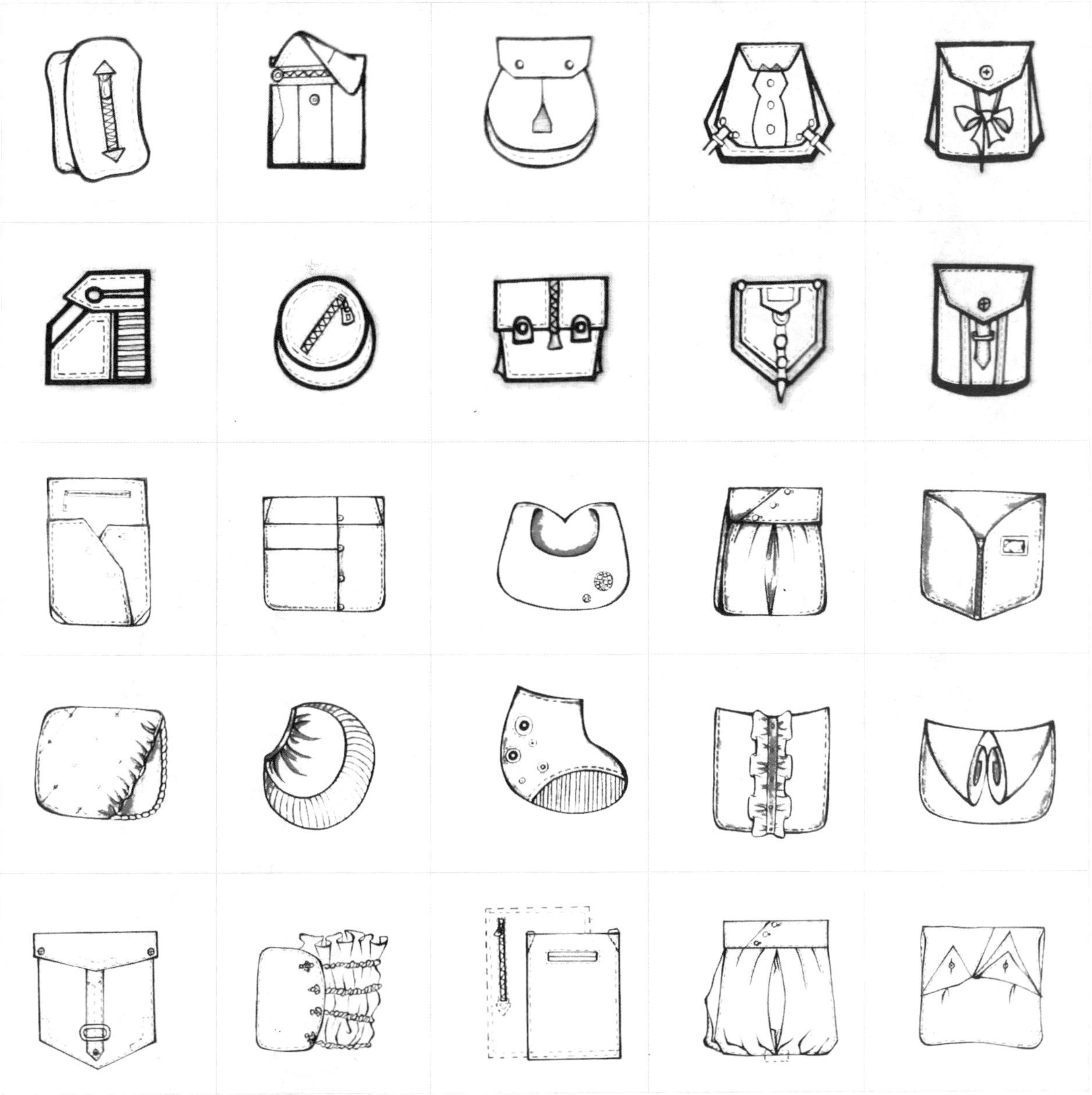

18. 宽大风衣的画法

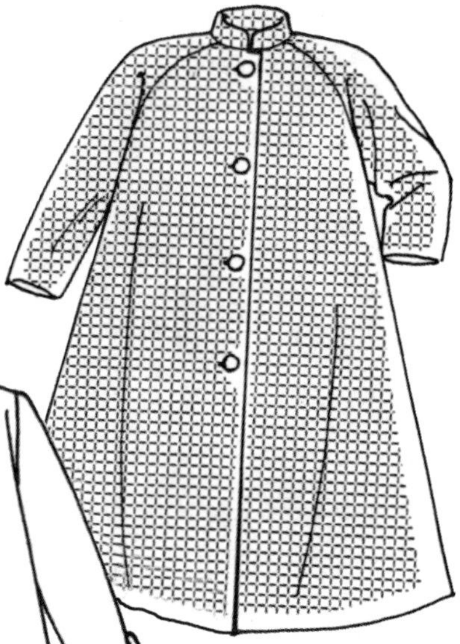

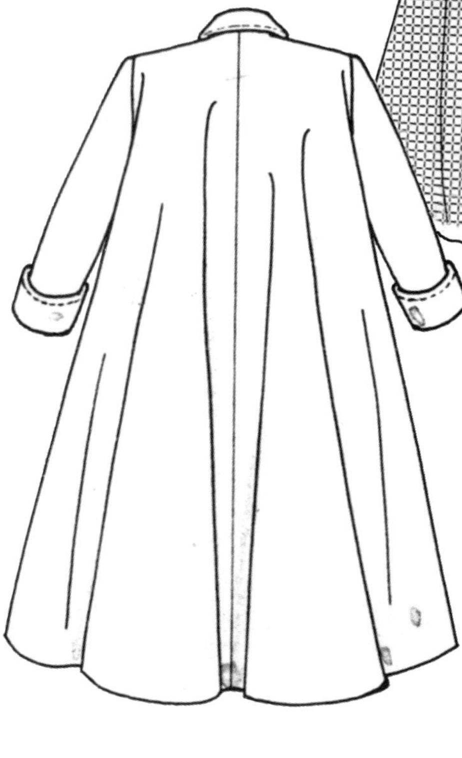

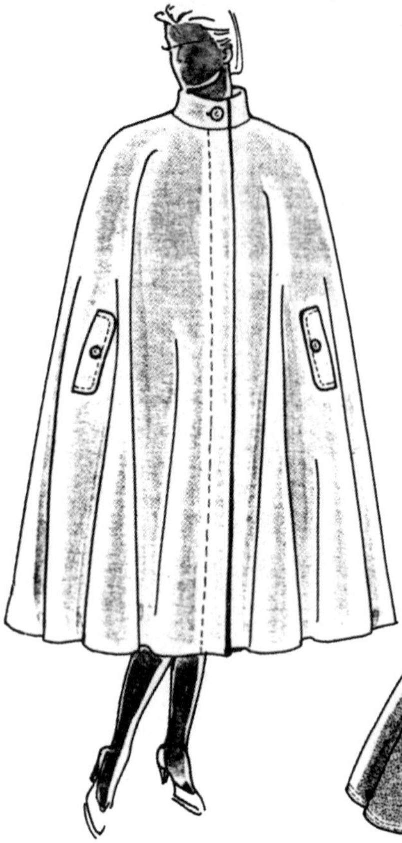

19. 各种腰部饰品的画法

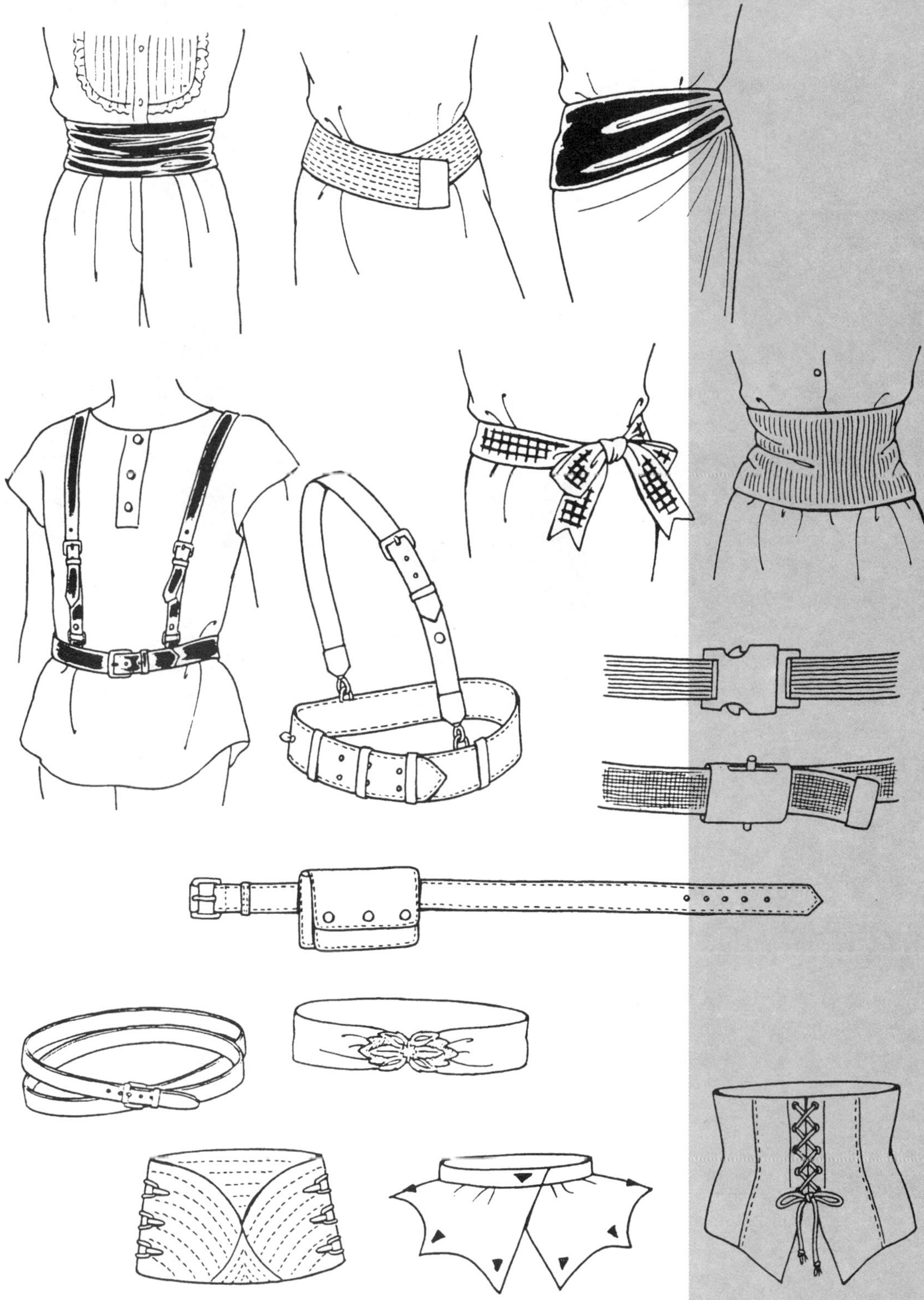

20. 其他各类款式服装资料参考

H
H

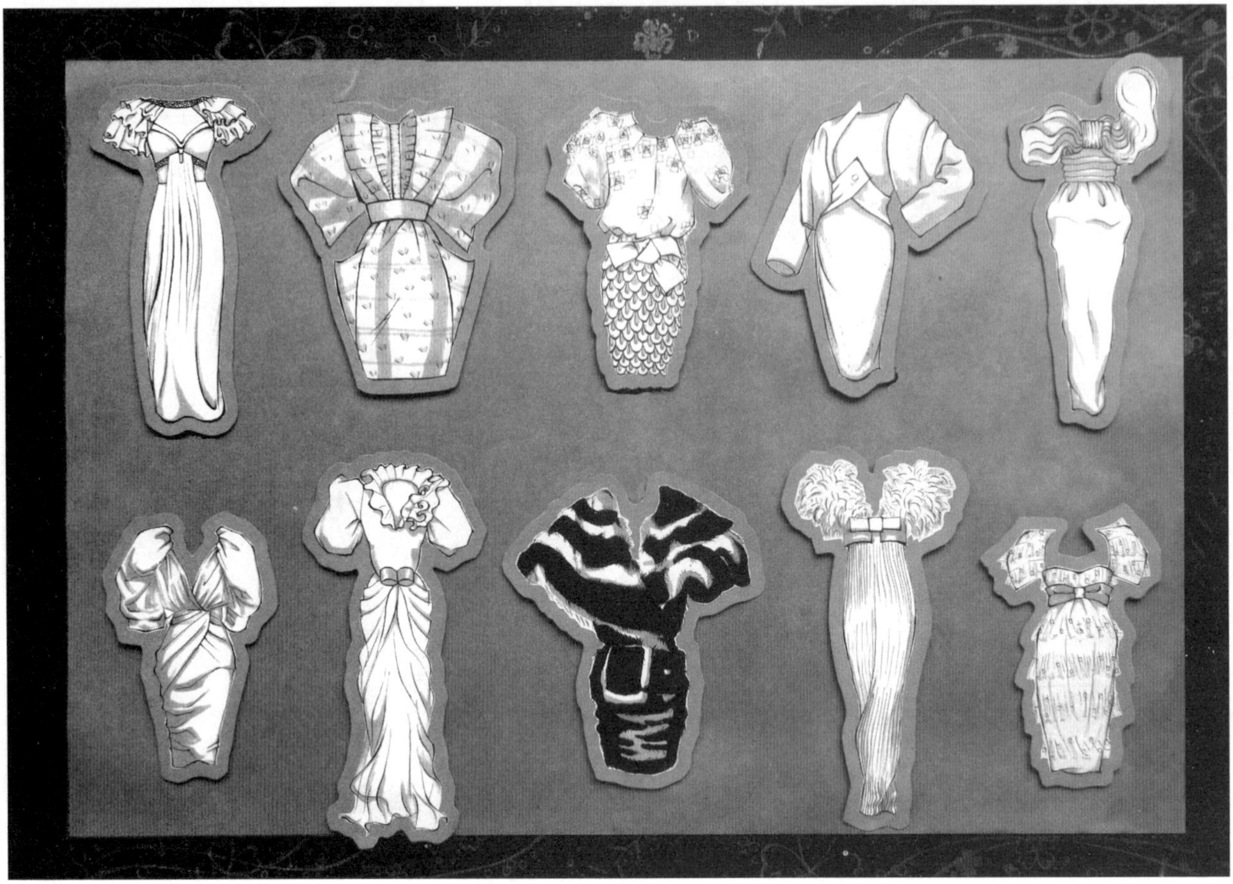

第五章

时装画表现服装面料质感应注意的问题

服装面料的质感是构成新款式服装美感的重要因素之一。优秀的设计总是将新款式的型与面料的质两者给予尽可能完美的统一，因此时装画不仅要体现新设计的款式造型、工艺结构，以及新装穿在人体上的风采和效果，还要体现面料的质感，尽可能地体现面料质地良好的视觉性能。为此，本章节就如何表现服装面料质感、体现不同面料的特点，向初学者提供一些方法，供大家在学习中参考。当然，绘画的技法都是画家们在实践中不断体验创造出来的，不同的画家会有不同的研究和成果。为此，初学者在学习过程中，不要局限于别人已有的方法，要勤于动脑，不断创新，创作出自己更好的时装画作品。

1. 一般面料质感的画法

棉布面料质地透气、柔软、舒适，则线条画法宜细腻柔和，使画面线条清晰明快，曲直适当。

一般面料(如棉布)表面无特殊的肌理效果，其厚薄适中，软硬适度，手感也较一般。所以用一般的线条表现即可，不必特殊加工处理。

2. 秋冬装绒厚面料质感的画法

上衣毛茸茸松软厚实的效果是用海绵沾色后细心地点印而成的，而裙装针织的肌理效果则是细致耐心地手绘描画的。

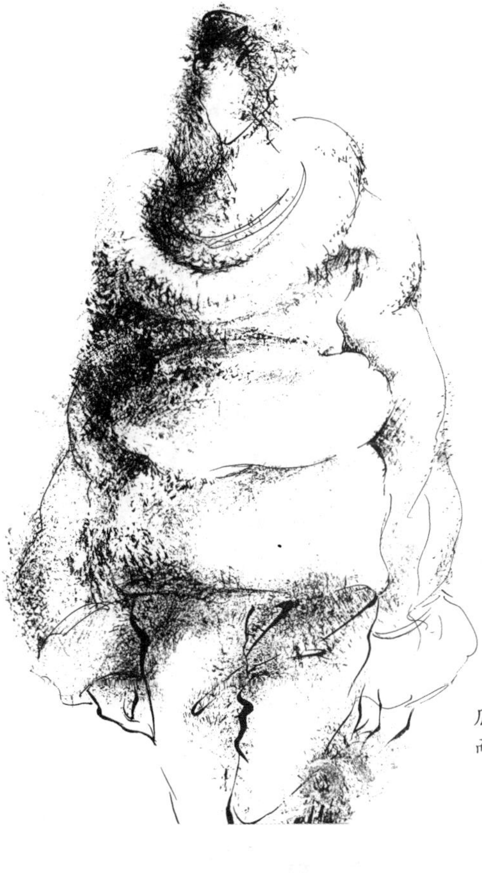

服装绒厚的质感是用丝瓜筋与海绵沾色后交错点印而成的。

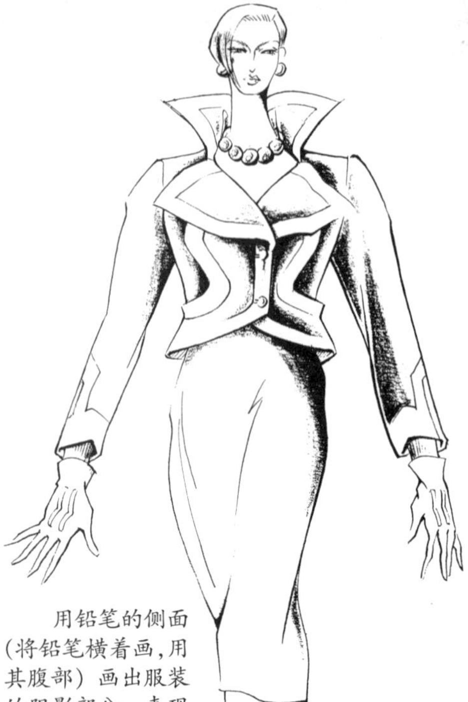

用铅笔的侧面(将铅笔横着画,用其腹部）画出服装的阴影部分，表现粗糙羊毛的质感。而服装的款式轮廓线则用笔尖画出精细的线条,与阴影部分形成鲜明的对比。

借助深浅浓淡的效果表现绒厚服装面料较厚实的立体感。

上衣服装粗糙的肌理效果是用纤维板垫在底下，拓制而成。而裙装的肌理效果则是用海绵沾上颜料后点印而成的。

用铅笔侧锋，模糊地画出水平线与垂直线，较好地体现了上衣外套的质感。

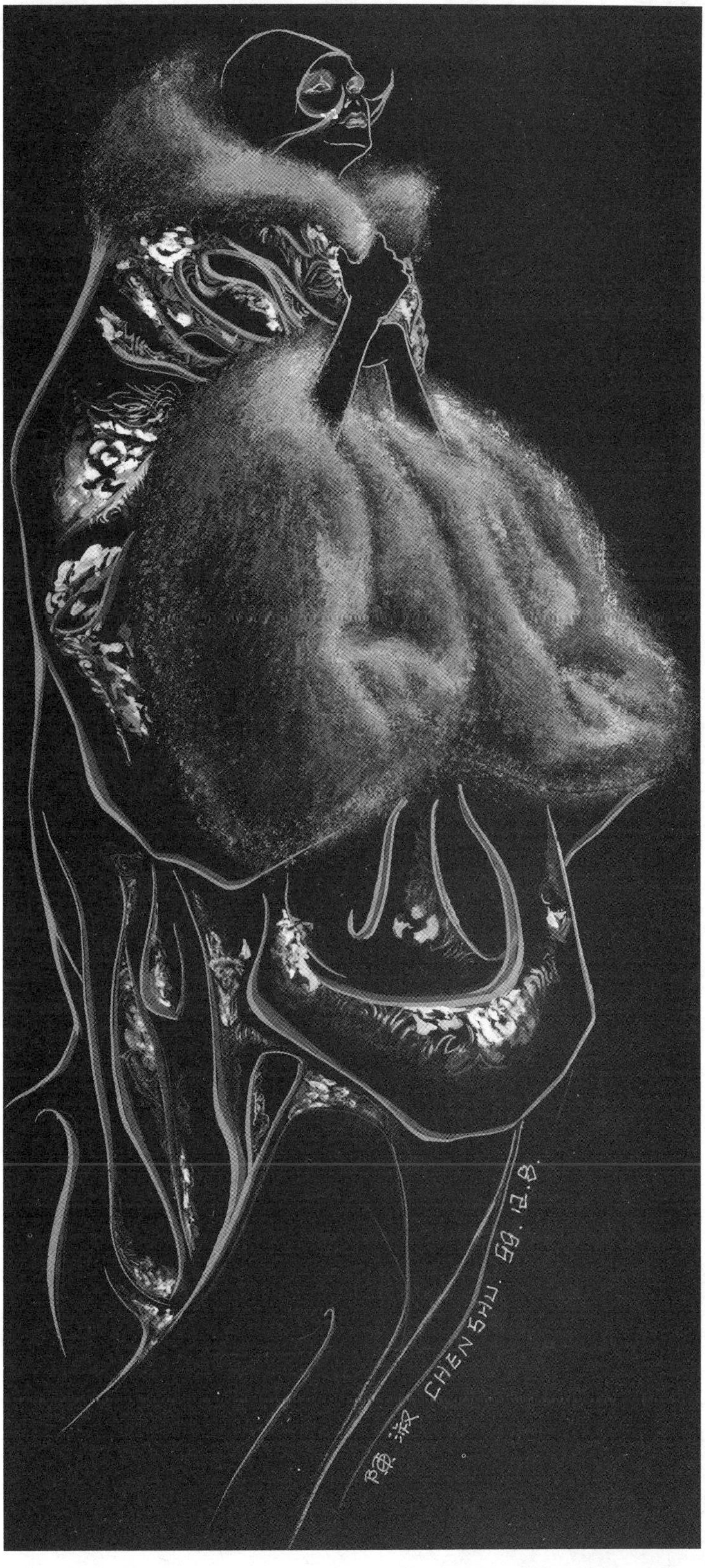

3. 毛皮质感的画法

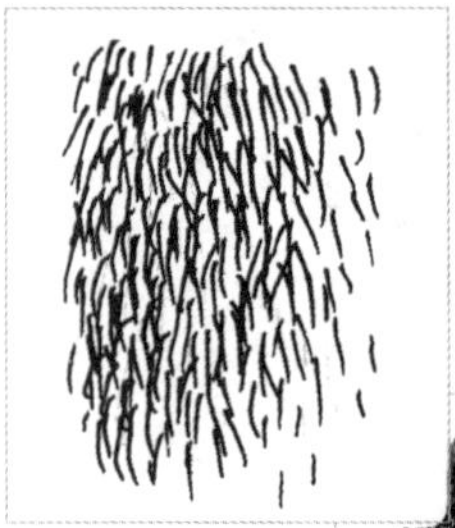

1

用铅笔或其他笔画出毛皮的效果。

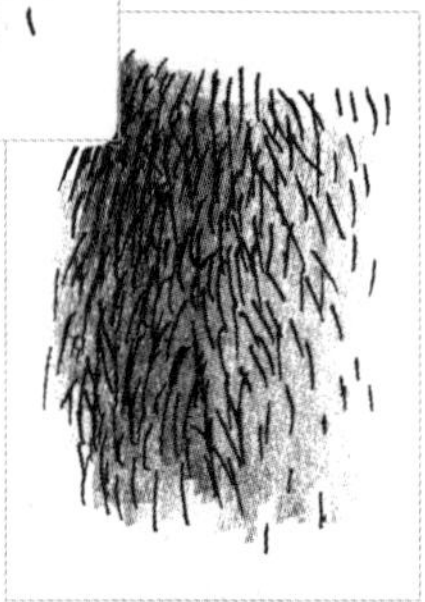

再用淡彩或淡墨渲染，使线与面更浑然一体。

2

先淡淡地画上轮廓线再按毛皮生长的方向有规律又有变化地画出毛皮的线条。

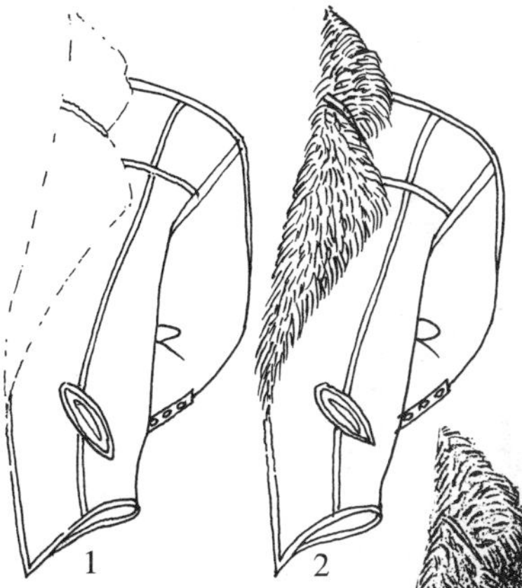

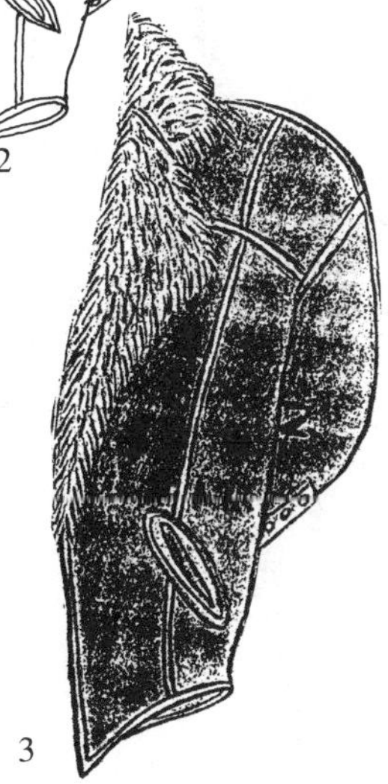

毛皮服装画法
步骤参考

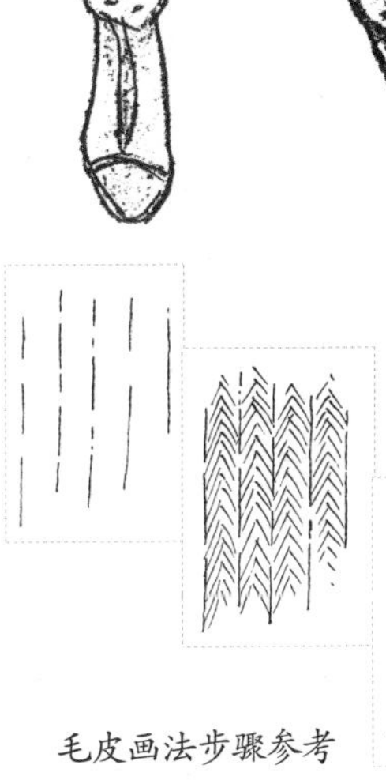

毛皮画法步骤参考

勾画轮廓线条
画出简单明暗
加强毛皮效果
加强明暗效果

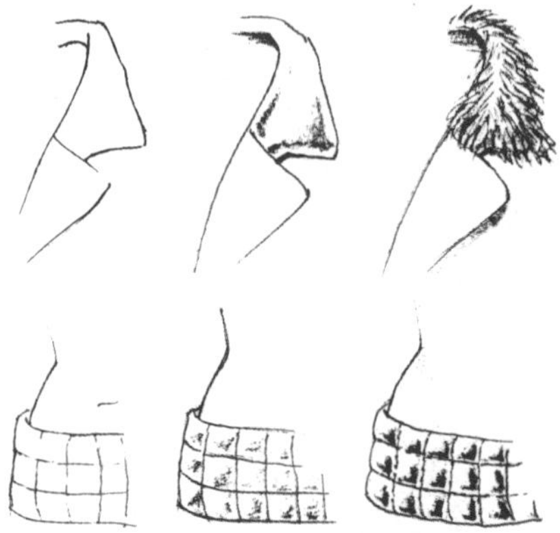

1. 用连续曲线画出外轮廓边线。
2. 用海绵点印出大衣灰底色，并加满连续曲线。
3. 底色不断加深、连续曲线加多加密。

根据画素描明暗立体层次的原理,用劈丝与多层次的渲染相结合的方法,非常逼真地表现了毛皮的质感和层次丰富的立体感。

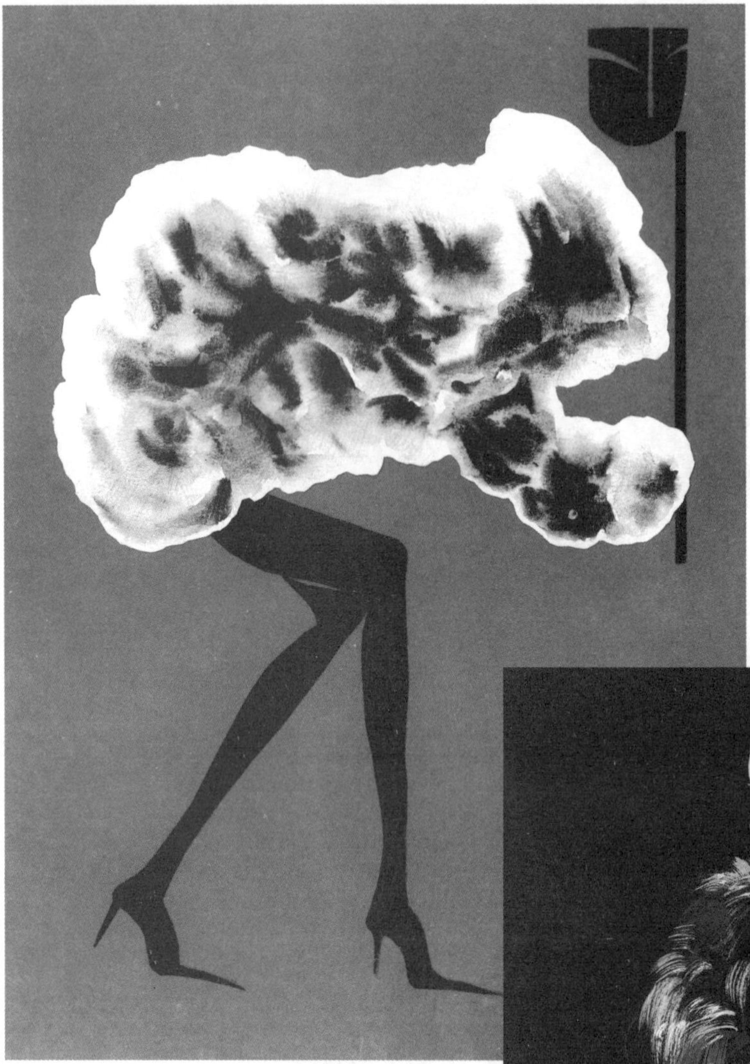

这是一幅运用渲染画法表现毛皮质感的时装画作品。这种画法充分利用了水分与色彩渗透晕化所形成的痕迹，产生细密又极其自然的、向四周放射散开的水与色所构成的纹理效果，待渗化到一定程度形成了像细密雪花般的肌理纹样时，却恰到好处地表现了毛皮生动的质感。

将画笔压扁，使笔锋呈扁状，一笔画下，就产生一组毛皮的效果，尤其是要利用毛笔末稍“收尾”的渐虚效果，更能恰到好处地表现出毛皮松软的质感，效果尤佳。这种用写意大劈丝的方法，较准确地表现了毛皮的特征和质感。

毛皮服装画法图例赏析

4. 花布、格子布的表现技法

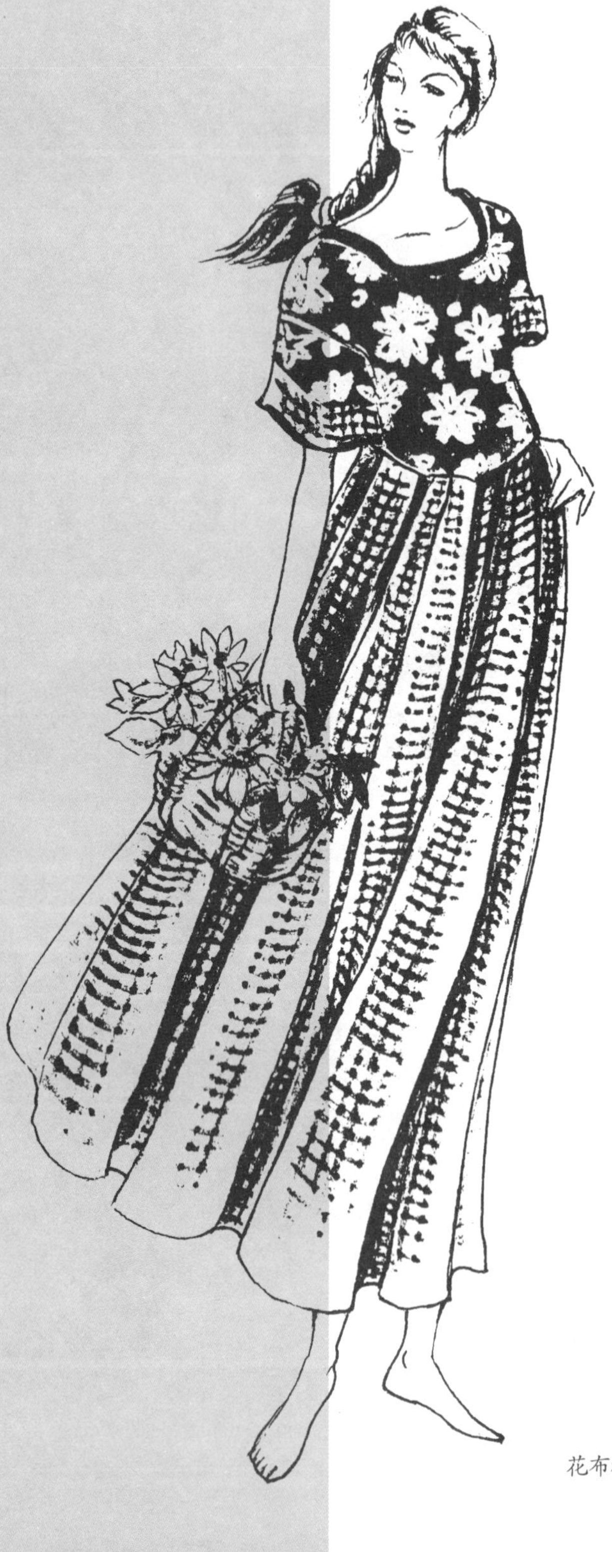

花布格子布服装图例赏析

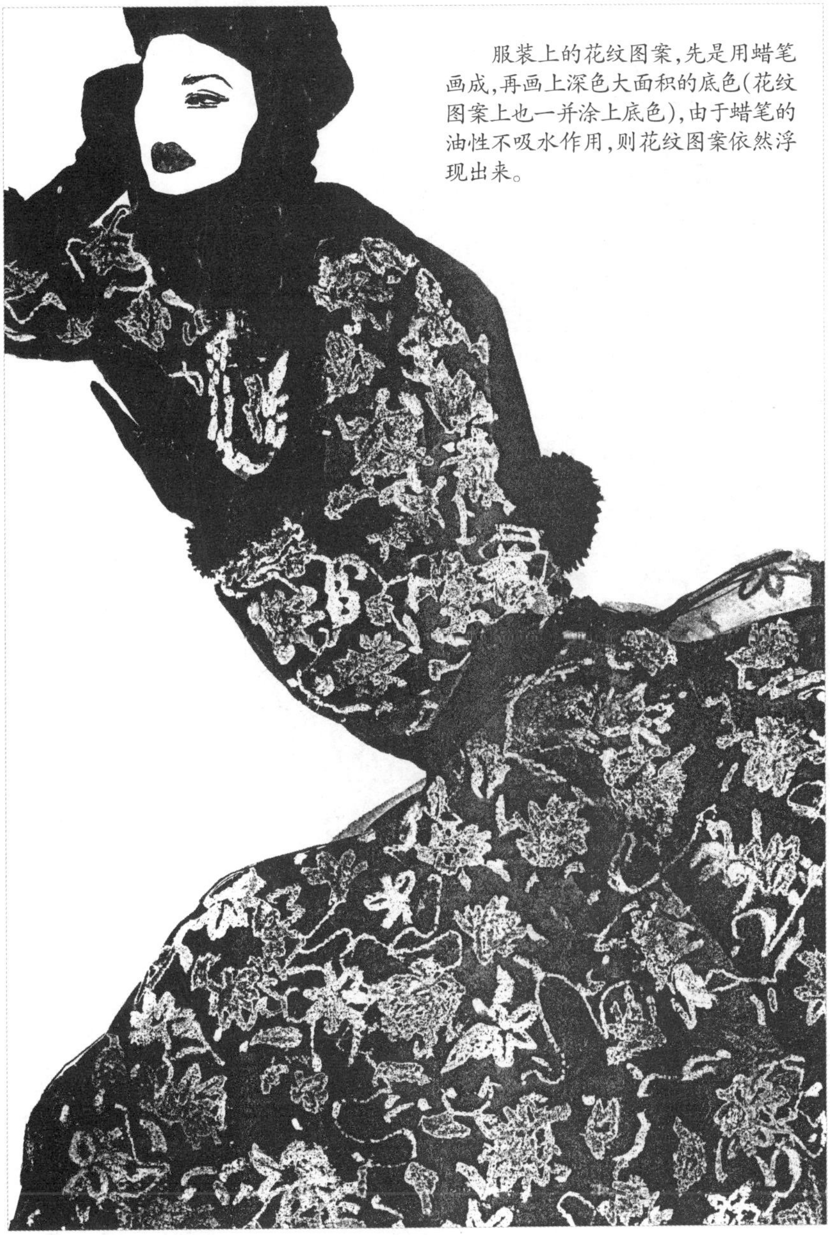

服装上的花纹图案,先是用蜡笔画成,再画上深色大面积的底色(花纹图案上也一并涂上底色),由于蜡笔的油性不吸水作用,则花纹图案依然浮现出来。

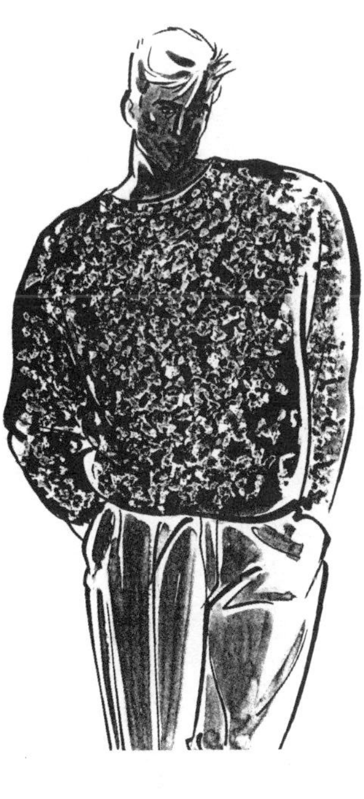

两件上装的花纹图案,均是先用蜡笔画上花纹、格子条纹,再大面积地涂上底色而成。

格子图案花布的表现方法图例参考

裙与袖的花纹图案，先是用蜡笔画出细密的折纹，然后再用淡彩点画出花与叶。

花布服装图例赏析

花布服装图例赏析

5. 透明面料质感的画法

轻盈透明的蕾丝花纹均是细心地手绘而成的。细密的线条与图案,极佳的表现了面料的美感和质地的轻薄与透明。

透明质感面料服装图例赏析

6. 牛仔布面料质感的画法

应重点画出牛仔装明辑线的效果。

牛仔装图例赏析

7. 针织品面料质感的画法

针织毛衣图例赏析

针织毛衣图例赏析

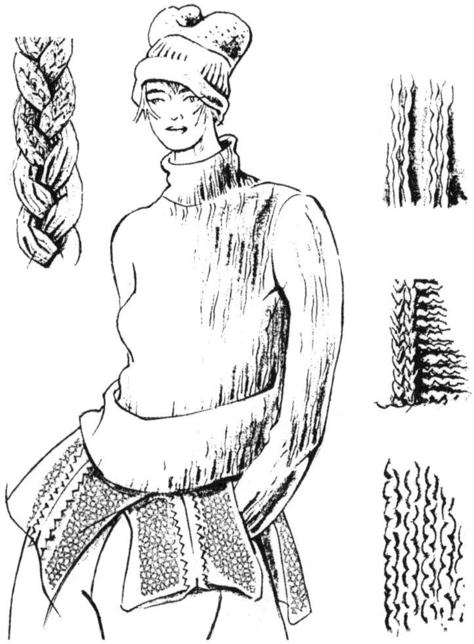

毛衣的立体图案及裤子的格子条纹均是耐心细致地手绘而成。

先用蜡笔或油画棒点画出针织服装的肌理效果；

然后再画上底色，蜡笔或油画棒的效果即刻浮现出来。

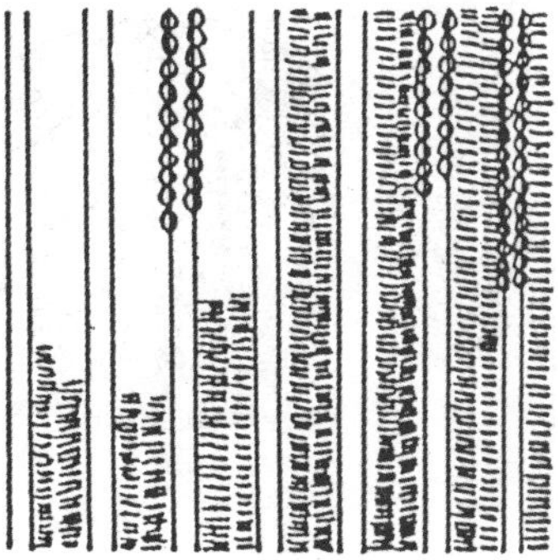

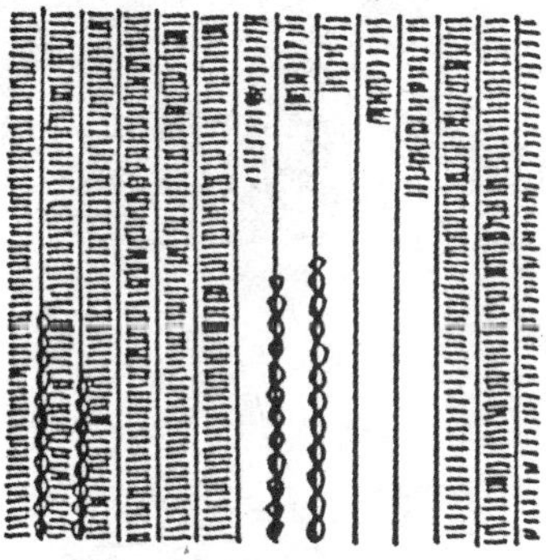

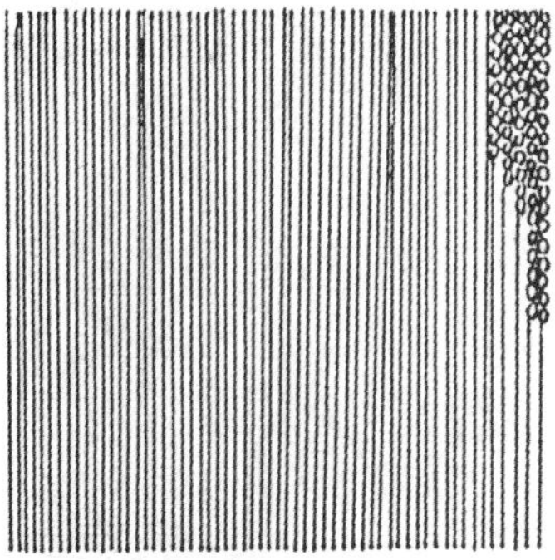

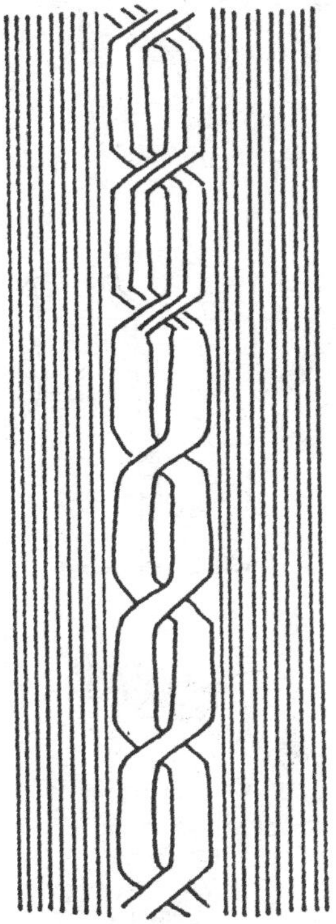

针织品服装图案参考资料

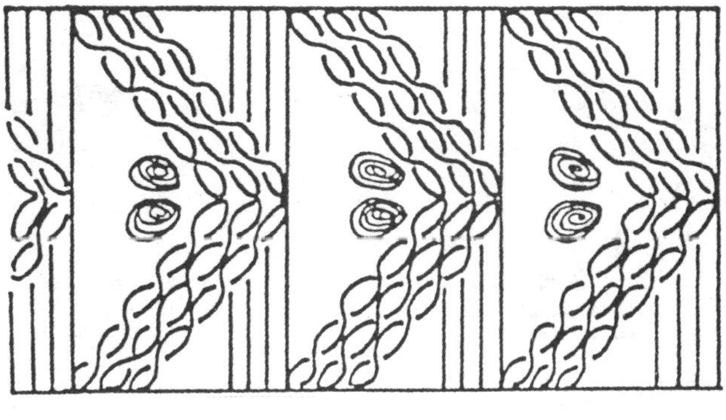

8. 各种花呢面料质感的画法

两件大衣面料的肌理效果均是用海绵沾上颜料点印而成。

用喷刷方法表现花呢面料质感的图例赏析

花呢大衣的质感是在上完底色后，再用牙刷将浅色喷刷在深底色上，形成了斑斑迹迹的花呢效果。

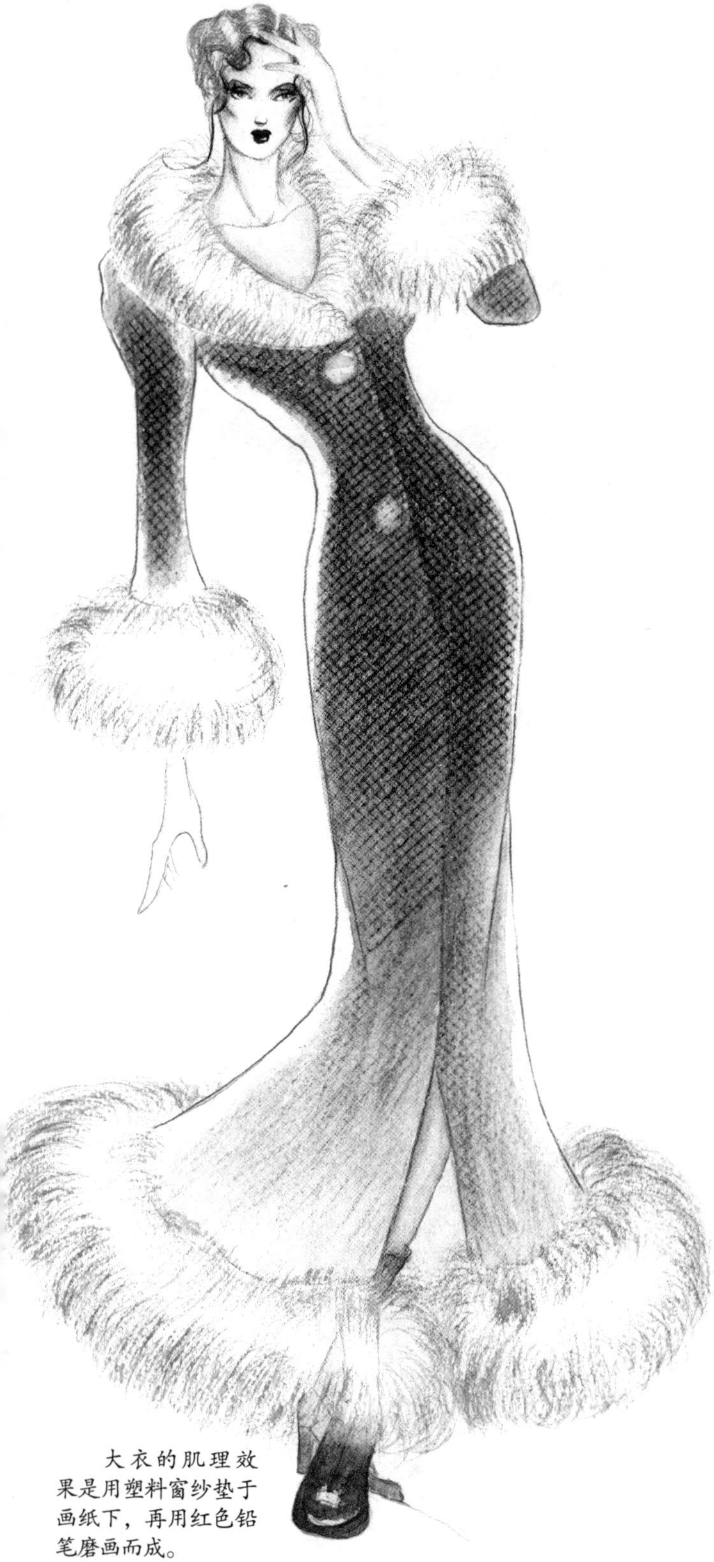

大衣的肌理效果是用塑料窗纱垫于画纸下，再用红色铅笔磨画而成。

花呢服装面料肌理效果图例参考

服装面料的肌理质感是借助塑料窗纱拓印加工制作而成(或放画纸上面印,或放画纸下面拓)。

上衣肌理效果是借助窗纱,放于画纸下再用铅笔磨画而成。

电脑制作面料肌理图案

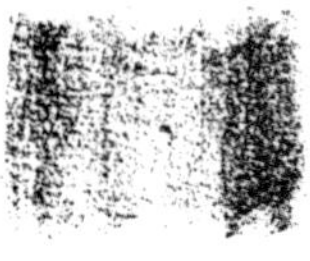

画出底色

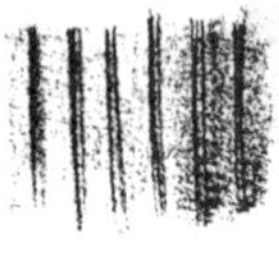

画出纵向条纹

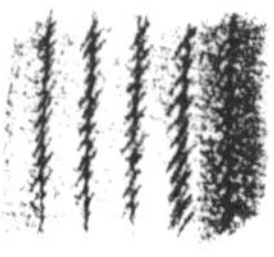

再画小斜线

在底色的基础上再画上细密的斜纹

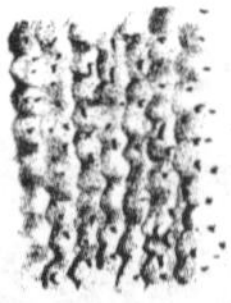

用流动的曲线表现较厚的面料

细密的绫形肌理纹

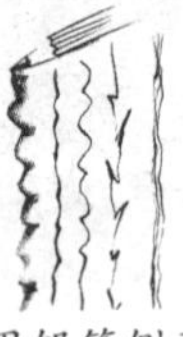

用铅笔侧面画出服装的阴影部分

“人字呢”面料画法参考

9. 皮革面料质感的画法

皮靴的高光表现

皮革面料质感服装图例赏析

表现黑色皮革，可使用黑色炭铅笔表现，关键是要留出强烈而集中的高光部分，表现光泽的质感。

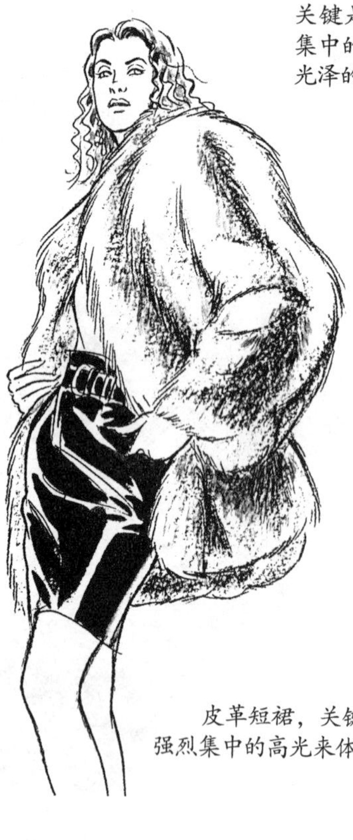

皮革短裙，关键是借助强烈集中的高光来体现的。

皮革面料质感服装图例赏析

皮裤亮泽高光部分的画法

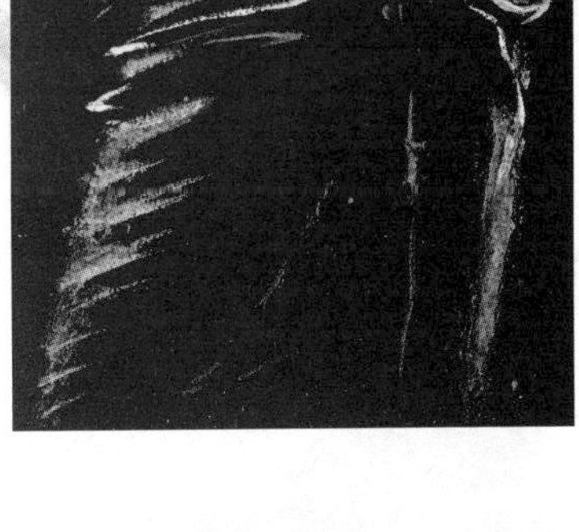

10. 羽绒服装的表现技法

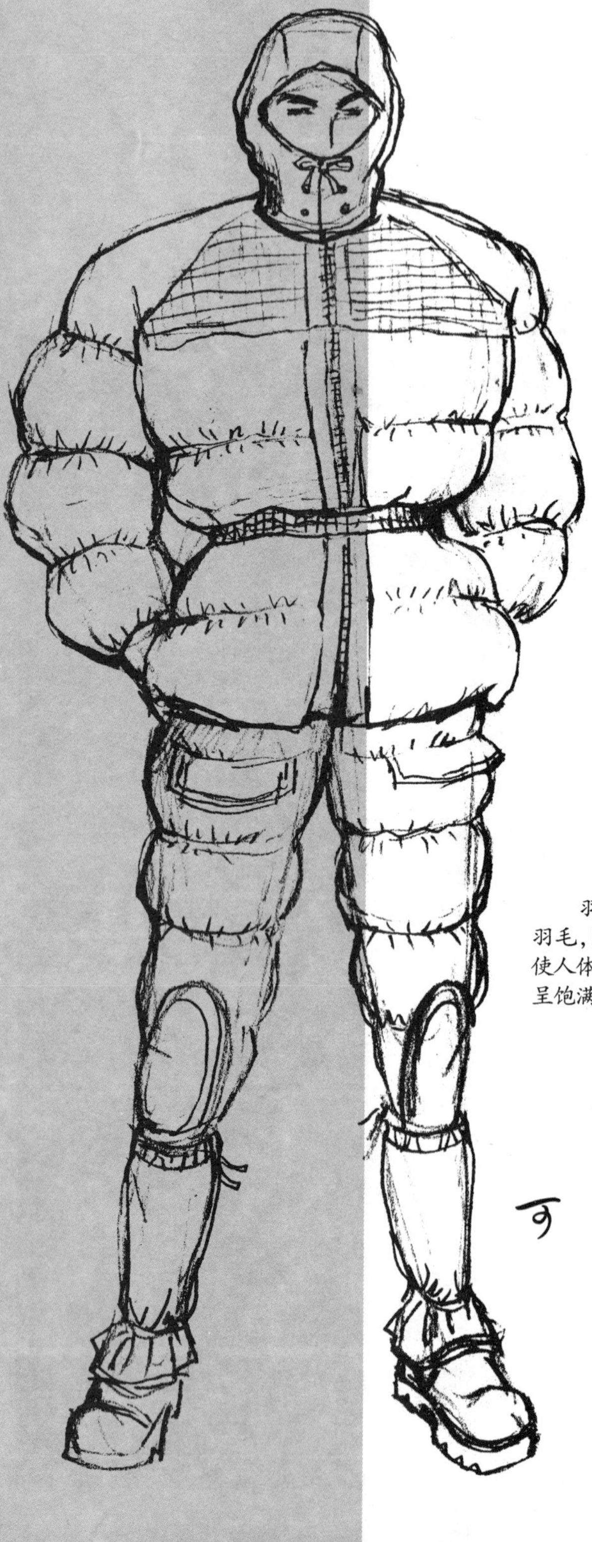

羽绒服装充满了气体和羽毛，因而体积较大(但不应使人体臃肿)。外边缘轮廓线呈饱满的向外的弧线。

第六章
时装画表现工艺结构图应注意的问题

以表现工艺结构为主的效果图，在服装生产部门起着极其重要、非常实际的作用。因这种形式的效果图主要是表现服装款式的基本比例及主要结构，而且这种效果图的画法有其一定的规范要求，这种画法的效果图对设计构思完成后的下一步制作提供了切实的参照和依据，所以，它在服装生产环节的过程中作用很大。这种画法强调工艺结构，强调实际比例的体现，要求画面一丝不苟、笔笔俱到，要求画前测算比例、分析结构、用线清晰明确，使服装行业任何层面的人都能清清楚楚的一目了然。这种画法是绝大多数服装生产部门设计人员必备的创作手段。

这种形式的画法，尤其适合缺乏美术绘画基础的初学者。这种效果图只画衣服不画人，只画服装平展的原型，不画立体与运动变化后的透视效果，这对许多缺乏美术基础又向往服装设计工作的初学者来说定会增添信心，找到一种切实可行的表现形式。

1. 比例准确才能体现出款式的特征

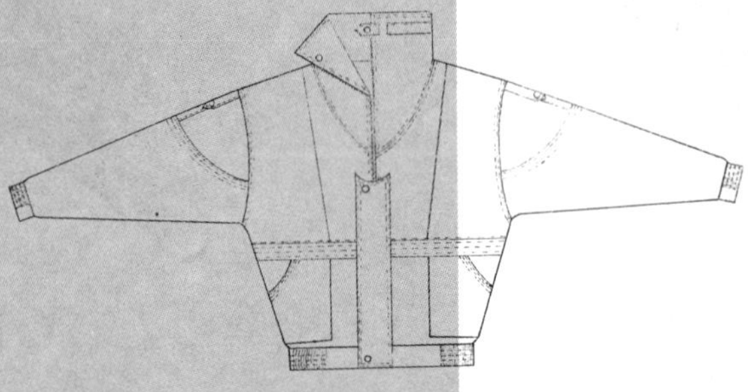

动笔画之前,要对所画的服装有详尽的了解。因为不同款式的服装是由各部位不同的比例设计所构成的,因此,研究比例、重视比例、掌握并表现比例是这种画法头等重要的事。

研究比例必须"先大后小"。首先要研究掌握大的、主要部位的比例关系,例如主要衣身的长宽关系,衣袖与衣身的关系,腰线高低的位置等等。只要大的、主要部分的比例关系把握了,其他细节的比例关系就不会出现大的问题了。

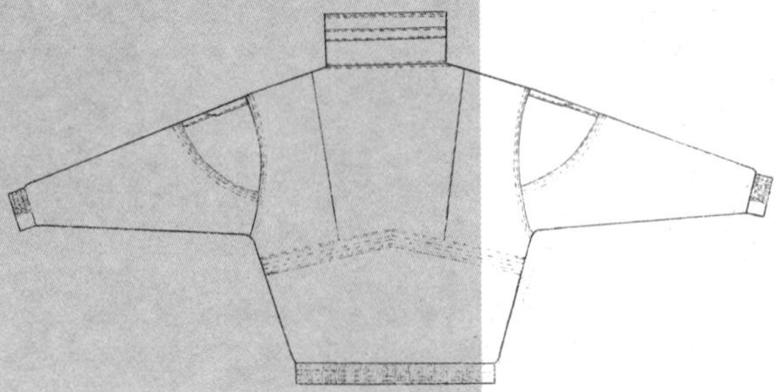

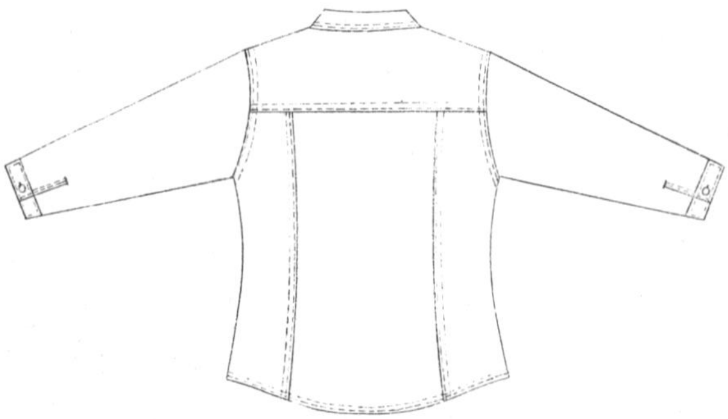

2. 强调平展画法，不画透视现象

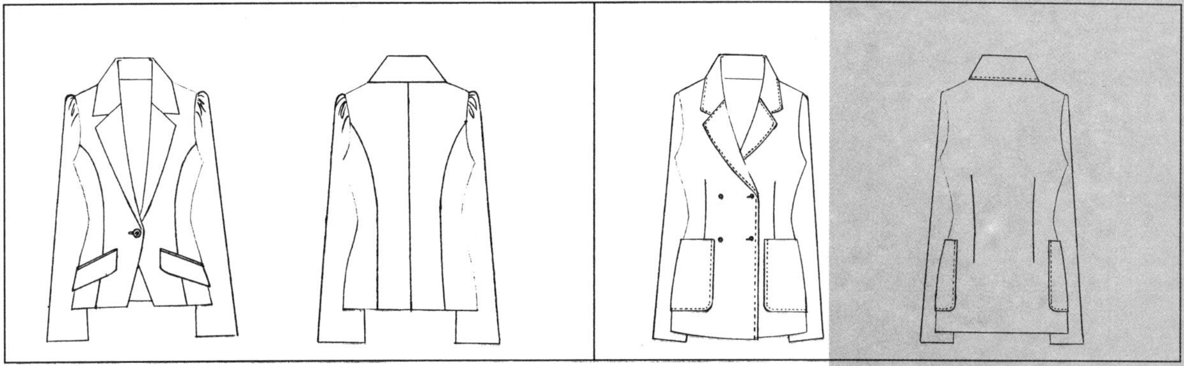

这种工艺图只画服装平面的原型，无需表现服装穿在人体上运动的、有透视变化的效果。

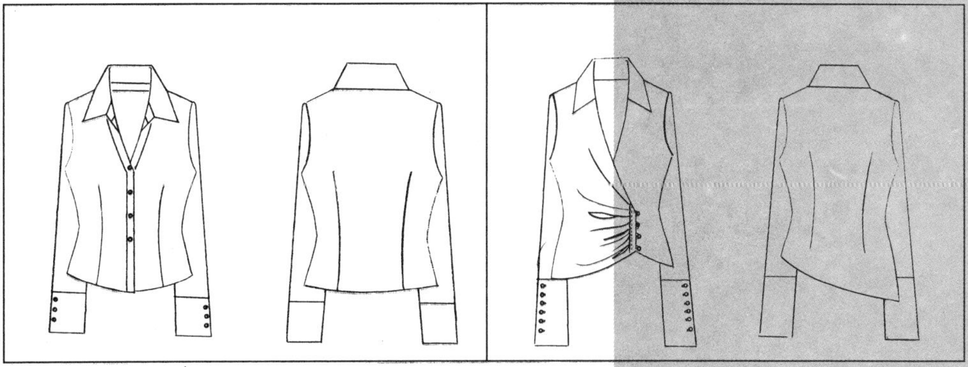

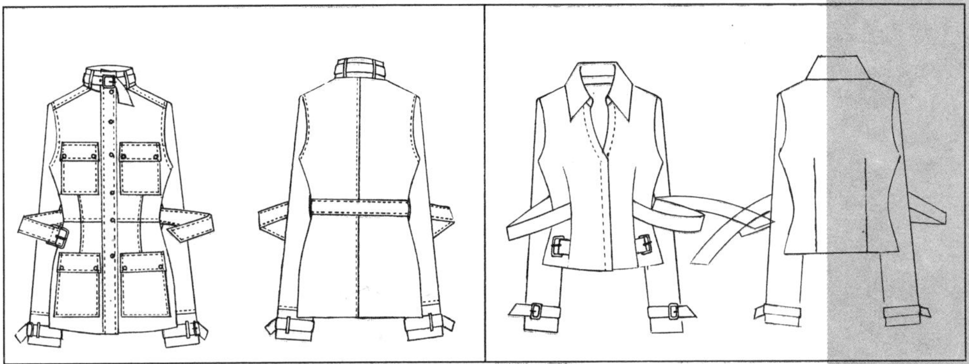

这种画法的指导思想可以理解为：服装原本怎么裁剪就可以怎么画。例如：直线裁剪就画直线，曲线裁剪就画曲线。

工艺结构图不画透视现象(近大远小)，极注重服装左右对称的效果，不画衣纹衣褶，不画运动飘逸，只画服装平展状态（二维空间)的状态。

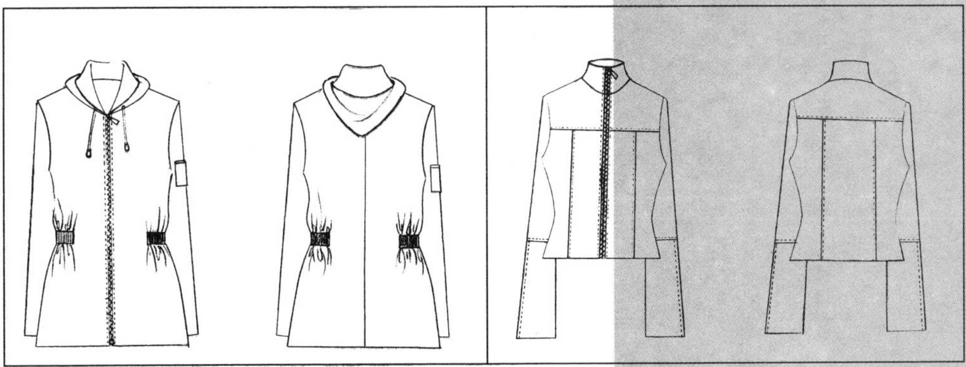

3. 绘制线条要清晰，画法重视规范

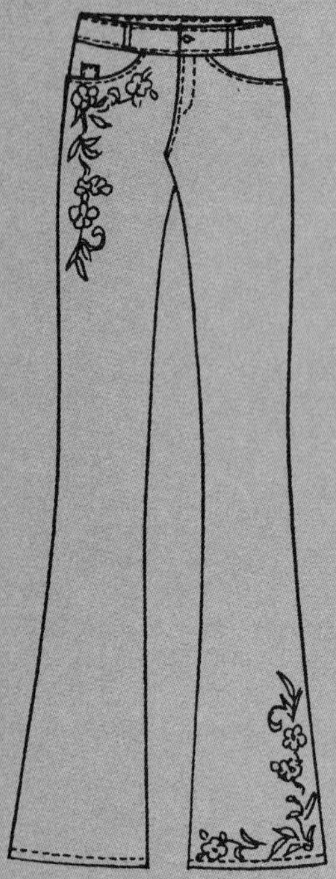

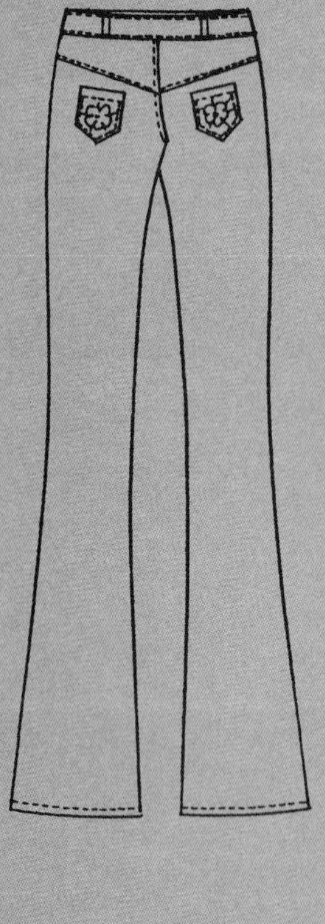

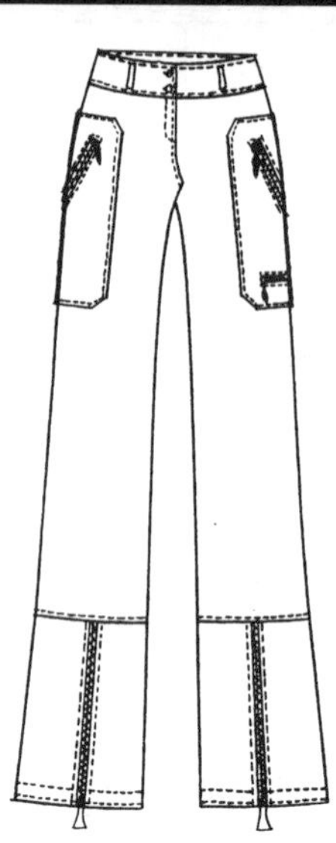

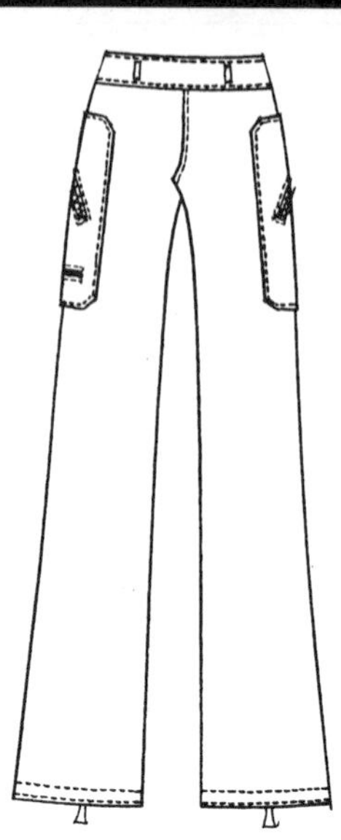

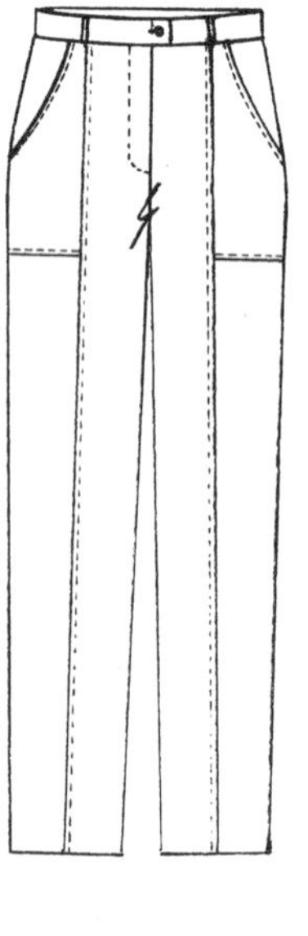

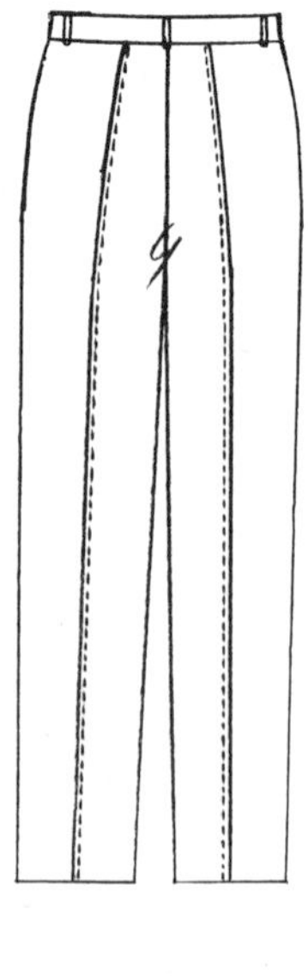

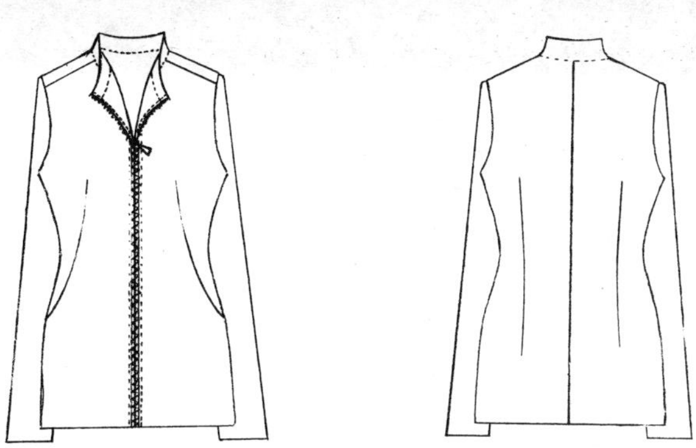

如同所有的“制图”效果一样，服装的工艺结构图要求画法规范，强调使用仪器作画，曲直规范标准，所画的每一根线条均要求准确而清晰，不可模糊不清，更不能保留错误的轮廓线。

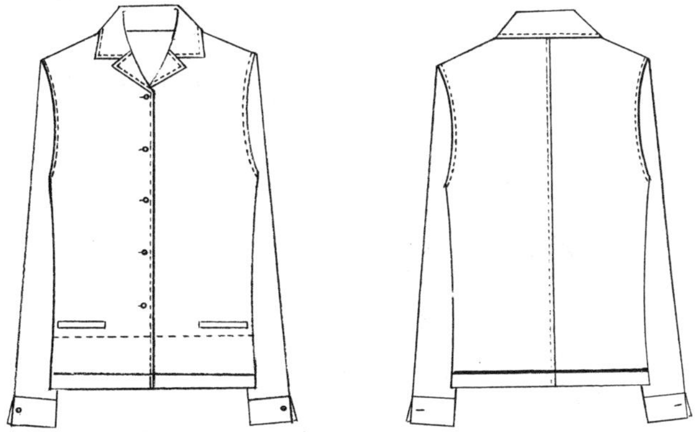

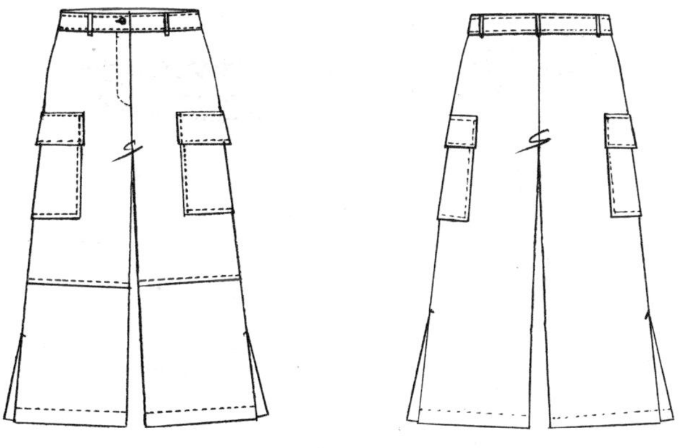

线条清晰、画法规范是工艺结构图美感的关键。

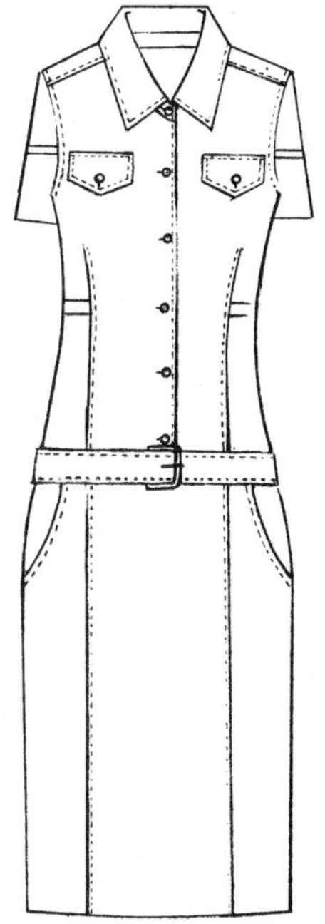

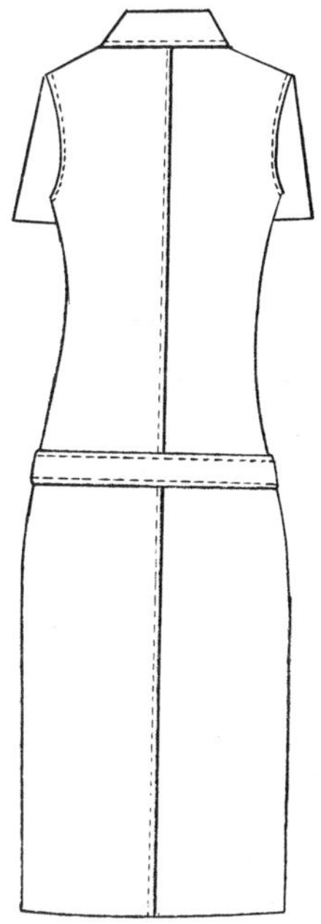

线条的轻重、粗细、虚实等要求均匀统一，表现出一种意匠的、工艺性的美感。

4. 只画款式线、结构线，不画衣纹衣褶线

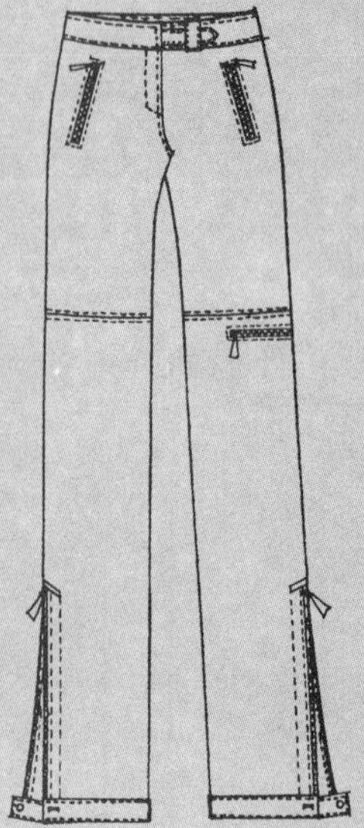

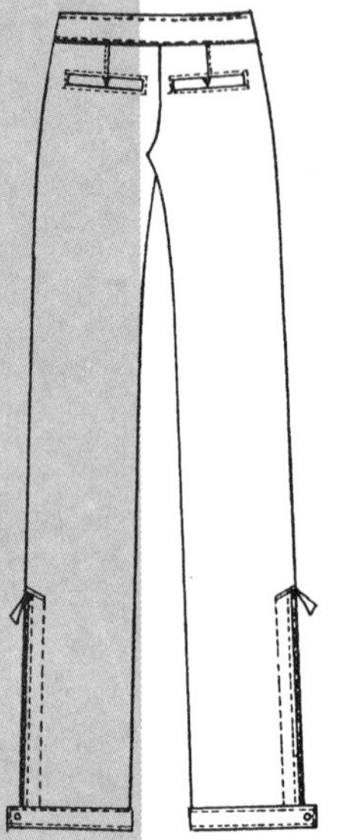

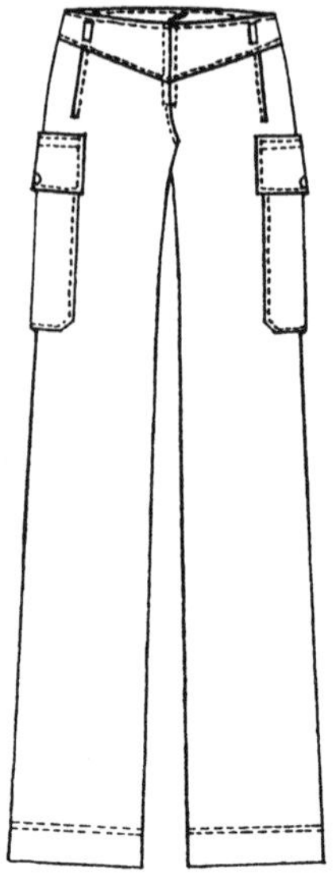

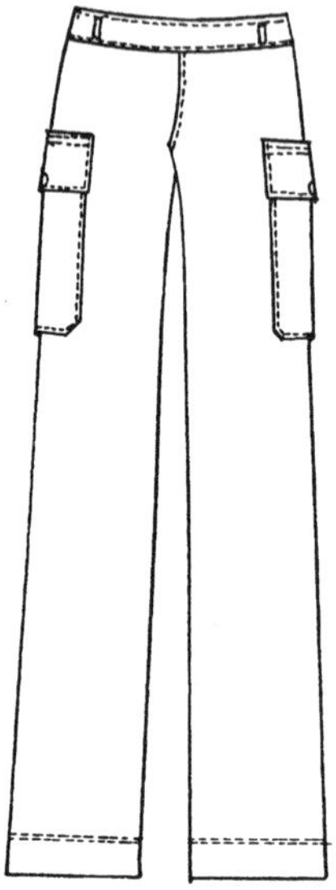

这种画法极重视结构线的表示，其他衣纹衣褶一律不画。画面清晰干净，错误的线条应擦去。

5. 局部重点结构，应特写放大表现

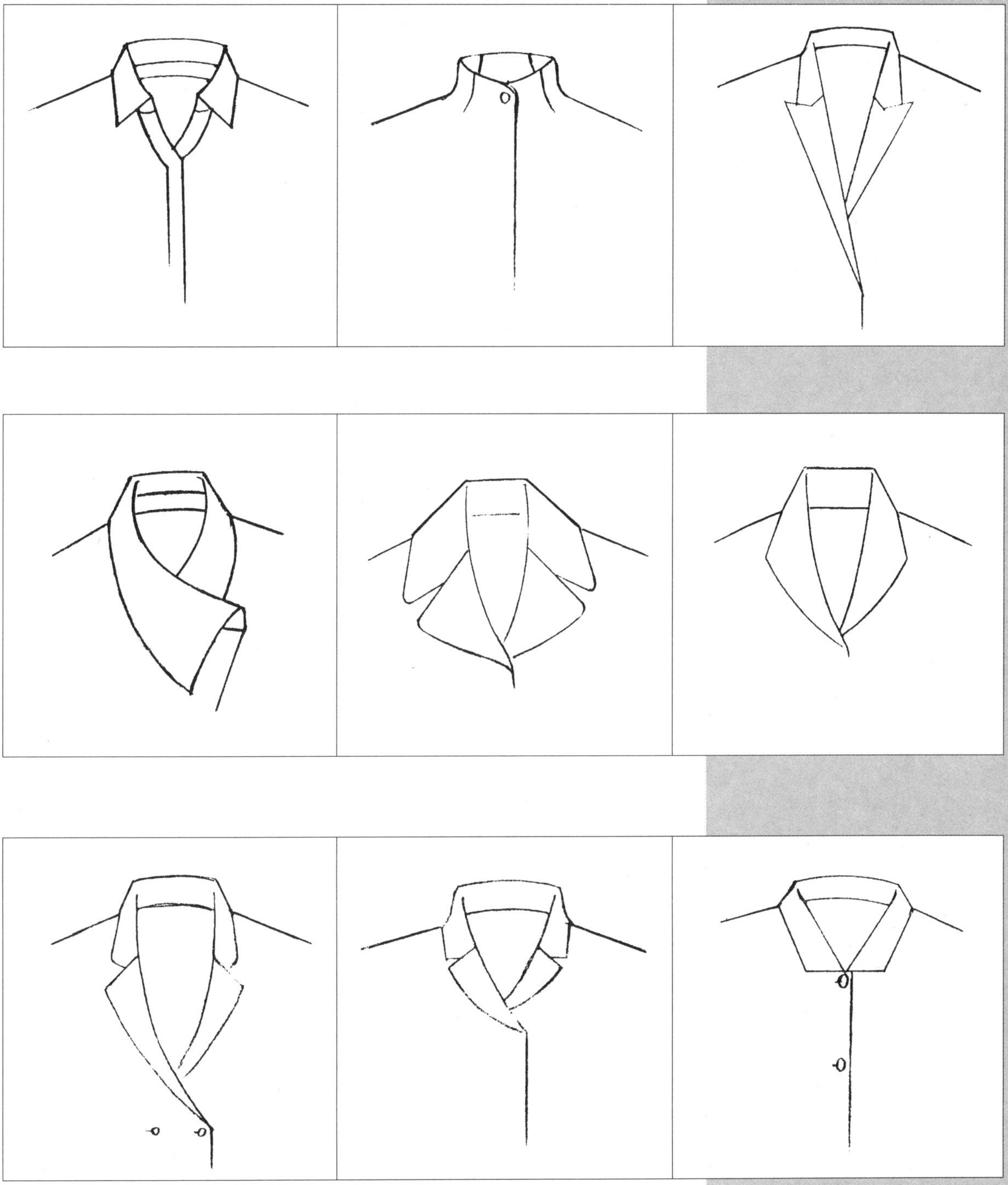

服装领口结构的特写放大图例参考

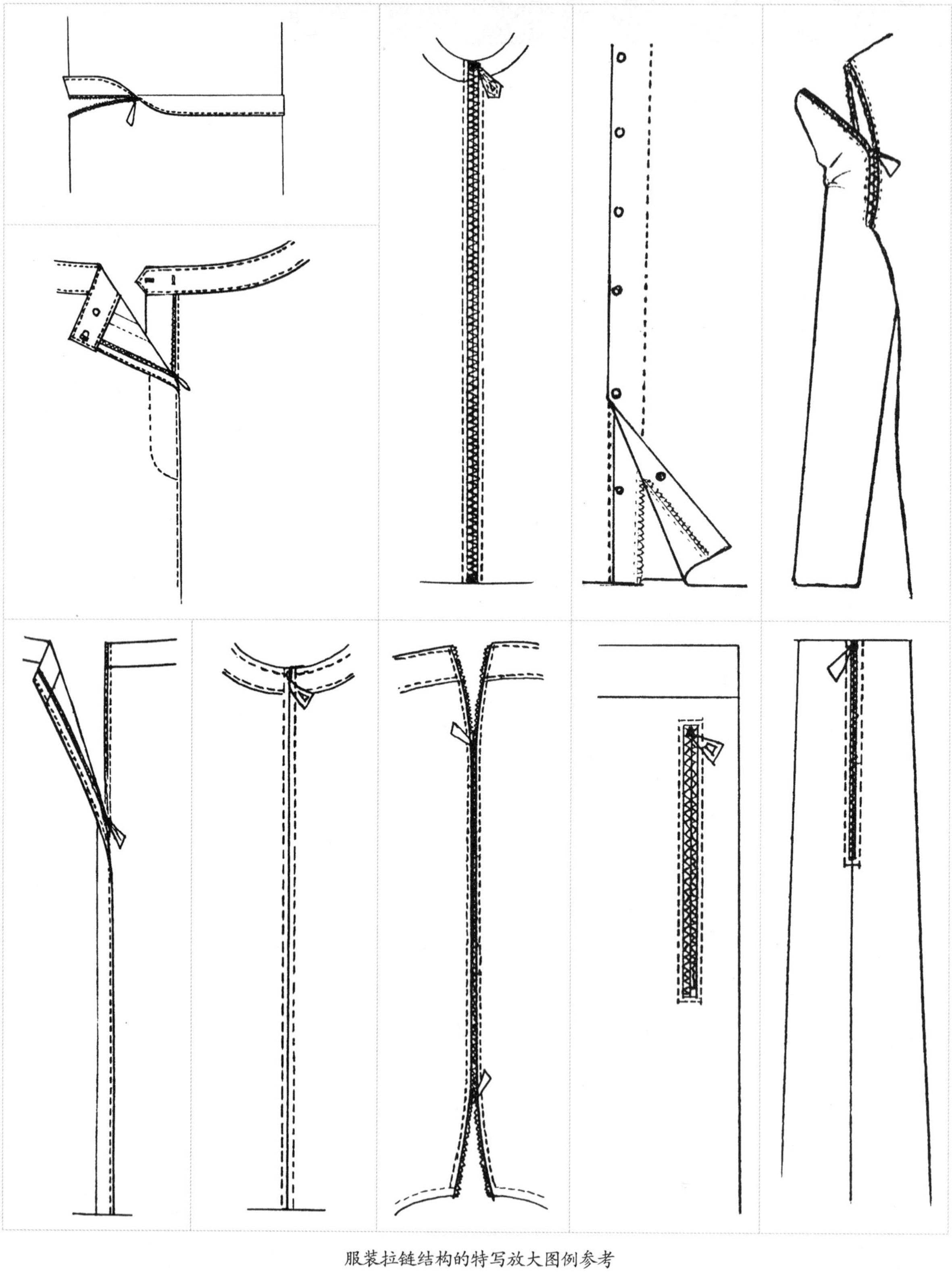

服装拉链结构的特写放大图例参考

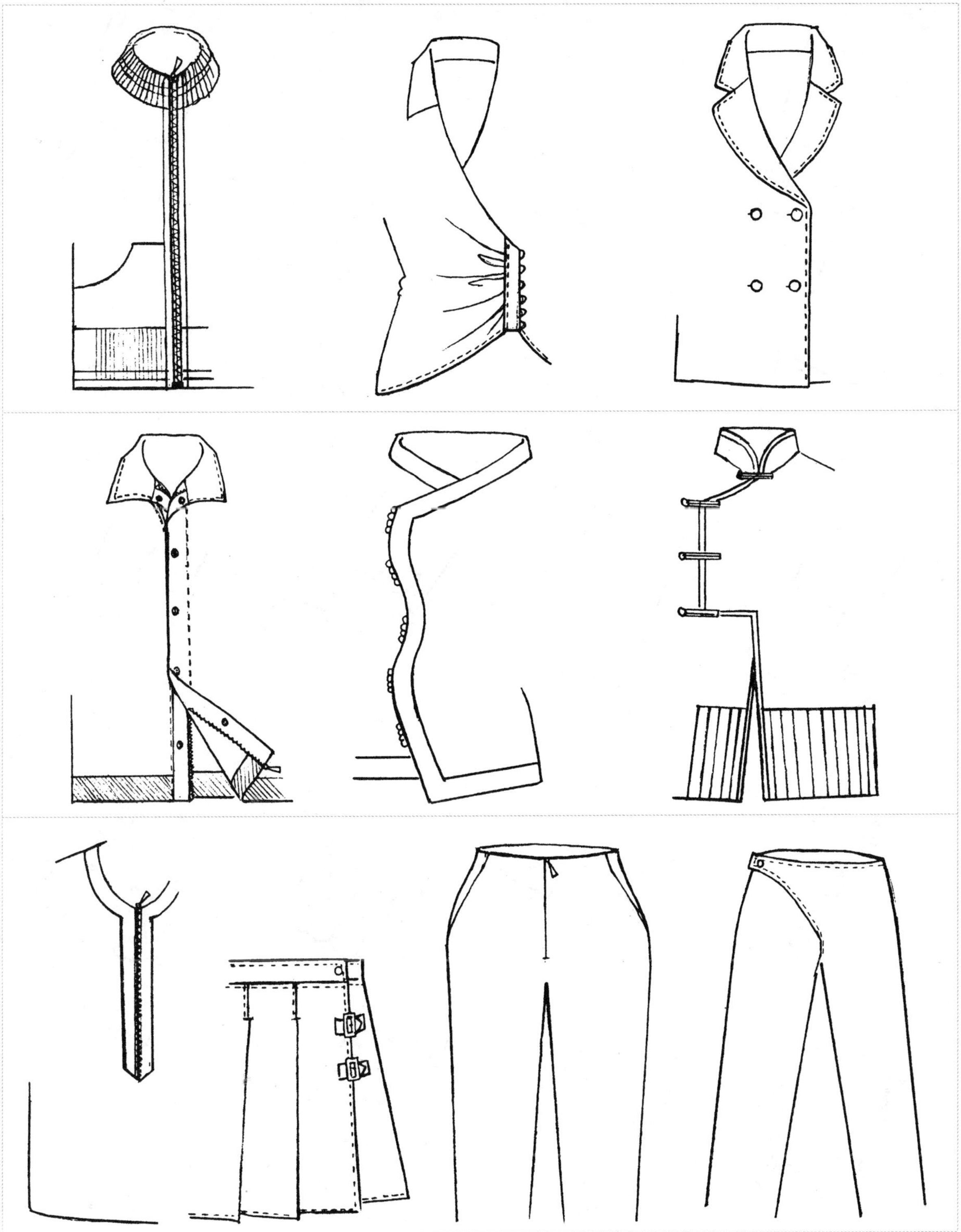

服装门襟结构的特写放大图例参考

各种袖口结构的特写放大图例参考

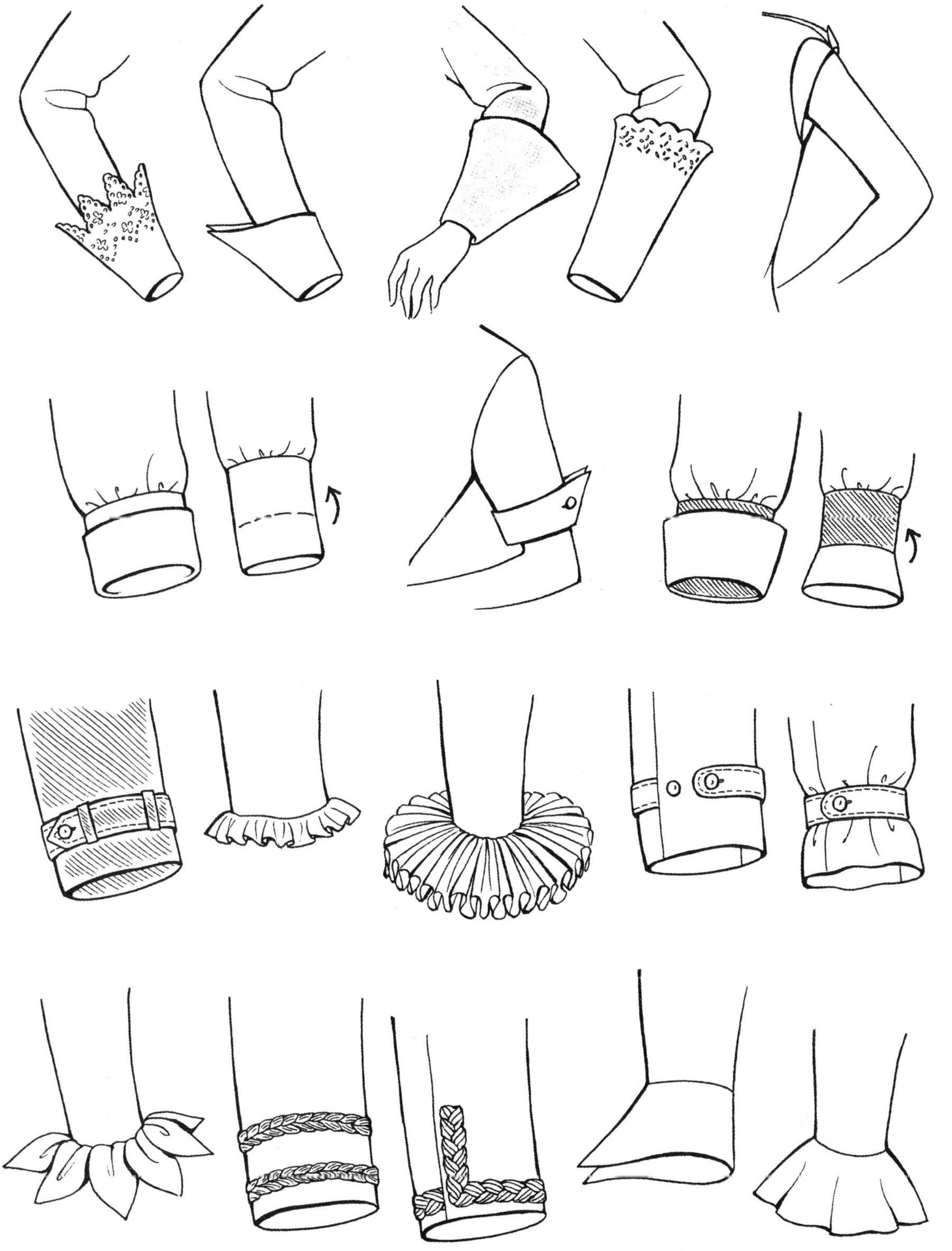

各种袖口结构的特写放大图例参考

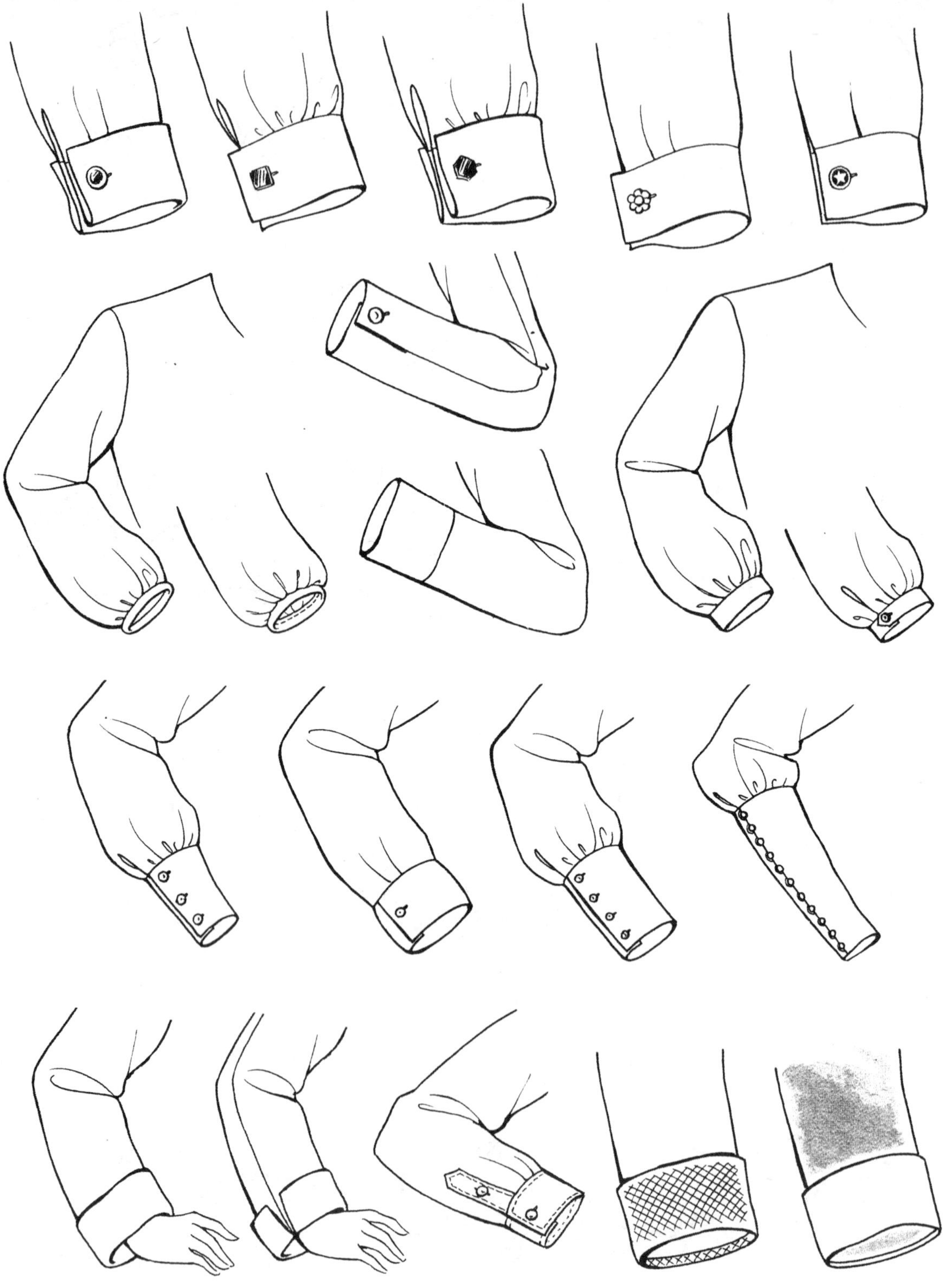

各种袖口结构的特写放大图例参考

6. 要重视服装“对称”的效果

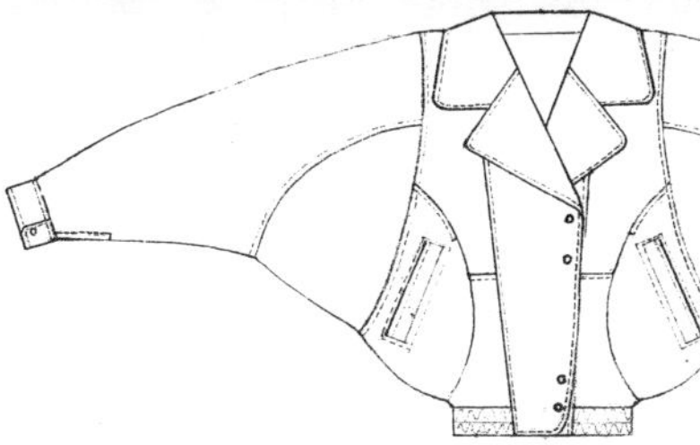

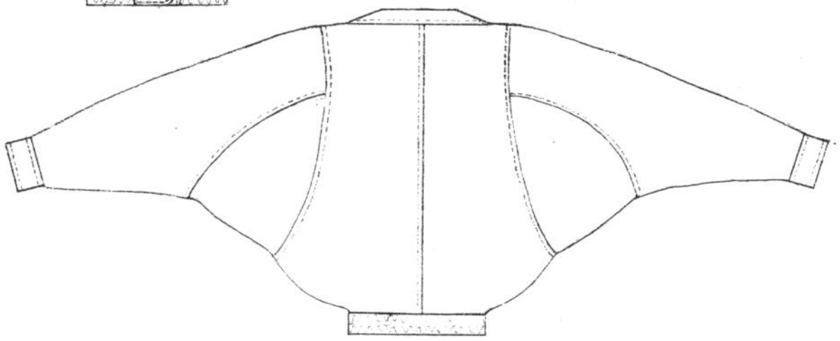

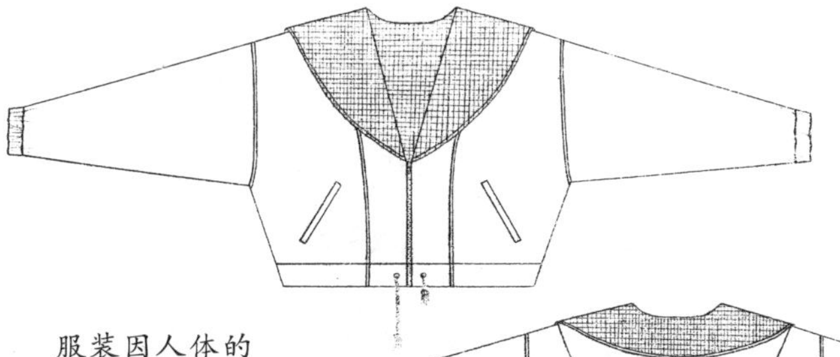

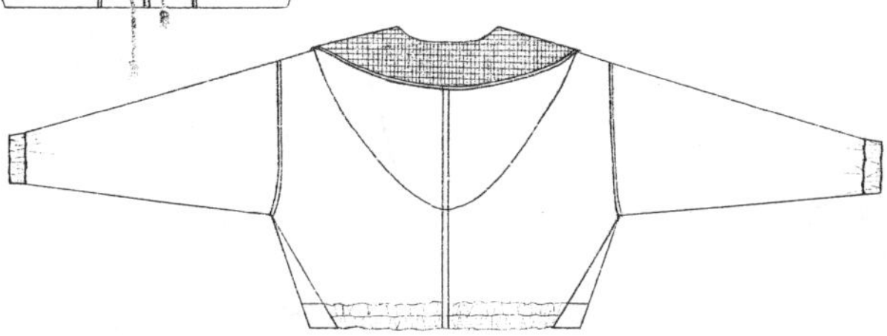

服装因人体的因素，则各主要部位均体现了对称的结构，因此工艺结构图一定要体现服装对称的规律。

“对称”不仅是服装的特点与规律，更是服装的美感。

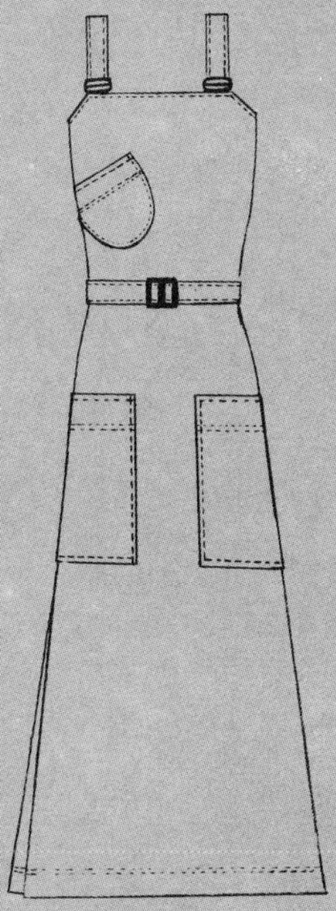

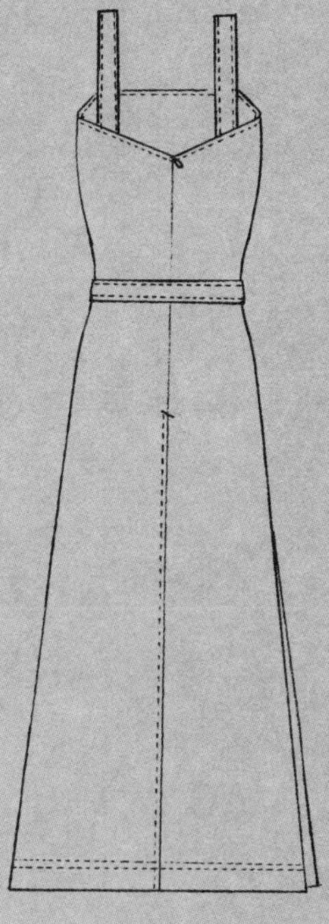

因人体基本上呈现出对称的结构，则服装的主体结构必然是对称的，当然局部细节的设计也可能是非对称的。

7. 同一画面的服装应同比例的放大或缩小

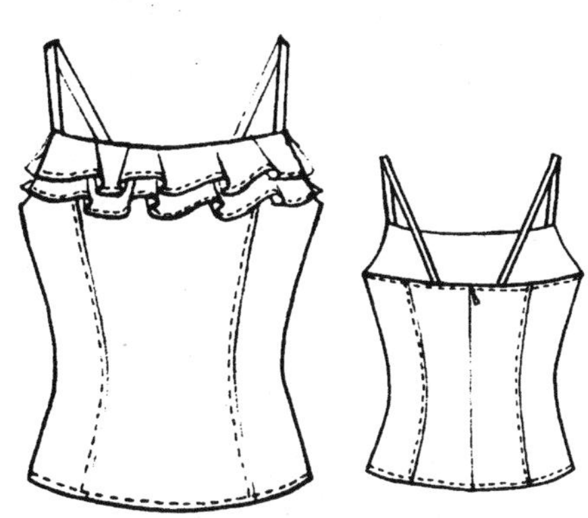

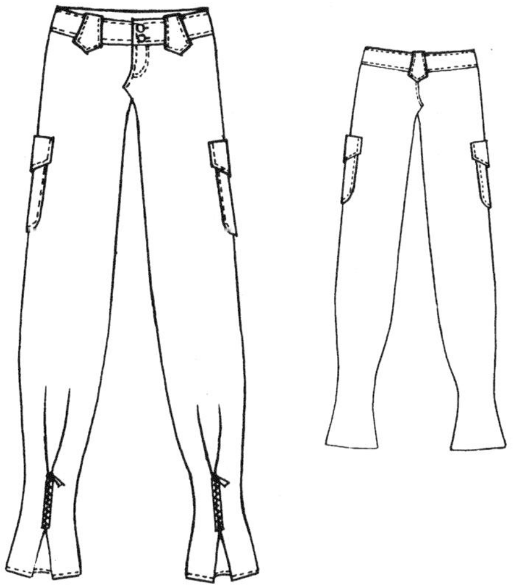

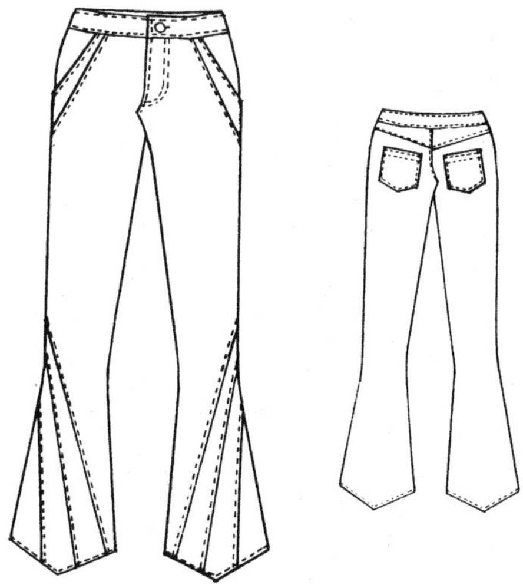

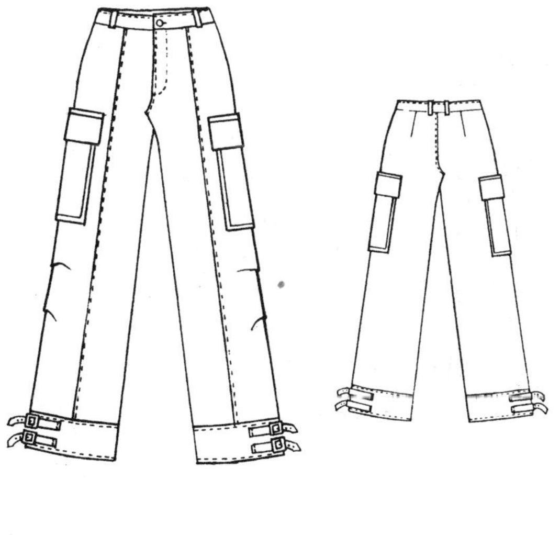

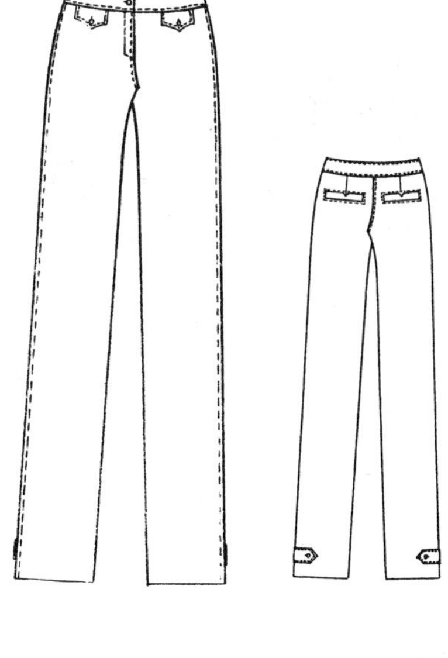

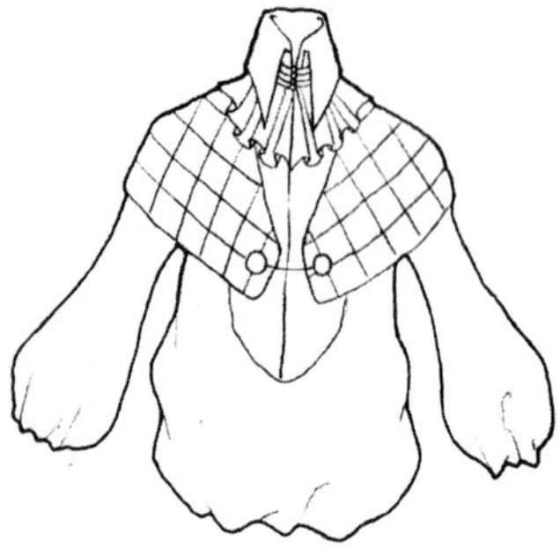

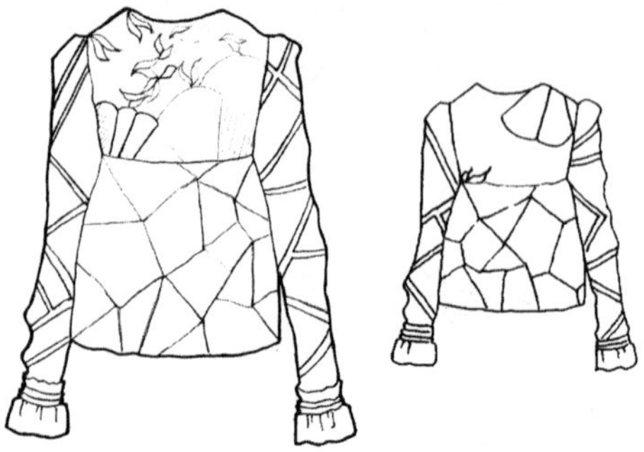

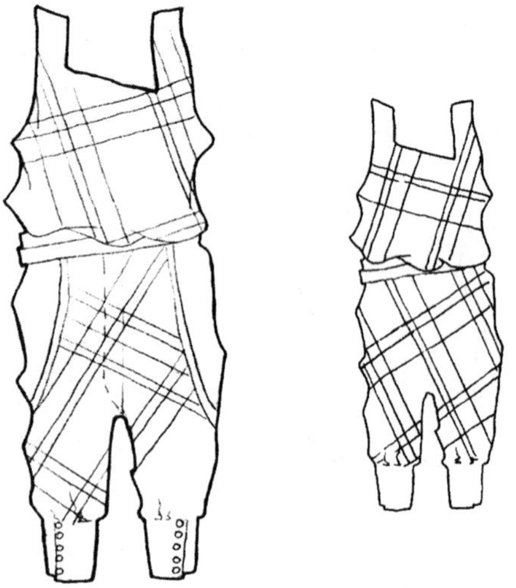

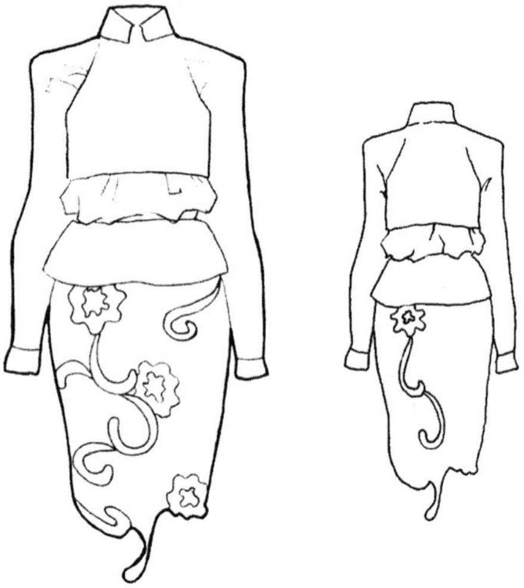

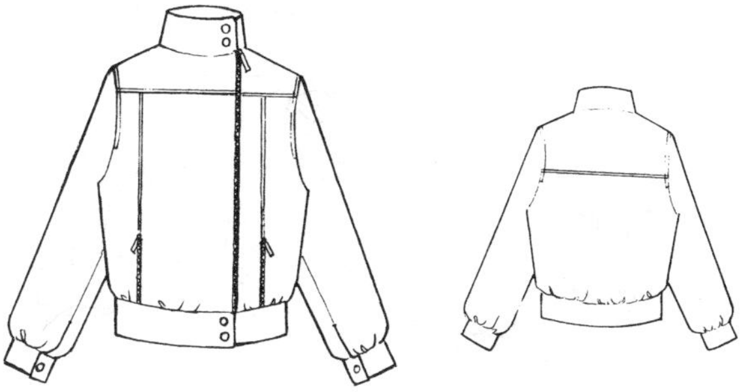

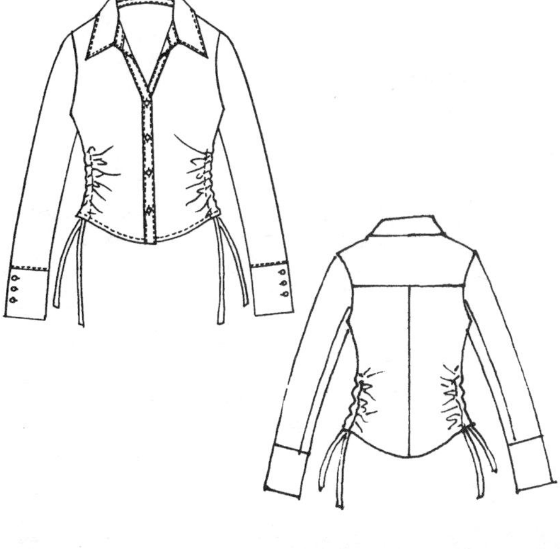

8. 快速记录性的工艺结构图

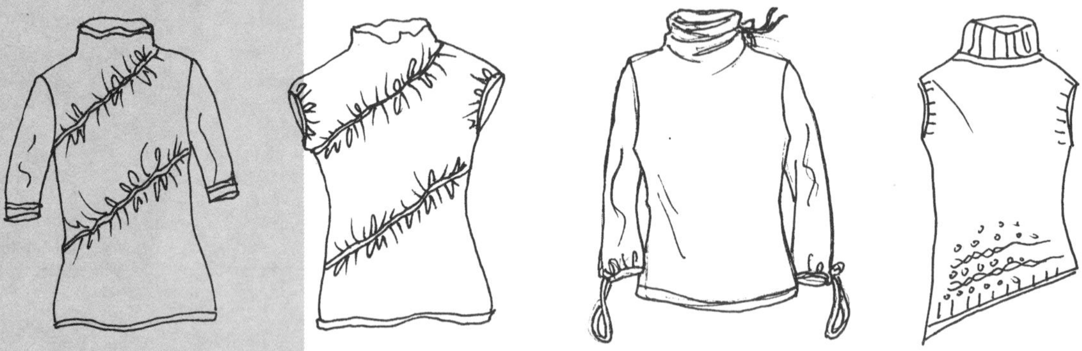

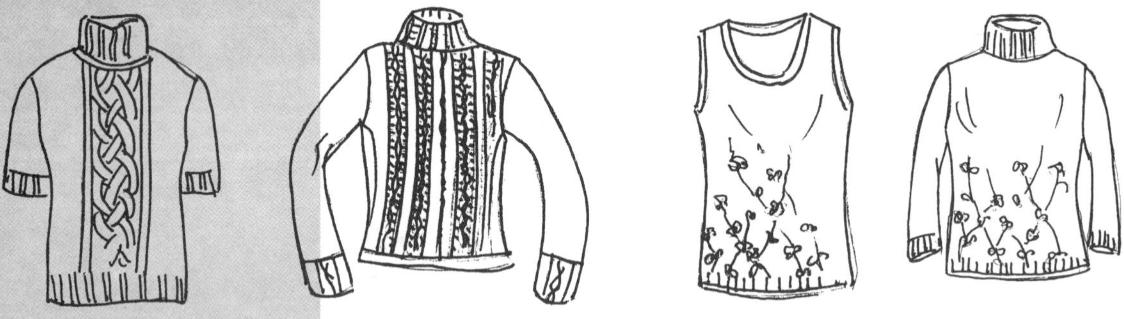

作为服装设计人员，掌握了快速记录性的画法，就可以走到哪，画到哪，随时随地都可以收集素材及创作灵感，所画的虽不那么正规，但都是鲜活的感受与记录，这些素材是创作人员最最宝贵的资料了。

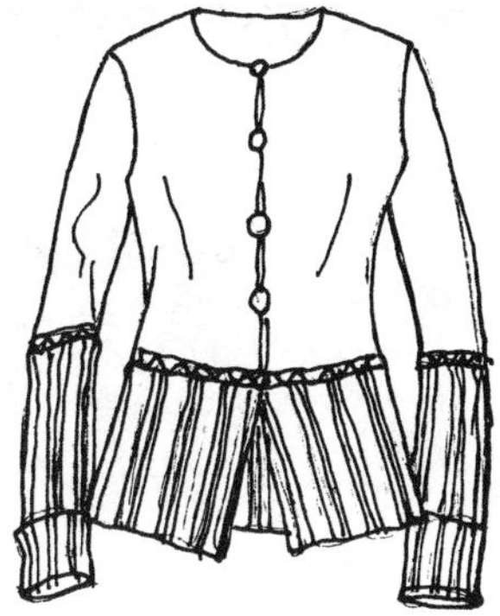
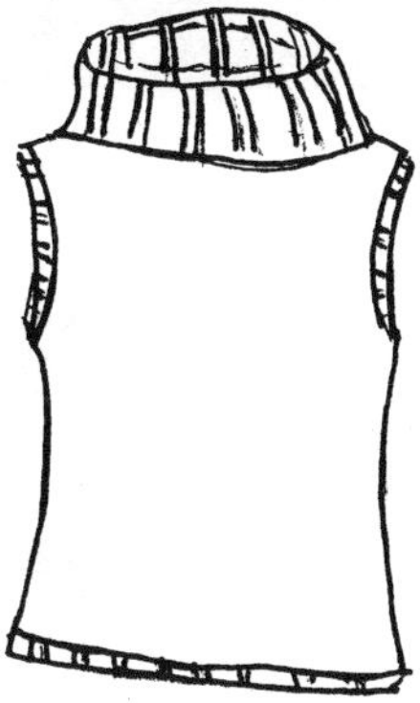
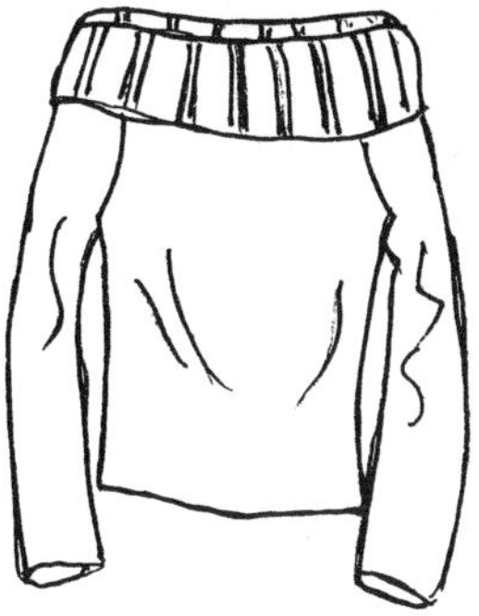

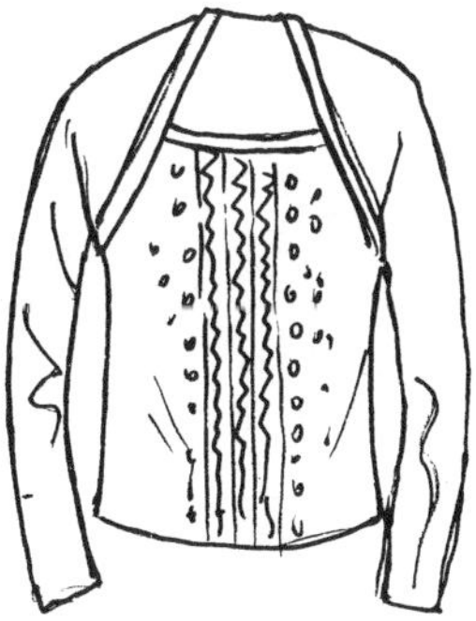
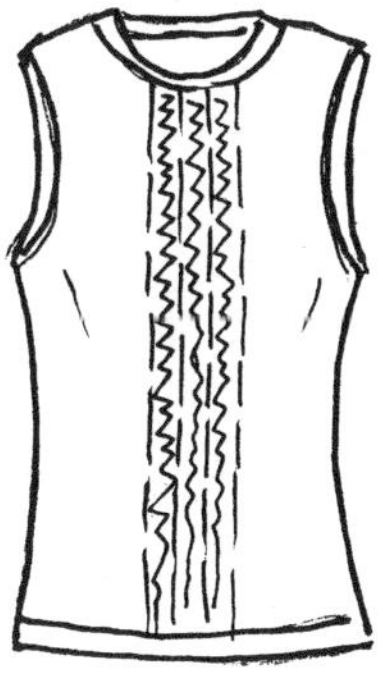
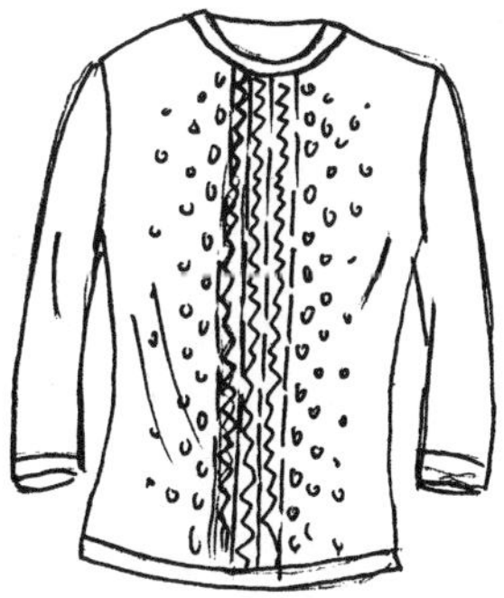

这种画法关键之处，仍是以结构为主,以服装的主要特征为主,抓住了以上两点比什么都重要。

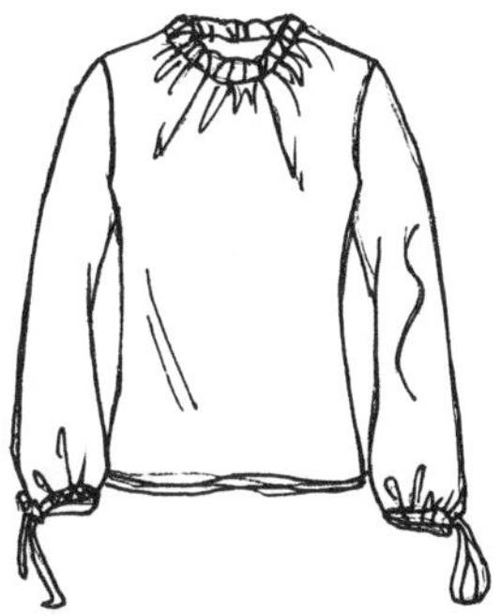

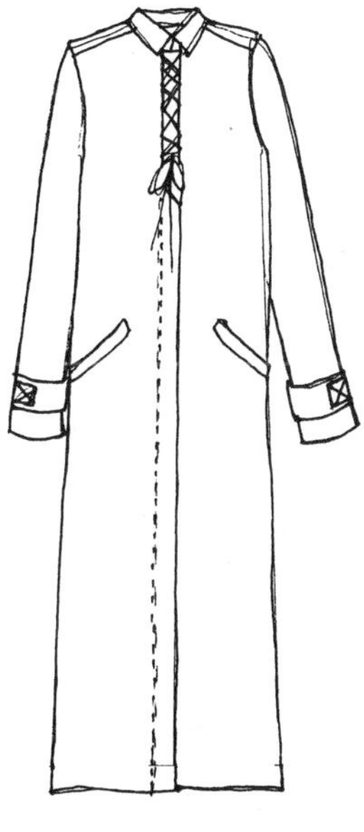

服装设计创作构思时，灵感像潮水般涌现出来，为了及时捕捉住萌芽的创意，抓住那瞬间即逝的感觉，可用速写般记录性的画法,无须规范,只要快速记录下自己的想法就可以了。

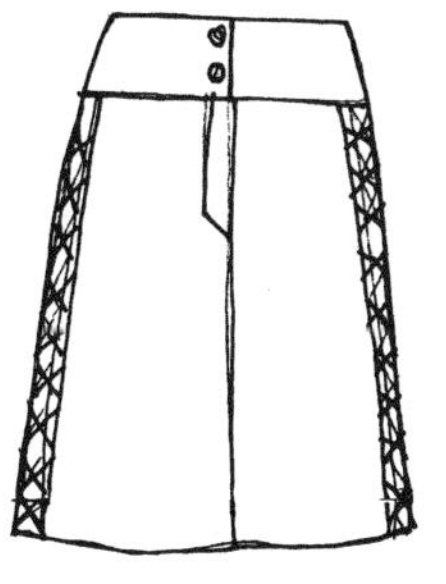

9. 整体设计（解析性）的工艺结构图

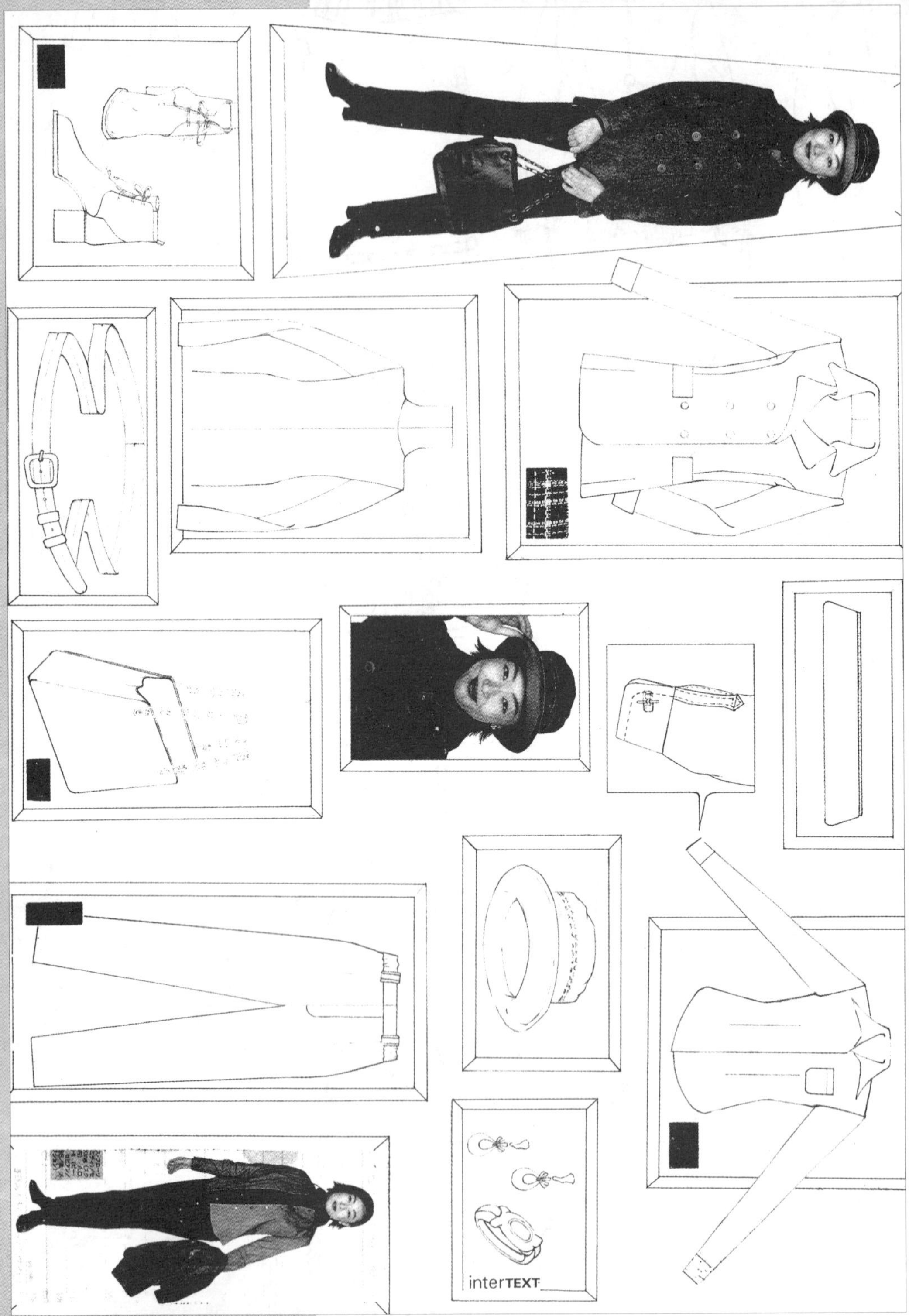

工艺结构图还可以对整体形象设计作图例表示，用效果图的方法对上、下、内、外的配套服装一一展示画出，对与之有关的各种服饰配件也不疏漏。这就是解析性整体形象设计的工艺结构图。

10. 种种错误画法的分析

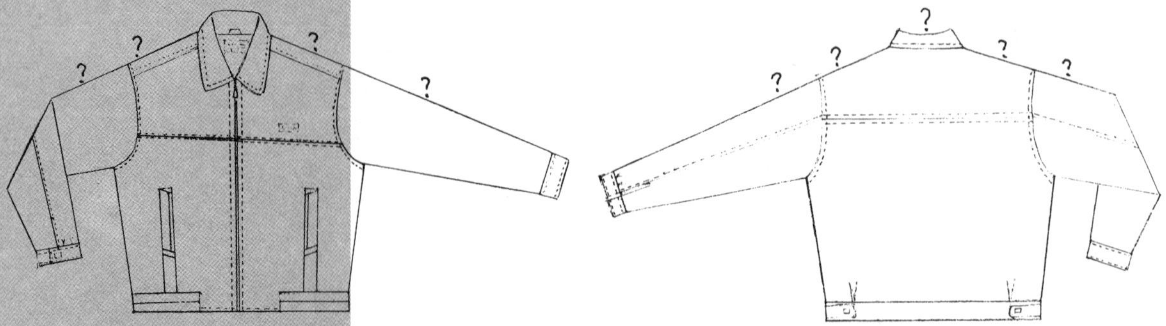

服装正面与背面领口上端的线条画法应统一，而不应相反。绝大多数服装肩部与袖子不可能是直线，而应是有角度的折线(即使是插肩袖也是一条微微变化的曲线)。

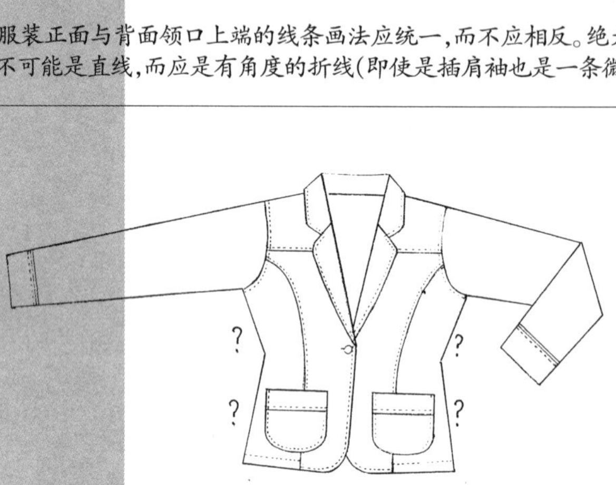

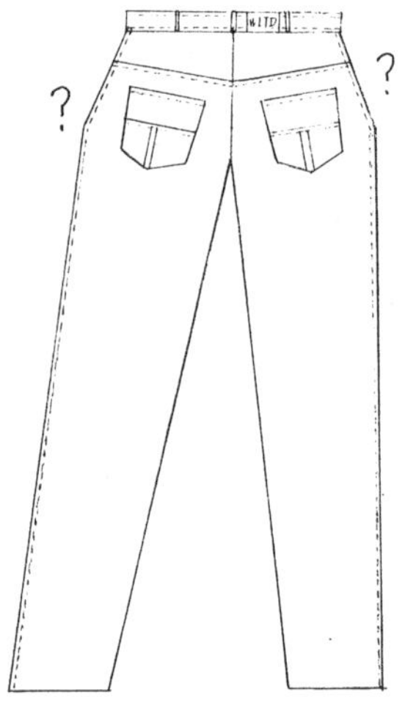

上装的腰部与裤子的臀部应是自然流畅的曲线，而不应是生硬的直线(折线)。

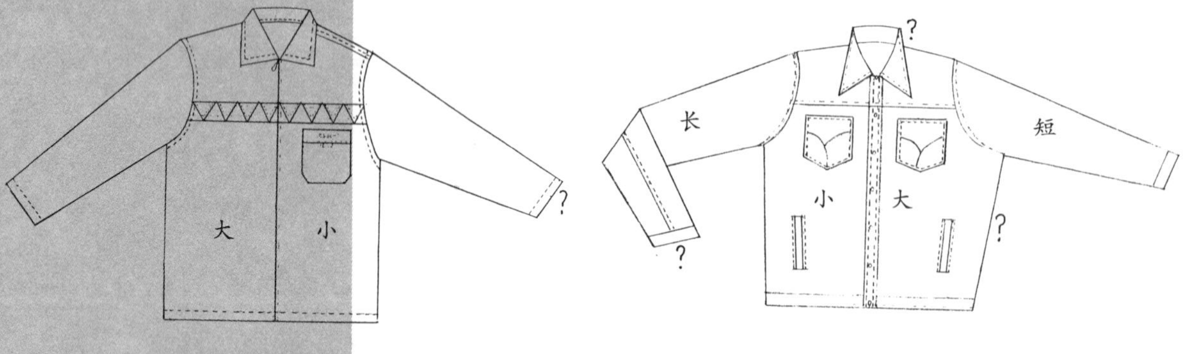

门襟左右两边不对称　袖口画法不对　袖子有长有短　袖口画法有错误

第七章

时装画系列服装与夸张手法应注意的问题

系列服装设计是效果图表现的大型画面，方方面面自然要考虑顾及得更周到全面些。系列服装的画面要强调服装的共同因素，强调诸多“共性”的一面：或形或色或纹样或质地。牢牢突出这一点，则是画系列服装效果图的重点所在。在绘画手法上，也要强调统一，不能因画面内容众多而手法杂乱，要使相异的内容在统一的艺术形式中协调起来。

夸张手法的效果新颖奇特，具有时尚感，给人以突出的强烈的印象。夸张手法的运用是艺术哲理的深化，更是艺术效果的升华。

时装画运用夸张手法，主要是为了突出两点：

① 突出特征：就设计而言是为了表现新的特点与个性，为了强化这一点，就必须给人留下难忘而深刻的印象，则夸张手法的运用无疑是最佳的。

② 突出美感：作为时装画种而言，夸张要突出一个时尚性，使时装效果鲜明突出，使人印象深刻难忘。作为时装画而言，夸张不是“离奇”，更不是“荒诞与丑陋”，而是一种应该属于时装特有的美感。

1. 系列服装设计效果图的画法

系列服装设计效果图，应通过艺术手法突出服装设计因素的共性，强调不同款式之间的相同或相近的美感因素。必须使人物之间风格统一,人物之间的动态、神情有所顾盼联系,使画面形成一个协调的整体。

系列服装设计效果图是时装画中较难表现的形式之一,其人数较多,要注意人物之间的协调性与人物动态的组合,要十分注重“统一之中求变化”的形式美感。

不同风格的服装应用不同的绘画形式来诠释，十分时尚前卫的设计应以相协调的绘画形式体现,这样才会使内容与形式得以完美的统一。

“时尚·前卫”的设计，应体现在人物形象、姿态动作、人物组合造型、服饰及绘画风格等方面，使之完美地结合，以展现服装设计的原创意。

系列服装设计效果图图例赏析

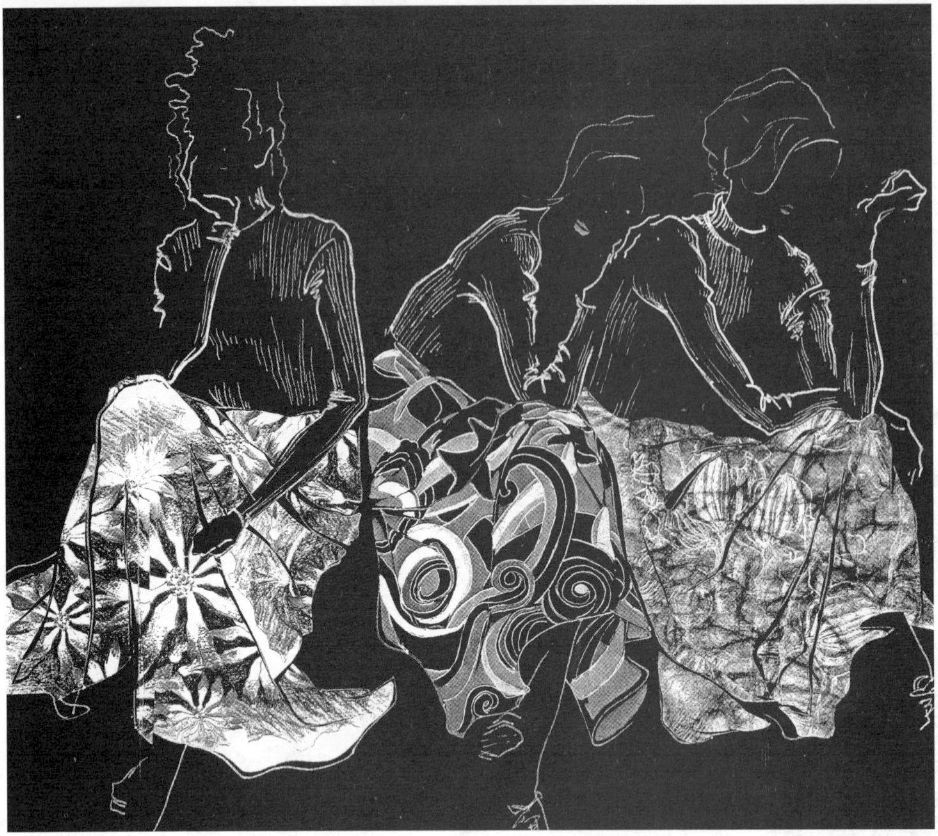

系列服装效果图应特别注重两点：一是画面人物动态的组合；二是画面艺术风格的统一。只有这样，才可以较好地体现“系列”设计的内涵。

人物姿态相同，但服装各异，使画面拙中见巧，统一之中求变化，另有一番艺术效果。

2. 情侣装效果图的画法

情侣装图例赏析

情侣装图例赏析

情侣装图例赏析

3. 夸张变形手法的优秀图例

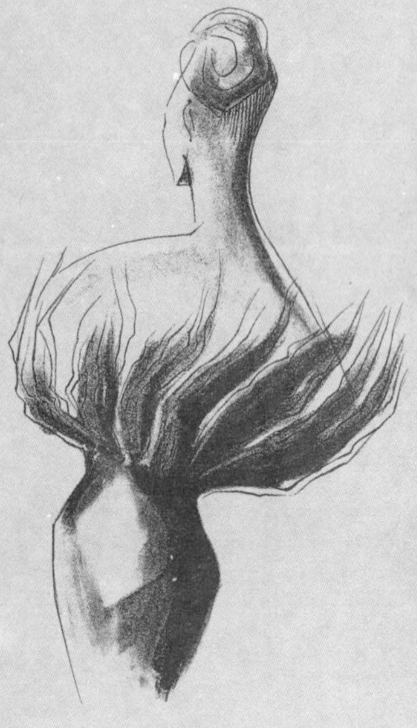

夸张变形手法图例赏析

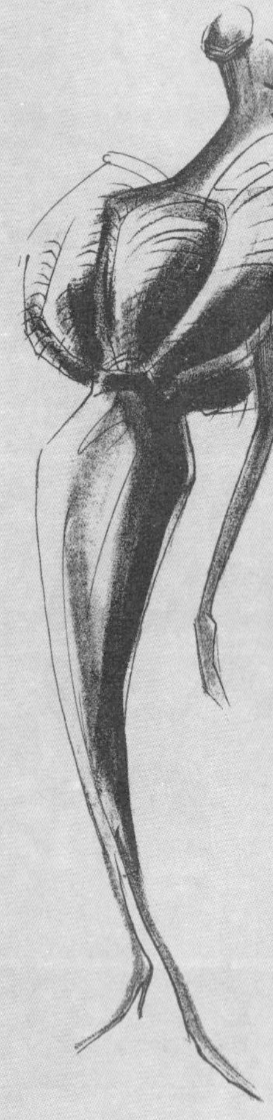

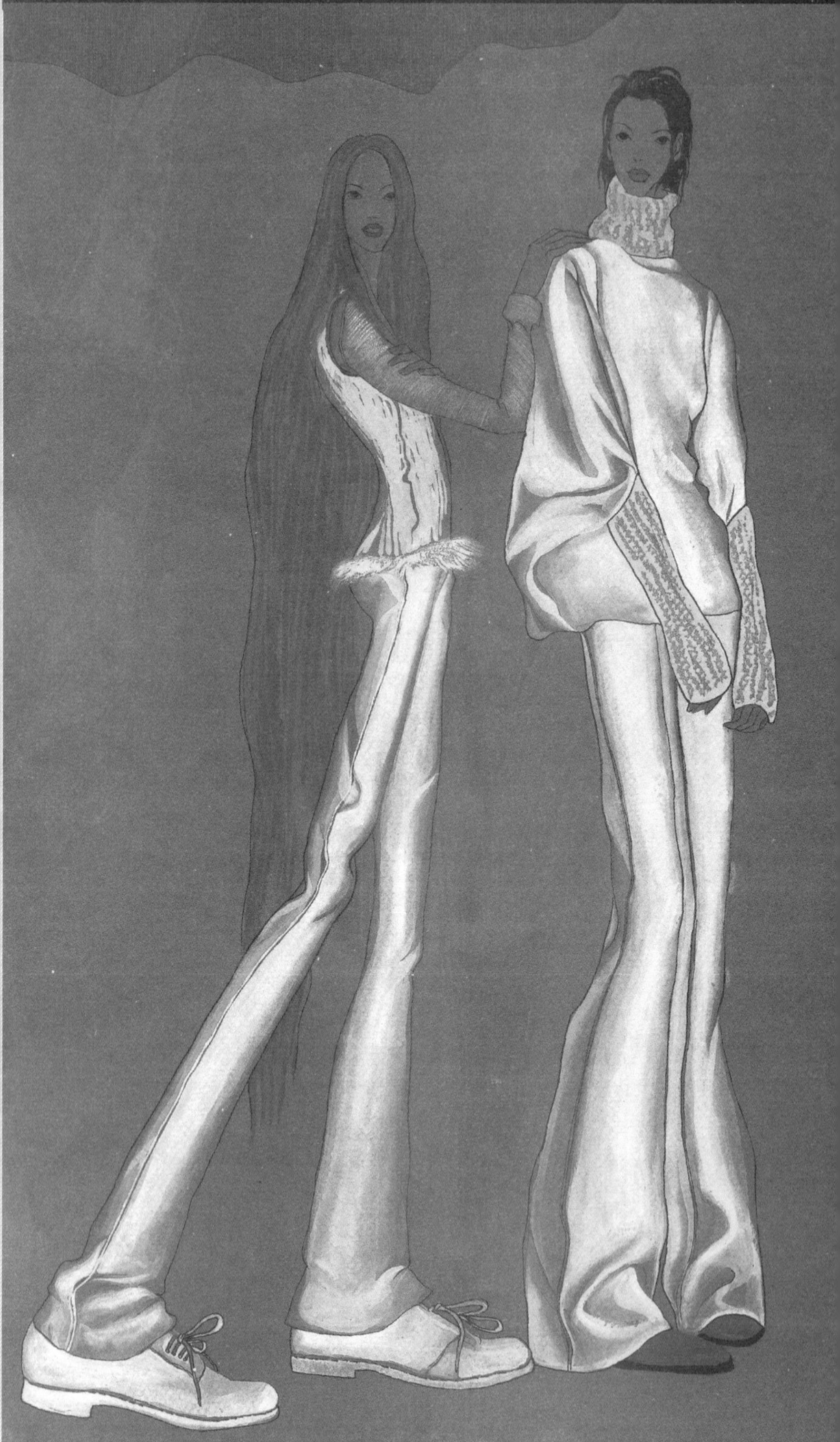

一幅完整的夸张手法的作品，必须是全方位整体的夸张效果，要竭力避免画面部分夸张，而另部分又极写实的状况。这是很不协调的。

夸张变形手法图例赏析

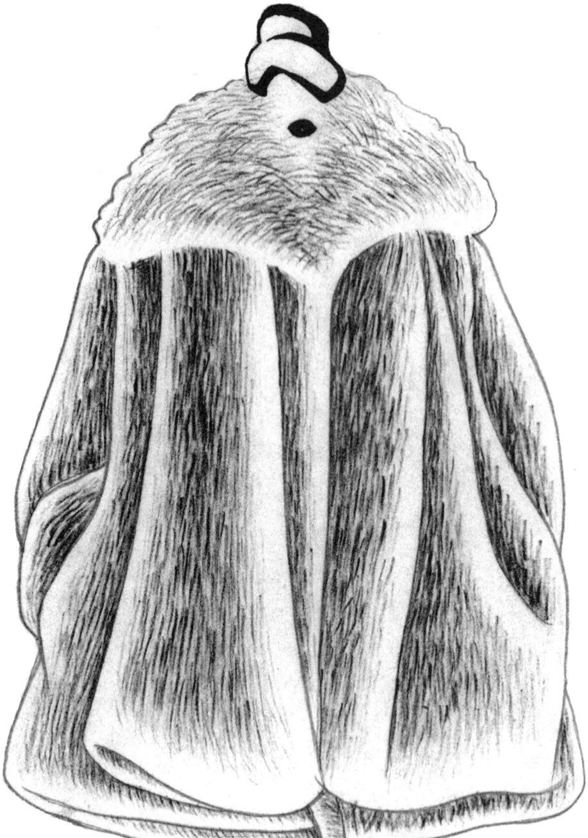

4. 人体比例的夸张

人体比例夸张图例赏析

一幅夸张效果完好的时装画作品，其动态、形体、五官、表情、神态、服饰、色彩乃至线条、纹饰、图案等，都应手法一致，夸张到位，形成一个完整和谐的整体。而人体比例的夸张属于首要，是首先应该重视的。

5. 人物动态的夸张

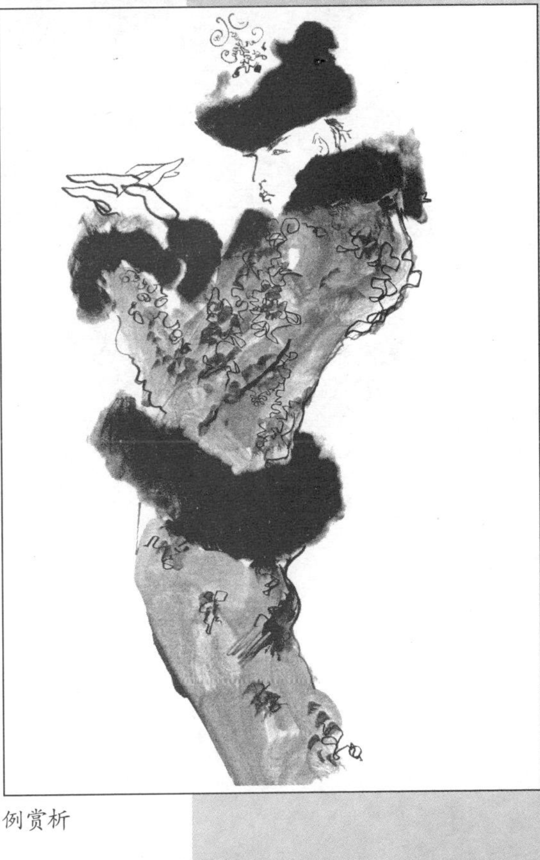

人物动态夸张图例赏析

人物动态夸张图例赏析

人物动态夸张图例赏析

拙稚与静止也是一种“夸张”,身体上部为正面,下部为侧面,使人物姿态“静中寓动”、“拙中藏秀”,别有一番情趣风味。

6. 面部神情的夸张

面部神情夸张图例赏析

面部神情夸张图例赏析

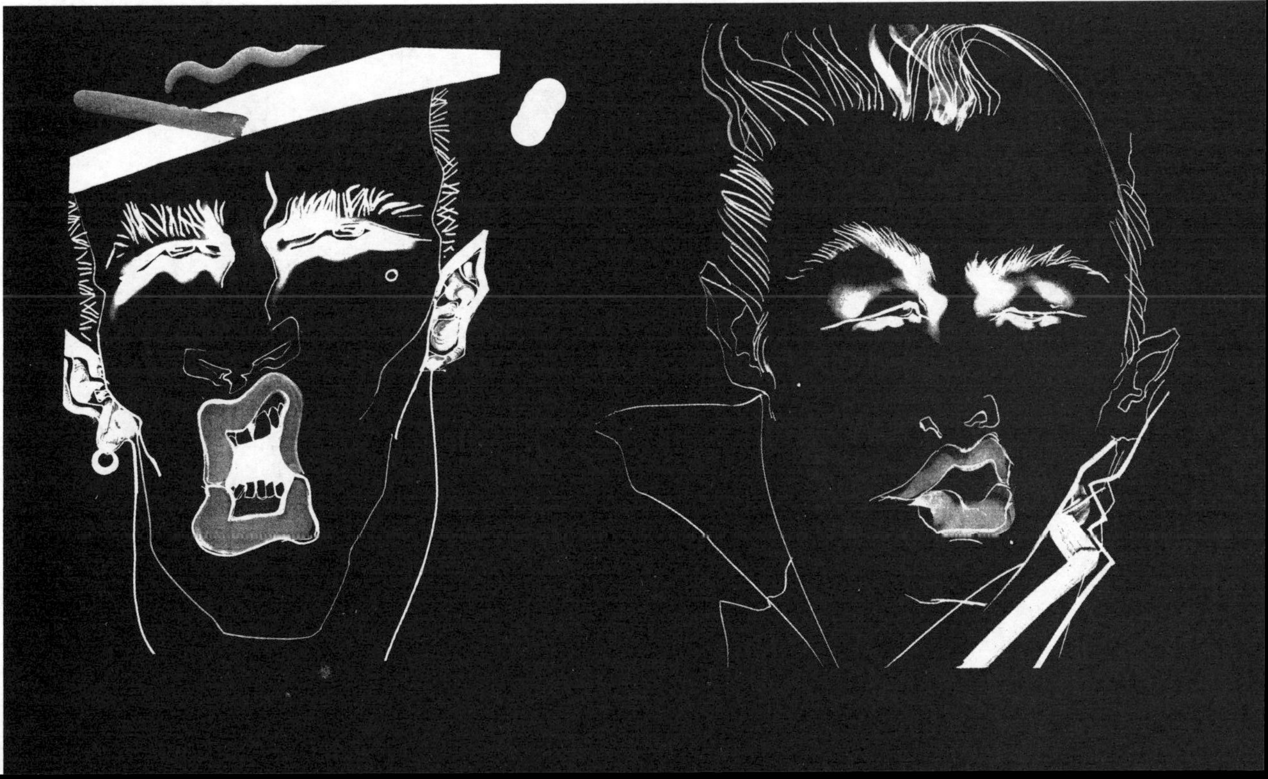

面部神情夸张图例赏析

7. 服装款式的夸张

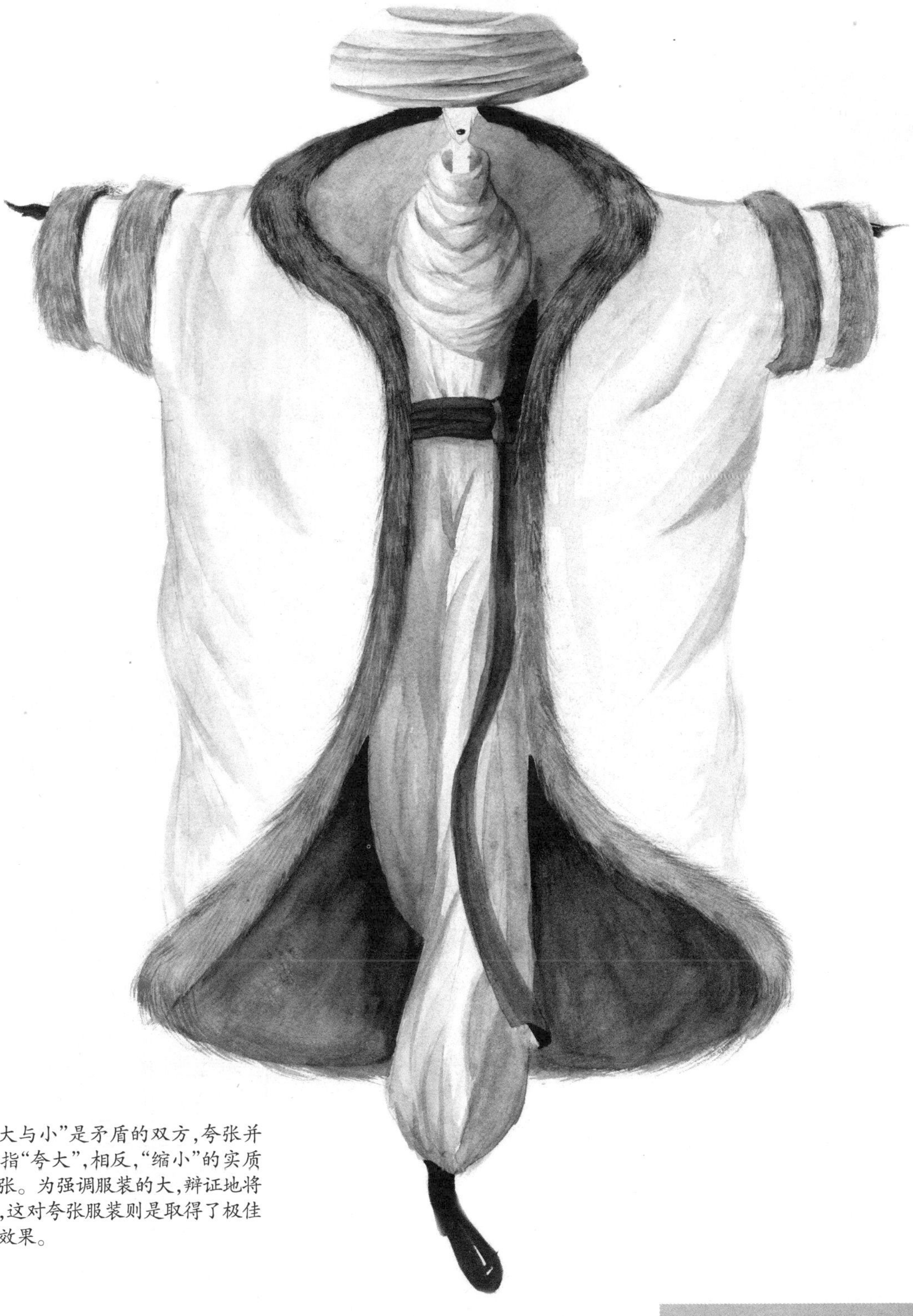

“大与小”是矛盾的双方,夸张并不单纯指“夸大”,相反,“缩小”的实质也是夸张。为强调服装的大,辩证地将头缩小,这对夸张服装则是取得了极佳的艺术效果。

针对不同的服装特点，夸张其最典型的风格。如表现端庄大方典雅，则采取"静止、拙稚"的动作，这样的选择是从另一个方面来切入、来表现对设计意图的注释，这无疑是最佳的。

服装款式夸张图例赏析

夸张不是任意的宣泄，不是“信口开河”“为所欲为”无根据的放大或缩小，夸张手法的运用必须是真实事物基础上的深化和艺术效果的升华。

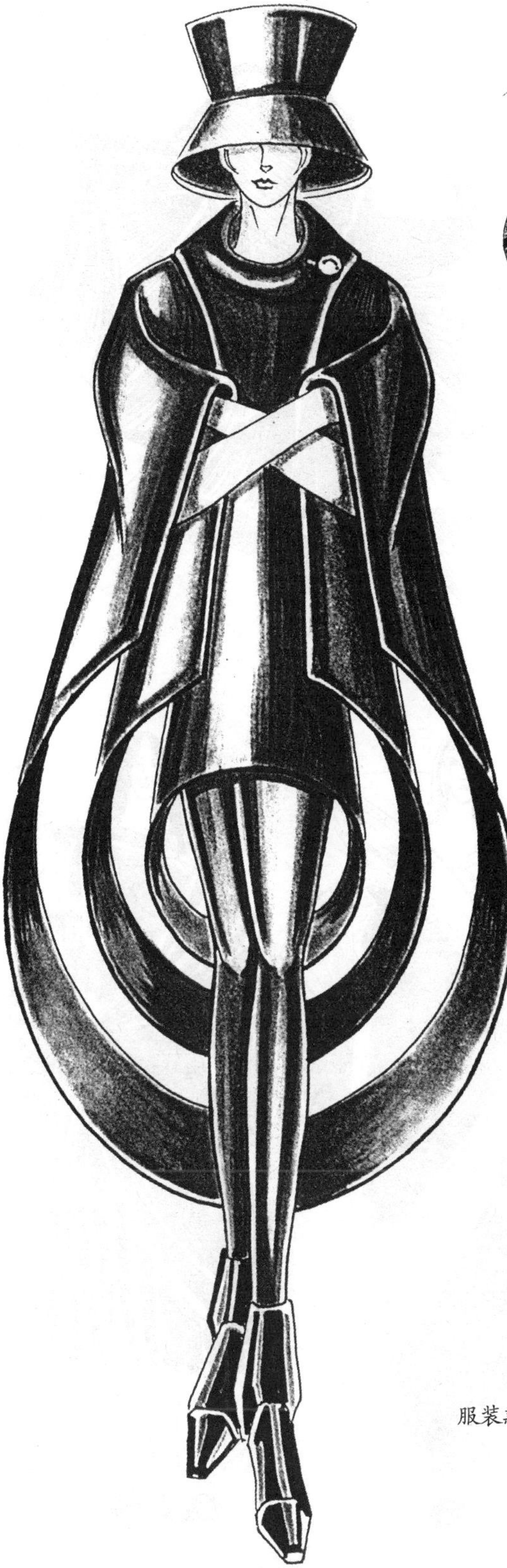

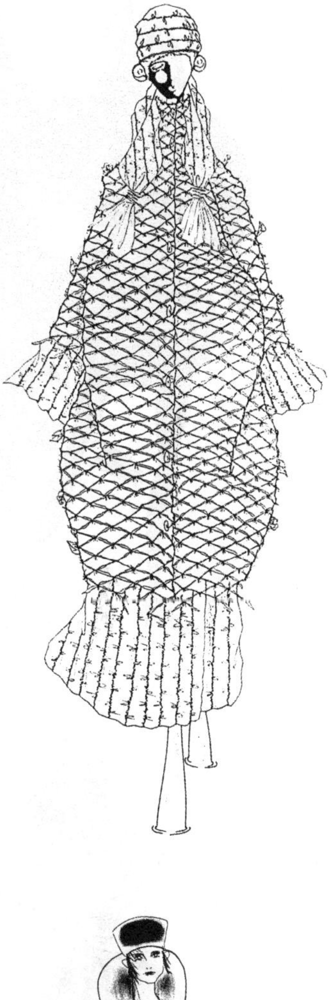

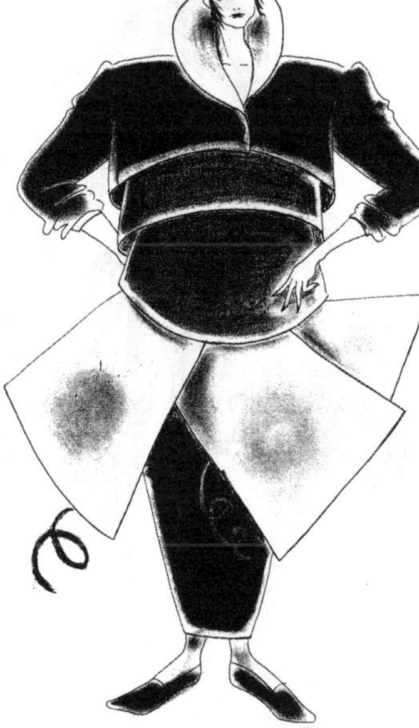

服装款式夸张图例赏析

服装款式夸张图例赏析

服装款式夸张图例赏析

明确夸张的目的:夸张是为了突出服装的特征与风格。若用真实的手法表现,难以留给观者深刻的印象;若不用夸张，就不能使人得到艺术上的满足。

服装款式夸张图例赏析

8. 色彩效果的夸张

一幅运用夸张手法表现的时装画，除了运用以上种种夸张因素外，还必须重视色彩的夸张效果。不可想像，其他夸张手法运用都很完美的画面，其色彩却是陈旧灰暗或是零乱写实的效果，那必然是极不完整协调的。

因此，一幅夸张手法运用完整的时装画作品，一定要注重色彩的夸张性。要在原有的基础上强化，使鲜艳的更饱和，使调和的更雅致，要顾及到画面色彩的整体效果，使画面因色彩而更加成功，让夸张的效果尽善尽美，达到极至。

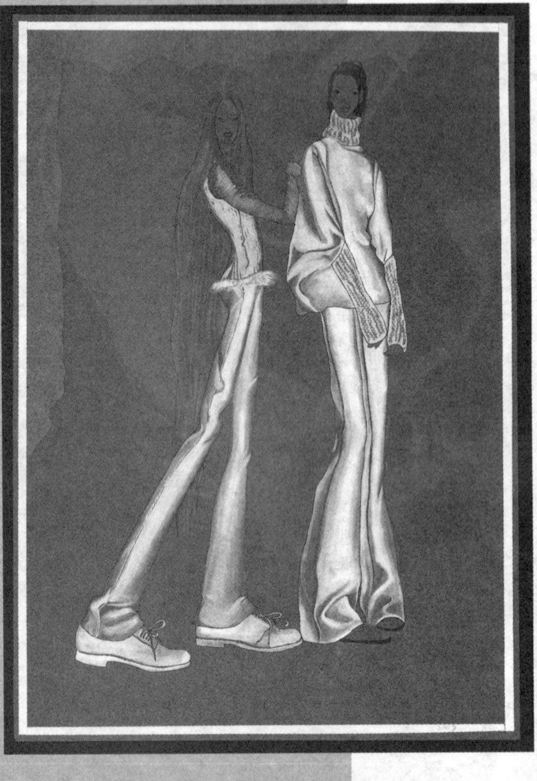

详见彩页 P354

详见彩页 P354

9. 线条笔触的夸张

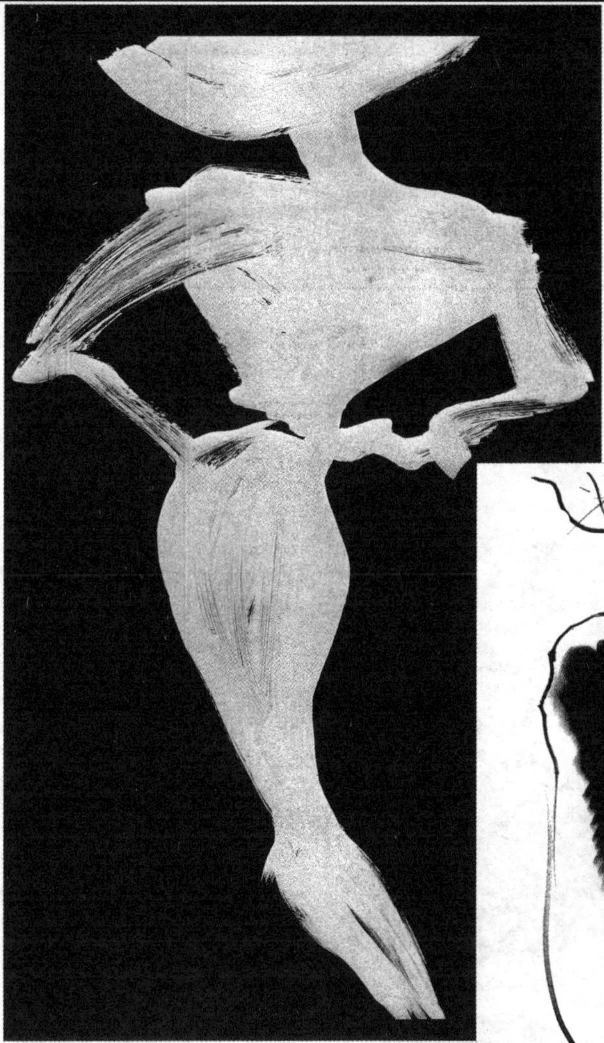

夸张的比例要配合夸张的动态、神情,还要配合夸张的服装款式、色彩。这些还不够,还必须用夸张的笔触、线条给予完整的结合,使画面人物全方位地张扬生动起来。

人物体态比例的夸张必须配以夸张的、富于力度与动感的线条,线条极具张力如同有了生命一样,诠释着人体的力量与美丽。

线条与笔触夸张的图例赏析

线条与笔触夸张的图例赏析

10. 服饰配件的夸张

服饰配件等细节夸张的图例赏析

服饰配件等细节夸张的图例赏析

服饰配件等细节
夸张的图例赏析

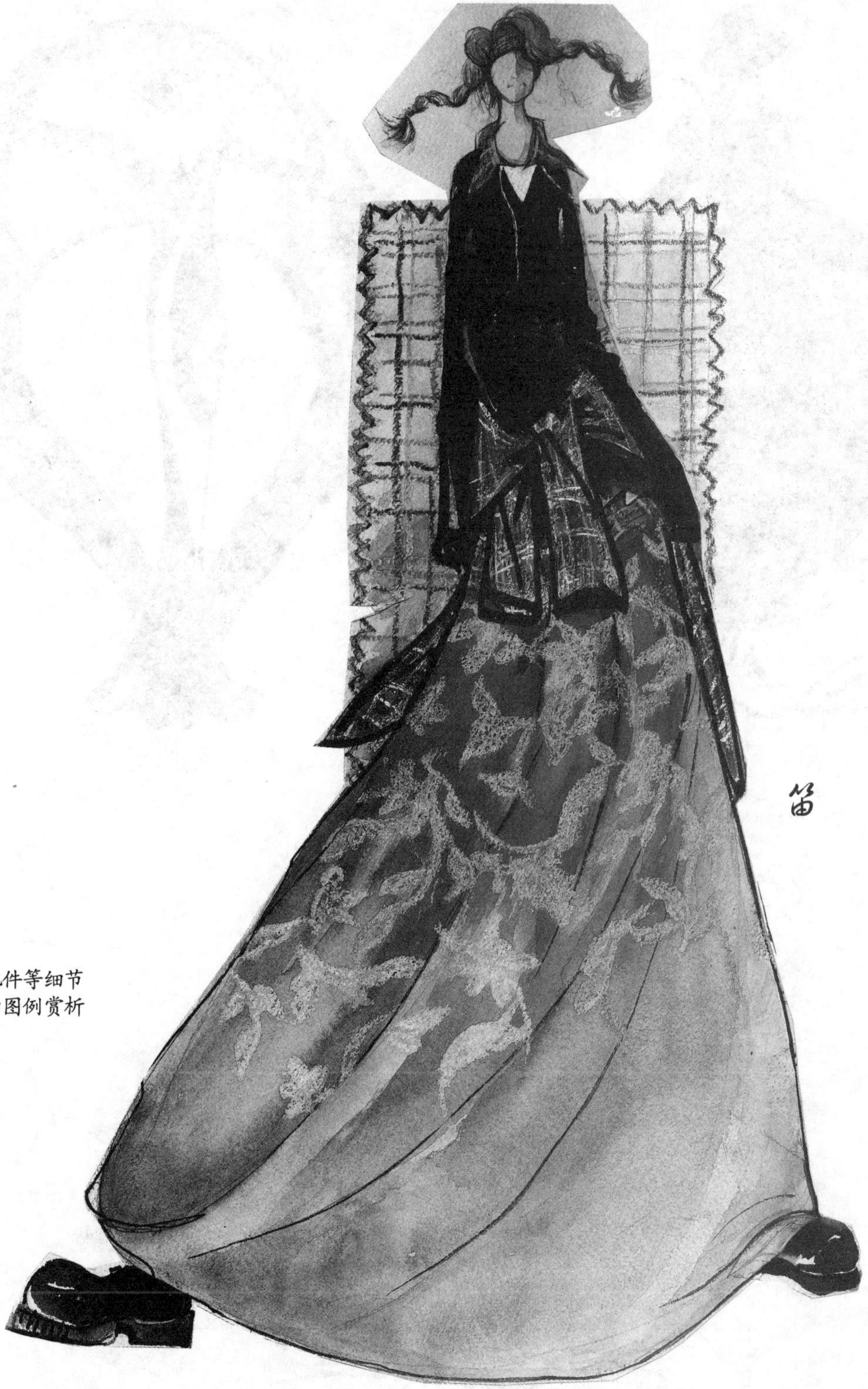

服饰配件等细节
夸张的图例赏析

线条与笔触夸张的图例赏析

第八章
时装画有关线条风格与画面效果应注意的问题

时装设计十分重视风格与品味的追求，为表现这种创意，则时装绘画也毫不例外地要注重绘画形式的艺术效果，使画的形式与所画的内容二者之间完好地结合统一。而线条的不同形式又是时装画艺术效果的一个重要构成因素。不同形式的线条，其画法明显地表达出不同的艺术效果：粗与细、曲与直、刚劲与柔美、张力与收敛等等，都是线所倾吐的艺术“语言”。不同形式的线条所划越过的轨迹就是对所设计服装最生动的注解与诠释。这些线条会“说话”会“唱歌”，它们都是极有艺术灵性的。

为此，本章节选用了时装画最常见的各种线条形式向读者介绍，赏析其优点，列举其方法。

1. 速写风格的线条与画面效果

速写形式线条的时装画图例赏析

速写形式的线描,画法迅速、生动流畅,构成了极为奔放时尚的现代感和画面风格。

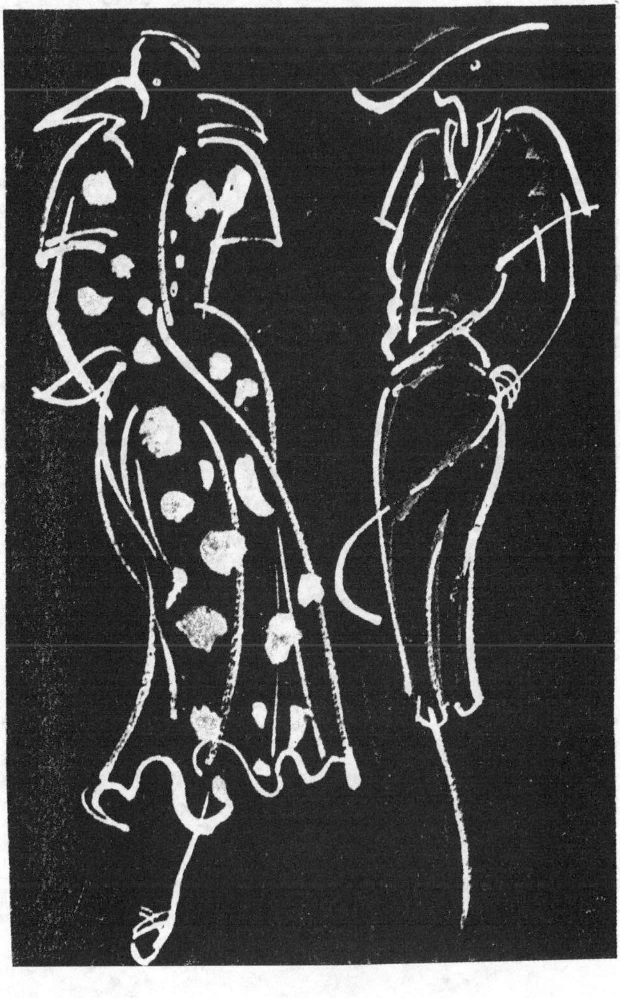

速写形式线条的时装画图例赏析

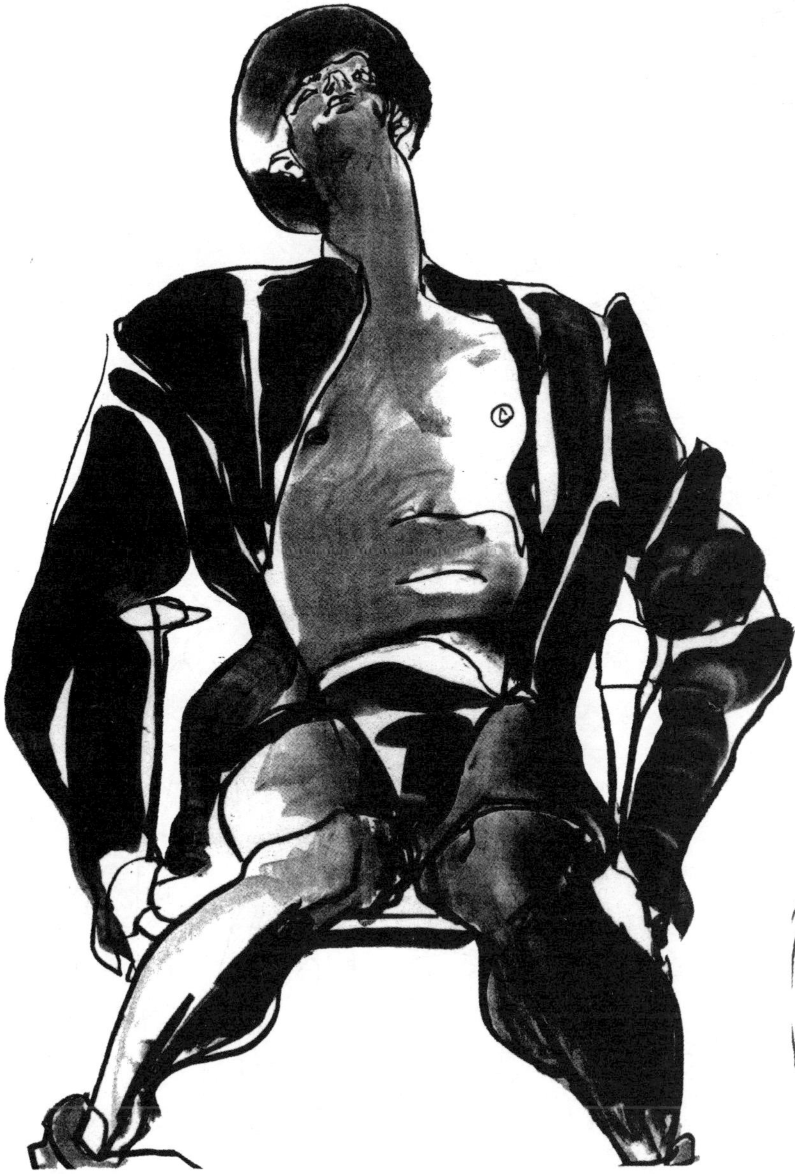

速写形式线条的时装画图例赏析

2. 传统国画形式的线条与画面效果

借鉴中国画白描形式的线条来表现时装，是一种很好的艺术形式。这种艺术形式用线极其认真严谨,对服装的外形款式、内部结构、衣纹衣褶等等均无一疏漏,笔笔俱到,尤其对服装结构的来龙去脉,极具表现力。

中国画白描形式
线条的图例赏析

3. 统一均匀的线条与画面效果

运用均匀统一的线条,是时装画中常见的表现手法之一。这种线条力求规整,无顿挫,没有起笔落笔,上下或左右一般粗细。由这种线条组成的画面,给人以特有的装饰效果,体现了一种庄重悦目的形式美感。

统一均匀的线条能准确、清晰地表现服装的款式与结构,画面用线十分讲究,粗细均匀一致、刻意雕琢、求其匠意。线条笔笔俱到,故作刻板,由此而产生一种线条独特的效果与魅力。

统一均匀线条的图例赏析

统一均匀线条的图例赏析

4. 依据明暗光影原理的用线与画面效果

画面人物的线条，完全是依据明暗的原理来表现，受光处线条细，甚至不勾线；而暗部背光处线条粗而黑，使之近看是处处勾勒线条，而远看总体效果却是光线的明暗、立体感：两者完美结合，相得益彰。

线条与光影明暗结合的图例赏析

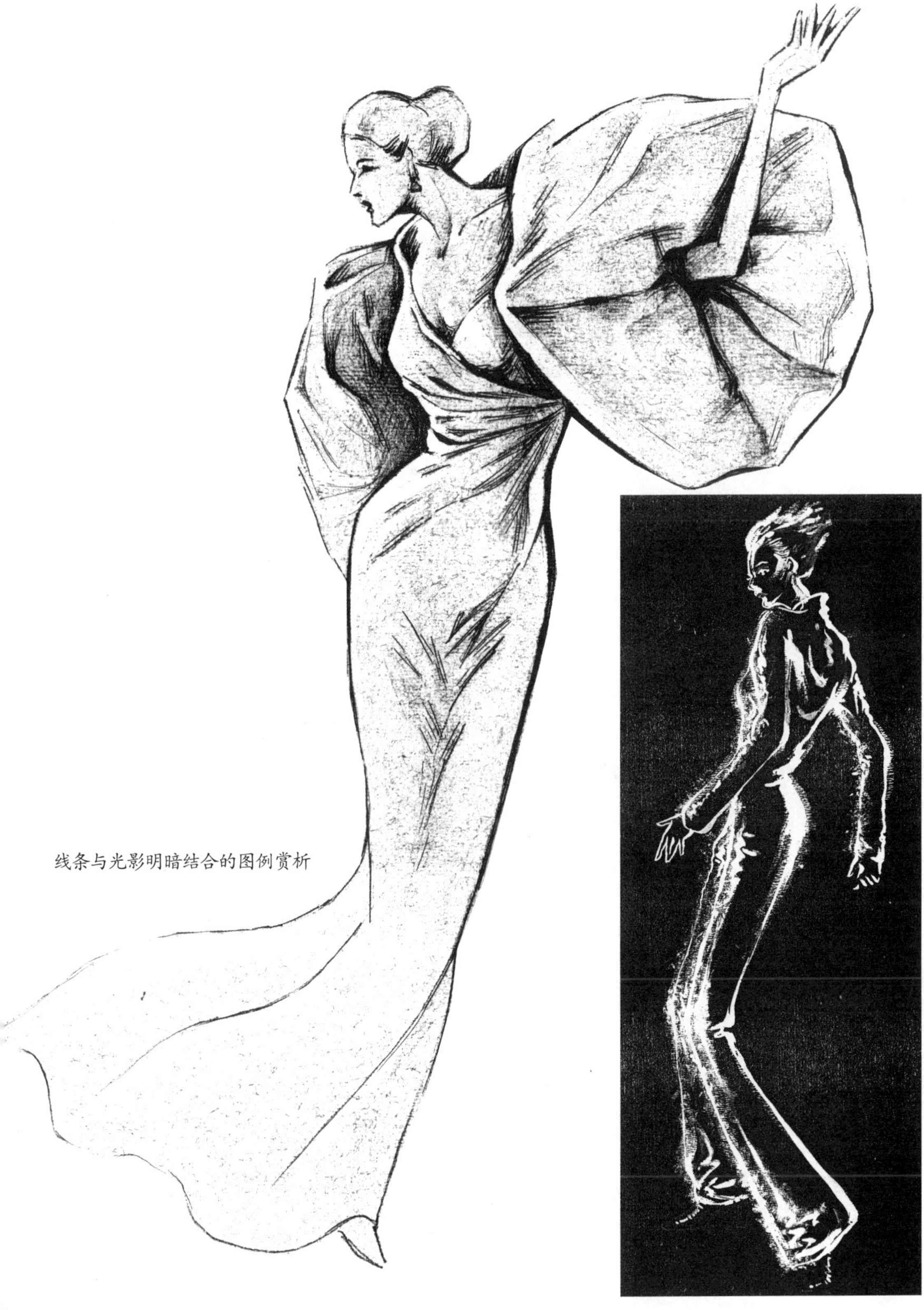

线条与光影明暗结合的图例赏析

线条与光影明暗结合的图例赏析

5. 粗细变化的线条与画面效果

这种画面线条的粗细变化，不是依明暗效果来设计的，粗与细的布局与安排是从画面整体的效果出发,根据均衡形式感的原理,以求得画面的均衡和谐与完整。这种画面的用线:粗粗细细,似无规律,又极有道理,画者主观的意愿是线条变化的主宰。

线条注重粗、细的变化，画面好看了，平添了浓浓的装饰性。原本简单的画面，由于在线条的表现上下了功夫，动了脑筋，则画面增添了美感和装饰情趣。

这种粗细变化的用线，使画面产生动感，产生变化中的韵味。时装画用了这种形式的线条，活泼生动，与均匀线条的艺术效果正好形成了强烈的对比。

用线的粗细变化，是画面生动活泼效果的主要因素。较之均匀统一的线条，它极富于变化与生动。加上构图的种种创意，则使画面多了不少情调与趣味。

6. 不规则变化的线条与画面效果

不规则变化线条的图例赏析

不规则变化线条的图例赏析

这种画法的线条所体现的“不规则”和“乱”，是有规律的“乱”，是“乱中求正”。从局部看起来，所画的线条是乱的，但从整体来看，却非常统一，人物形象具体而严谨，这种画法极大地丰富了时装画线条画法的表现力。

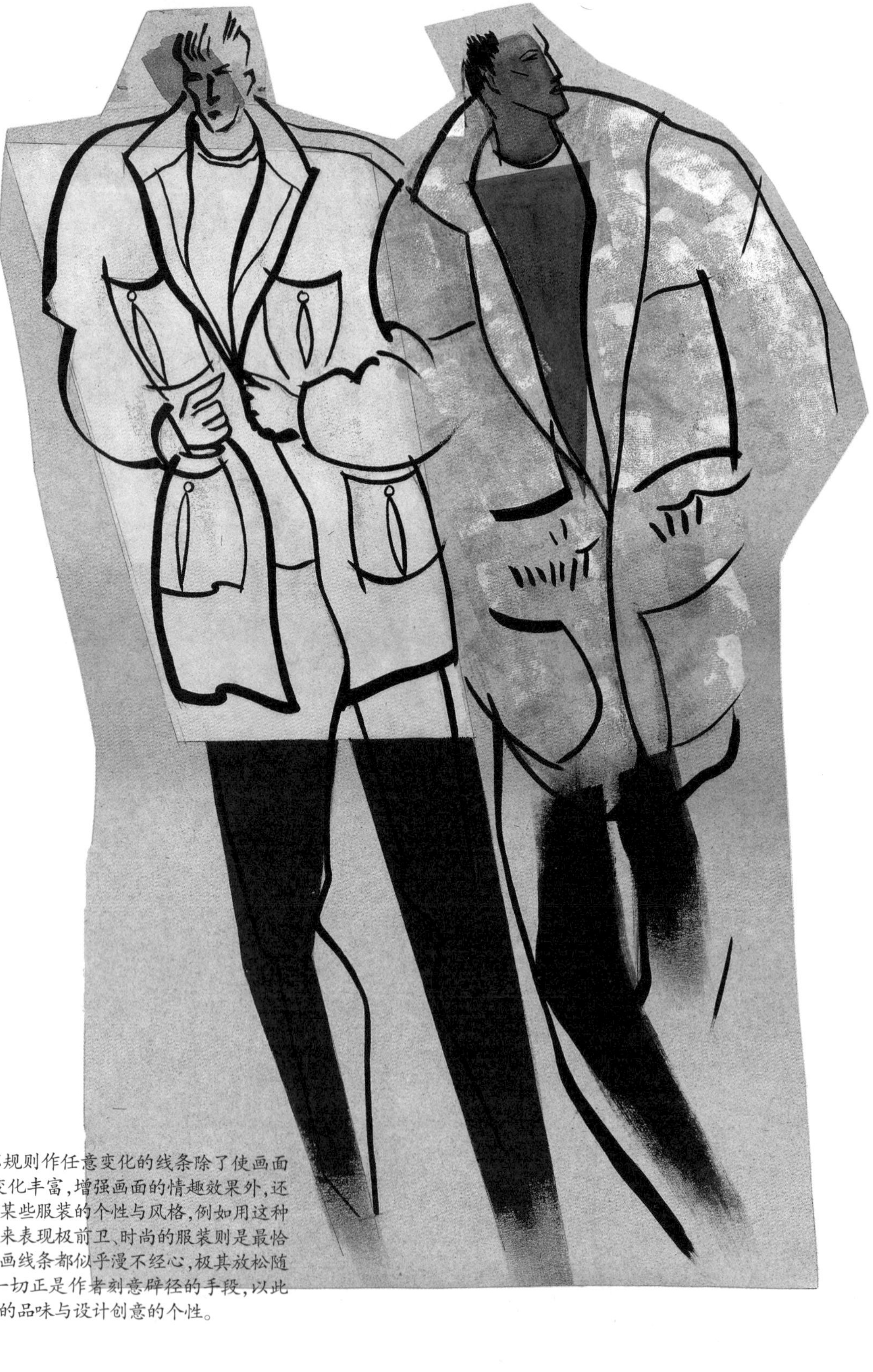

这种不规则作任意变化的线条除了使画面生动活泼，变化丰富，增强画面的情趣效果外，还特别能诠释某些服装的个性与风格，例如用这种形式的线条来表现极前卫、时尚的服装则是最恰当的了。所画线条都似乎漫不经心，极其放松随意，然而这一切正是作者刻意辟径的手段，以此来体现服装的品味与设计创意的个性。

7. 装饰风格的线条与画面效果

装饰风格的线条图例赏析

这种经过修饰的线条使得时装画的装饰趣味更浓。线条的粗细变化是由粗而细渐变均匀的过渡。一方一圆一尖,都要求严格修饰,一丝不苟,使之产生浓郁的装饰美感。

人物动态夸张优美,线条简洁流畅,每一处用线都刻意地进行修饰,极富装饰美感。

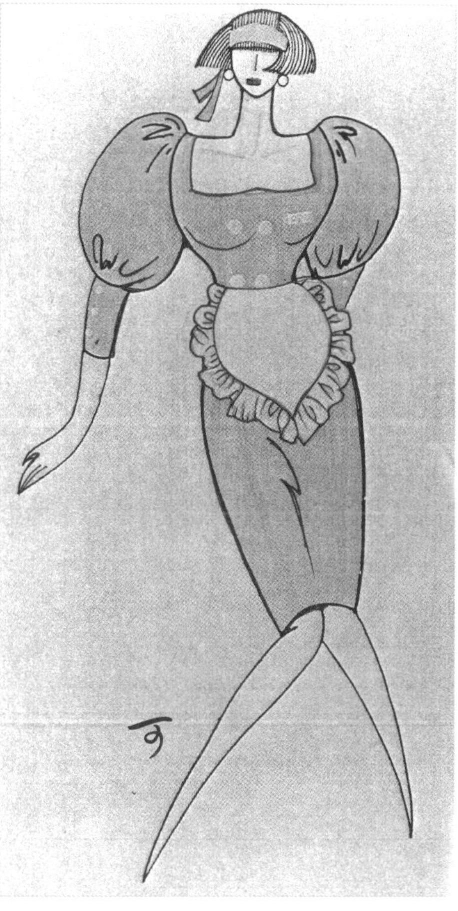

所有线条均经过刻意地夸张修饰,使之装饰性图案化,这也是时装画线描形式的一种,十分生动,装饰味浓,富于情趣。

任何画种都与“装饰”二字密不可分，时装画尤为突出，因为时装画突出的特点之一就是美感。以不同手法的线条体现服装，表现出画家浓郁的审美情趣和倾向。

8. 概括直线的风格与画面效果

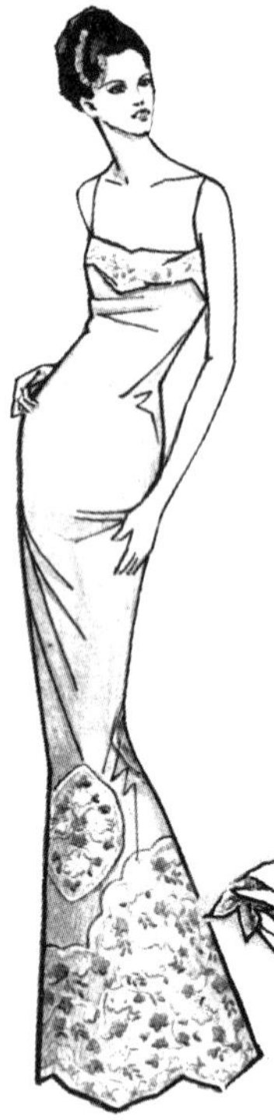

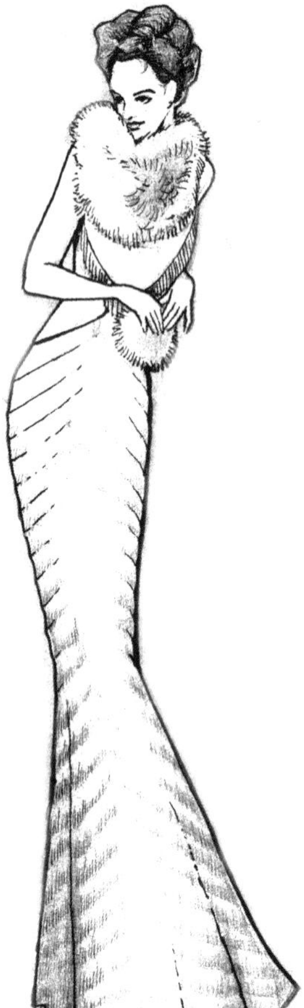

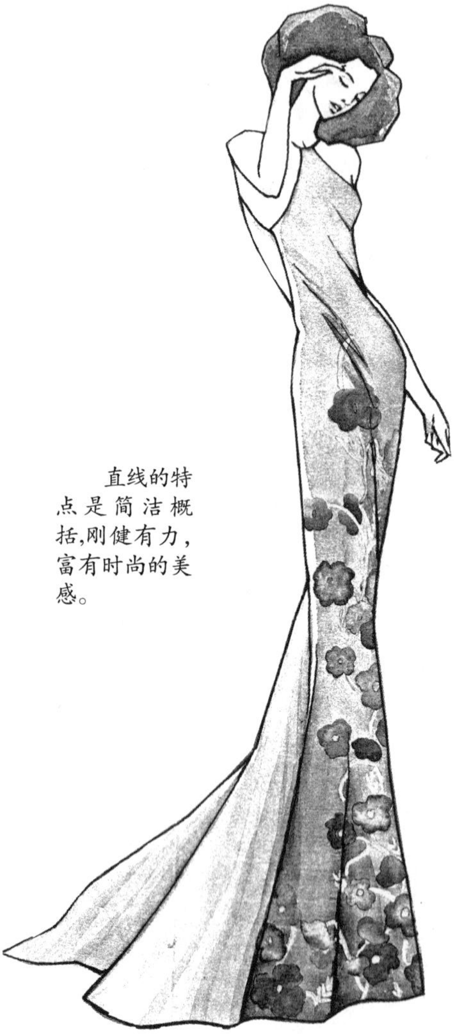

直线的特点是简洁概括,刚健有力,富有时尚的美感。

刚健概括，更增添了服装内涵的精神因素。线条的表现折射出服装刚毅简洁的现代审美时尚。

9. 抽象形的风格与画面效果

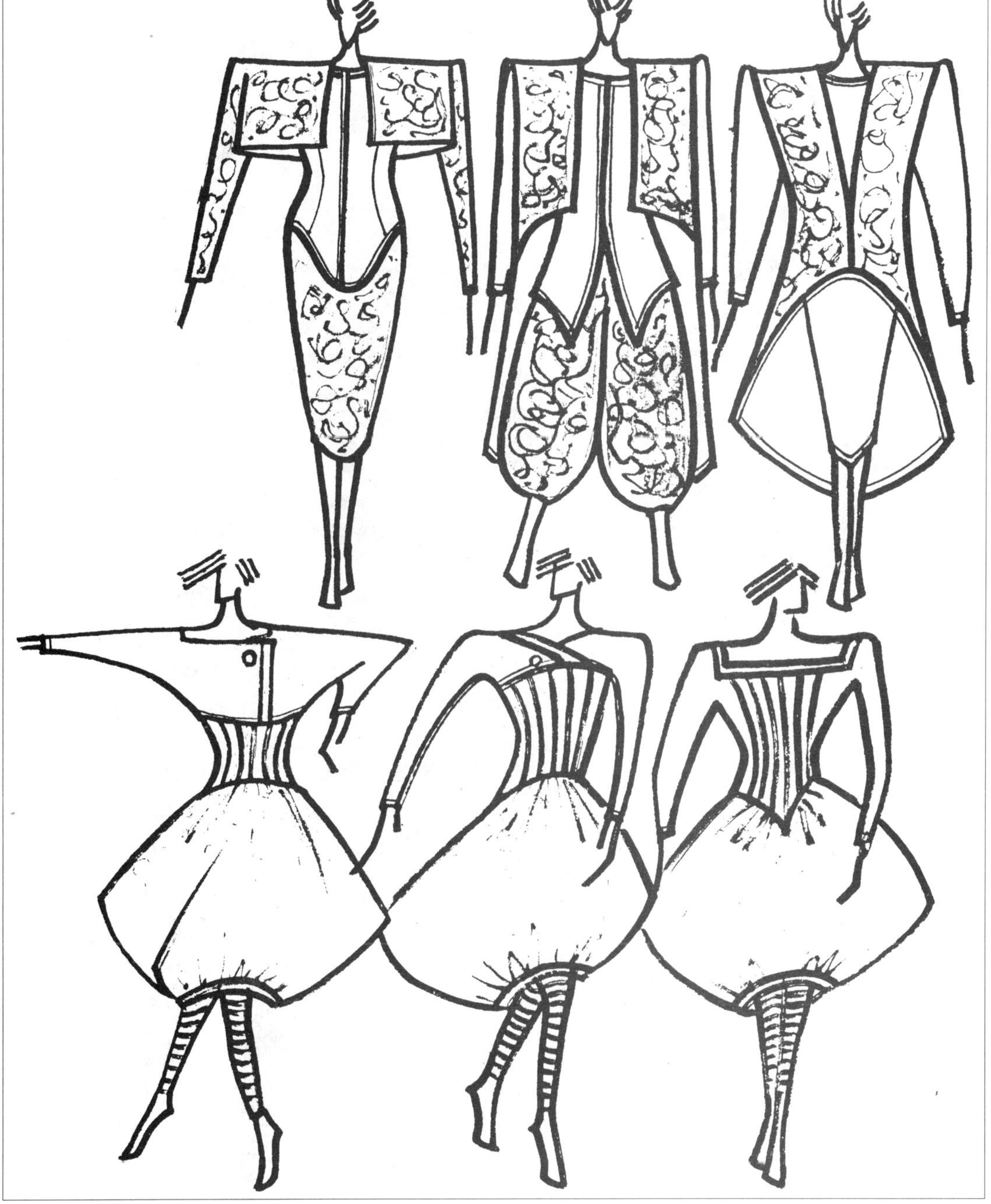

在时装画的表现风格中,许多作品力求表现设计师突出的个性与风格。而以极其概括简洁的几何形来突出服装的“大感觉”与“大印象”,这样的画面是十分鲜活与富于激情的。

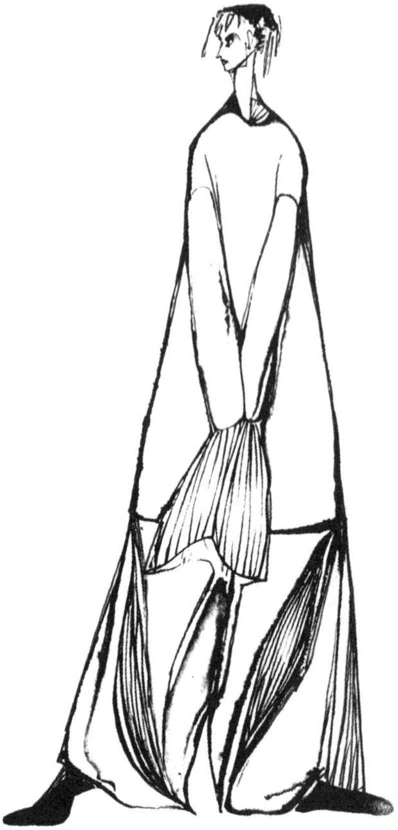

突出的几何外形设计是新款式新造型的个性风格特征，时装画必须给予夸张强化，这种感觉是时装画万万不可丢失与减弱的。

示意性抽象形画法的图例赏析

10. 写真的风格与画面效果

作品中人物形象准确，画法细腻，人物面部的五官、头发与饰品等都表现得十分精确生动和逼真。

尤其是上衣的纹饰更是这幅作品的精彩之处，无论是花纹图案的形、色与明暗立体感都表现得近乎完美，作者倾注了极大的认真和努力。这是一幅典型的写实风格的时装画作品。

第九章
时装画表现色彩过程中应注意的问题

色彩的效果是时装画的又一亮点，大多数时装画在完成了铅笔稿的任务后，画面就要上彩着色了。时装画求其色彩独特的艺术效果——简洁、明快、轻松。这种画风与品味，与时尚现代的审美意识相吻合一致，表现出人们将生活时尚与审美的变迁，渐渐地与艺术欣赏品味统一协调起来了。由此可见，其简洁、明快、轻松的画风正是其时尚性的必然结果。

追求色彩的单纯效果，常以物体的固有色为主，只作深浅浓淡的变化，不求色彩的相互影响，极少表现环境反射色彩的效果。

色彩在画面上永远是从属的，而服装（包括人物）的形、结构、动态等等依然是依靠线条来体现，线条起着主导关键的作用。着色后的画面，不应将原先的线条减弱模糊，色彩仅是一种示意与说明。因此大多数画面用色薄而透明，十分讲究调色水分多少的掌握，是典型的湿画法，画面具有浓浓水分的魅力——透明、流畅、生动鲜活、韵味无穷。

本章节就时装画表现色彩过程中的一些主要问题，一一作了分析与说明，图例的针对性、示范性都很好，一定会对初学者有较大的帮助。

1. 时装画色彩的特点与时尚魅力

画面色彩越简洁单纯，人物的形象就越突出，服装款式的特征也就越明显。

时装画色彩完成后，线条依然显示出重要性。人物形象与姿态、服装款式与结构，全由线条来诠释表现，色彩仅仅起着“锦上添花”的示意作用。

时装画色彩主要是表现物体的固有色，表现固有色的深浅浓淡，是对服装色彩一种示意性的说明。

2. 时装画各种表现技法

画面构图极富装饰性，作者用平涂平面化的手法，精心细致地表现服装的图案纹饰，充分体现了作者对形式美感的把握以及良好的个人品味。画面构图精巧富于变化，大与小、正与反，错落有致。作者极好地把握了“统一之中有变化”的形式法则，取得了很好的画面效果。

运用色纸原有的色彩作画，只画出服装的外边缘轮廓线，画法极其简洁明快，色彩最大限度地运用了色纸的底色，既简洁又很艳丽，整体十分统一。

精美的纹饰图案，艳丽夺目的花裙色彩，无疑是画面创意的主题。作者以极大的细心描画了花裙图案是其——“实”。而对其他一切用最简洁省略的线条表现，最大限度地使其——“虚”。这种强烈虚与实、繁与简的艺术对比手法取得了极佳的画面效果。

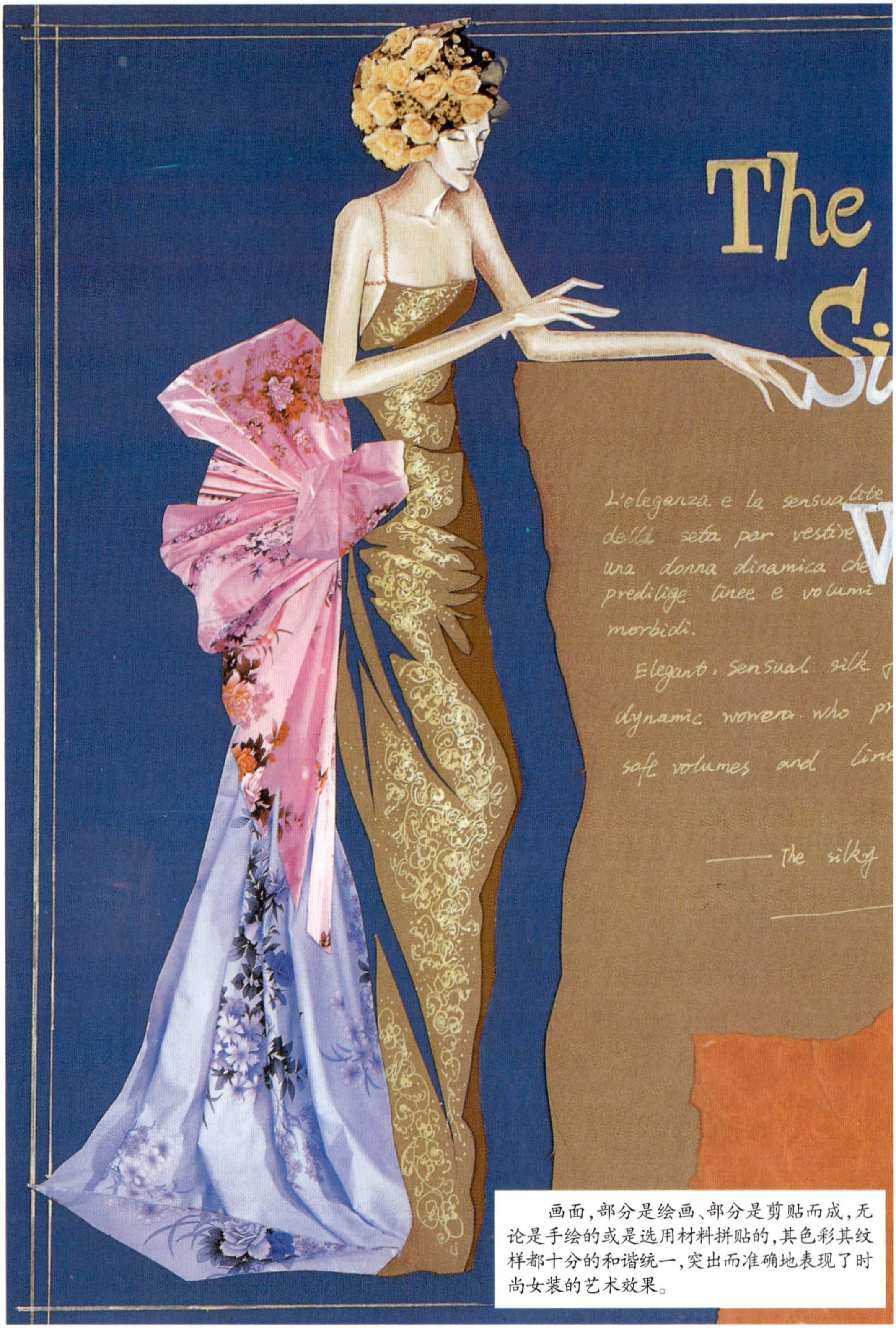

画面，部分是绘画、部分是剪贴而成，无论是手绘的或是选用材料拼贴的，其色彩其纹样都十分的和谐统一，突出而准确地表现了时尚女装的艺术效果。

舞剧"二泉映月"服装设计效果图赏析;

画面运用了典型的铅笔淡彩法。在铅笔线条的基础上，略施淡彩，色彩透明简洁，寥寥数笔，表现出服装的本色，并借助笔触与水分的透明渲染，又增强了画面的动感与轻盈的舞蹈美感。

舞剧“二泉映月”服装设计效果图赏析

3. 铅笔淡彩法脸部上色的方法步骤

1

2

1. 用底色画脸的凹部。
2. 用淡红渲染上眼皮及颧骨侧面(即腮红)。
3. 按铅笔轮廓线,描画眼、眉(第一遍)。

3

4

4. 眼眉第二遍加深(只作局部加深),唇上色(下唇留出高光)。
5. 上唇略加深,上眼皮略加红,大面积头发上色,留出少量高光。
6. 加深头发暗部,加深局部铅笔轮廓线条。

5

6

4. 淡彩中的平涂手法

平涂手法有其特殊的装饰性,表现了均匀的美感。美学法则中十分注重"统一和谐,整齐划一"的作用,而色彩平涂的效果正突出体现了这一点。平涂手法适合表现凝重静态的服装,适合表现面料挺厚的服装。

平涂手法的时装画图例赏析

5. 铅笔淡彩法笔触运用的活力和动感

笔触——有助于画面动态的体现。
笔触——有助于诠释服装的风格与特点。
笔触——有助于体现人体与服装的结构。

笔触的运行走向——根据人体结构、动态运笔。
——根据服装结构、动态运笔。
笔触的运用使画面更生动潇洒,更具时尚美感。

6. 铅笔淡彩中渲染技法其柔和韵律的美感

渲染画法常依线条的一侧画色，趁其未干时，立即用另一支干净的清水笔将颜色渲染晕化，使之由深至浅，很均匀地化开，形成渐变的，韵味浓郁的柔和美感。此法的关键在于渲染晕化色彩，在于把握好色彩渐变的节奏。这些技法均要在不断实践中掌握。

渲染画法极好地表现了色彩渐变的美感，表现了柔和均匀的美感。
渲染画法适合表现宽大的裙衫，飘逸动感的衣裙，尤其是多线条、长线条、优美柔和的曲线构成的服装。

7. 必须重视画面留空白的特殊效果

上色时,不必将服装所有的地方都画满,尤其在服装的外边缘须留有空白,使服装增加光感与色彩的层次。下摆宽大的服装(如长大的裙子或大衣),在下端留有较多的空白,还能使人联想到衣裙的飘动与轻盈,使服装更具生动与美感。

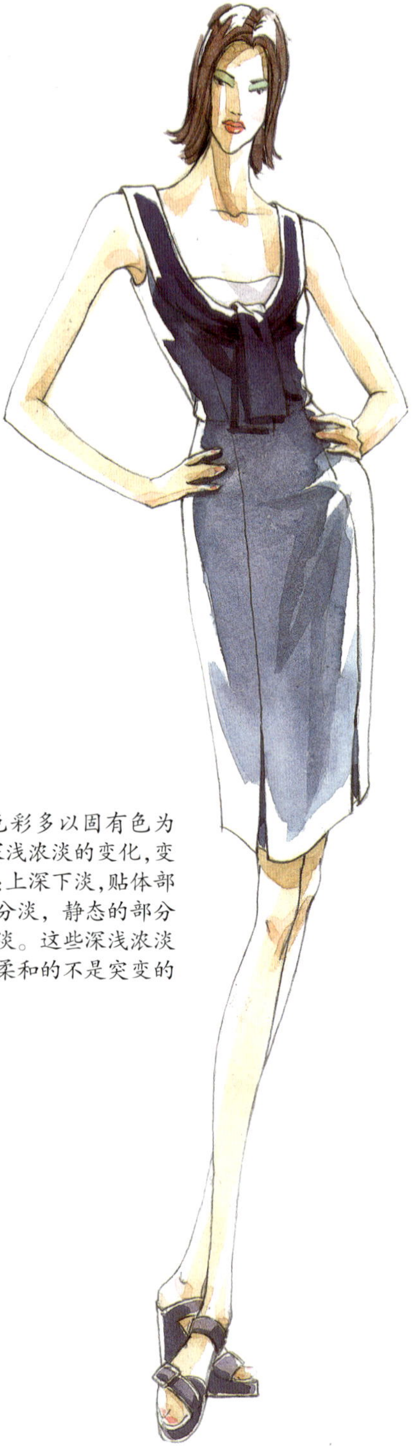

时装画的色彩多以固有色为主，但很注重其深浅浓淡的变化，变化的规律往往是：上深下淡，贴体部分深而离体的部分淡，静态的部分深而飘逸的部分淡。这些深浅浓淡的变化应是渐变柔和的不是突变的效果。

9. 色彩层次分块分面的表现

色彩以平涂手法为主，但在第一层次的基础上再根据明暗规律(如胸下方，投影下方)略画出第二层次的深色，整个服装的色彩仅此两个深浅的层次，则服装的立体感就有所体现了。这种画法也称为“分块分面”画法。

“分块分面”画法图例赏析

10. 其他绘画用品使用方法的介绍

彩色蜡笔是常用的绘画工具,其效果粗犷、洒脱,最善于表现画面的大效果。尤其表现花布图案与淡彩(水彩或水粉)结合,只须粗略几笔,一气呵成,花纹图案就跃然纸上。

油画棒的使用方法与画面效果均类似彩色蜡笔。适宜表现大效果的粗犷的线条或大块的体面，特别是表现粗犷的图案纹样效果尤佳。

油性的马克笔与彩色水笔是较新颖的绘画用具，其特点是色彩鲜艳，使用简捷便利，它大多数颜料具有荧光效果，其鲜艳度则是许多其他颜料所不及的。因而，表现一些色彩鲜艳的时装似乎非它莫属。这种笔携带方便，使用简捷，无须调配与掌握水分，无须携带调色盒、画笔、笔洗之类的用品，是即刻可用、即刻见到效果的绘画用具。

色彩效果的夸张

一幅时装画运用夸张手法其因素必须是全方位的,除了在人体比例、动态、服饰等等一系列的变形夸张之外,其色彩的效果也必须是极主观和意匠的。大胆设计色彩,使之强化夸张、使之达到极致、使之装饰好看。

大面积的红与黑与白,使画的色彩效果极度的夸张。画家根据设计构想变形又变色,使画面统一在一个整体的色调之中。几套夸张变形后的服装按画家意图使突出的更为突出,其余依次后退,色彩成了"指挥画面视觉的统帅"。

作者简介

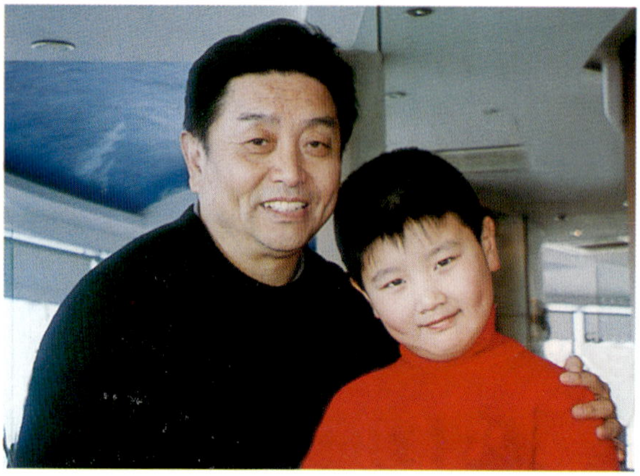

许恩源 1939年出生，江苏南京市人。

作者1960年毕业于南京师范学院美术系，当年分配于无锡轻工业学院造型系任教(1960—1988)，是该系创始人之一，并为该系各学科建设做出了重大的贡献。

1988年调入中国纺织大学服装学院艺术设计系任教，2001年退休。作者40余年来，在教学岗位上兢兢业业，辛勤耕耘，严谨治学，硕果累累。

著作有《装饰人物技法》、《装饰画表现技法》、《装饰人物艺术》、《装饰图案艺术》、《关于材料拼贴画》、《时装画技法研究》、《时装画技法入门》等。

许　可 1969年出生，江苏无锡市人。

作者1987年就读于上海中国纺织大学服装设计专业，后留学日本，毕业于东京日出服饰学院，并于东京浅草桥藏前艺术商社就职。1997年回国后，先后任职于南京胜利体育用品有限公司(设计师)、上海织田时装有限公司、上海丝绸集团进出口公司(设计师兼区域经理)，现任南京金陵科技学院艺术系服装艺术设计教师，任教“时装画技法”、“高级时装设计”、“精品欣赏”等专业课程。